2판

R을 이용한 메타분석

황성동 저

META-ANALYSIS USING R

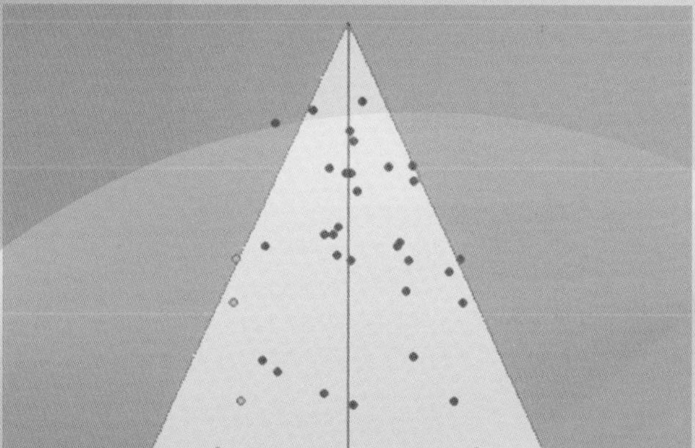

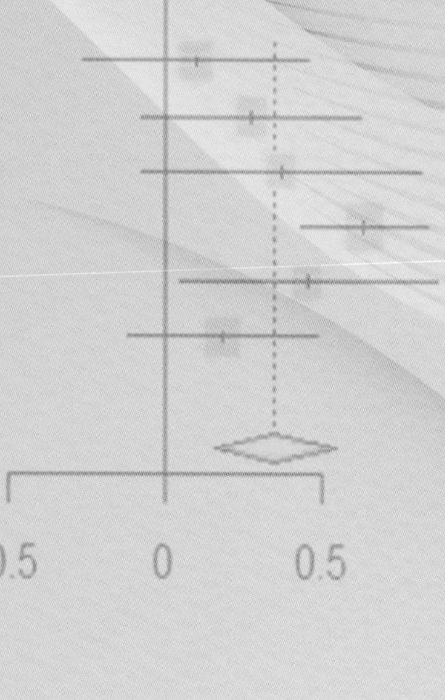

학지사

* 명령어(스크립트) 파일과 데이터 파일은
학지사 홈페이지(http://www.hakjisa.co.kr)에서
다운로드할 수 있으며, 분석결과는 R 버전에 따라
다소 다르게 나올 수 있습니다.

머리말

2015년에 『R을 이용한 메타분석』을 처음 출간할 당시 다소 급하게 원고를 준비하느라 포함하고 싶은 내용을 충분히 담아내지 못한 아쉬움이 있었다. 그 후 가능한 한 빠른 시일 내에 개정판을 내야지 했는데 이제야 개정판을 출간하게 되었다. 초판을 출간한 이후 많은 연구자와 학생이 여러모로 부족한 책을 애용해 준 데 대해 깊이 감사하는 마음으로 개정판을 준비하였다. 특히 메타분석에 대한 이해도 충분치 않은 상황에서 처음 배우기가 쉽지 않은 R 플랫폼을 이용해 메타분석을 수행하기가 쉽지 않았음에도 불구하고 많은 연구자가 초판을 잘 활용해 주어 큰 격려가 되었다.

이 책은 초판에 비해 3개의 장—2, 6, 12장—을 추가하였으며, 기존의 장들도 가능한 한 많은 내용을 보완하고자 노력하였다. 각 장의 말미에 내용을 간략하게 요약하고 또 분석에 사용된 R 코드를 정리하였다. 구체적으로 제1장에서 메타분석에 대한 배경과 특성을 이해할 수 있도록 서술하였으며, 제2장에서는 메타분석의 진행 단계에 대해 각 단계별로 주요 내용을 중심으로 서술하였다. 제3장에서는 메타분석에 대한 기본적인 이해를 forest plot을 통해 이해할 수 있도록 하였으며, 제4장에서는 효과크기의 의미와 산출방식에 대해 자세한 설명을, 그리고 제5장에서는 R을 이용한 효과크기분석에 대해 서술하였다. 이어서 제6장에서는 다양한 유형의 효과크기와 다중결과 효과크기를 분석하는 방법을 제시하였으며, 제7장에서는 평균효과크기를 산출하기 위한 고정효과모형과 랜덤효과모형에 대한 설명을 하였다. 제8장과 제9장에서는 효과크기의 이질성(heterogeneity)에 대한 개념 설명과 아울러 이질성을 설명할 수 있는 조절효과분석으로 메타 ANOVA와 메타회귀분석을 다루었다. 그리고 제10장, 제11장에서는 메타분석에서 간과할 수 없는 전체 결과에 대한 오류 검증을 위해 출간오류분석과 누적메타분석 및 민감성분석을 다루었다. 제12장에서는 메타분석 연구에서 요구하고 있는 개별연구에 대한 질 검증을 RevMan이 아닌 최근 개발된 R 패키지를 이용하는 방법을 다루었다. 마지막으로 제13장에서는 메타분석의 결과 보고를 위한 구체적인 내용을 예시와 함께 제시하였다. 그리고 부록에서는 다양한 forest plot 만들기, 효과크기 및 이질성 통계치 산출 공식, 메타분석 관련 전문 학회, 그리고 메타분석 소프트웨어 프로그램 소개를 하였다.

이 책이 나오기까지 많은 사람의 도움이 있었으며, 먼저 open software인 R 프로그램을 개발하고 유지해 주고 있는 R Core Team에 감사하고 싶다. 그리고 R 메타분석 패키지 “meta”, “metafor”를 개발한 Guido Schwarzer 박사와 Wolfgang Viechtbauer 박사에게 감사하며, 특별히 편리한 “meta” 패키지를 개발하고 꾸준히 업데이트를 해 준 Guido Schwarzer 박사의 수고에 깊은 감사를 드린다. 또한 강의 및 워크숍 시간에 많은 질문과 코멘트를 아끼지 않은 학생들과 연구자들에도 감사하며, 무엇보다 메타분석 연구에 집중할 수 있도록 늘 격려하고 따뜻한 지지를 보내 준 가족에게 감사의 마음을 전한다.

2020. 7.

황성동

전체 차례

세부 차례

제 3 장

메타분석에 대한 기본 이해: Forest Plot

제 4 장

효과크기

제 5 장

R을 이용한 효과크기분석

제 6 장

다양한 유형 및 다중결과 효과크기분석

제 7 장

고정효과모형과 랜덤효과모형

제 8 장

효과크기의 이질성

제 9 장

조절효과분석

제 10 장
출간오류분석

제 11 장
누적메타분석과 민감성분석

제 12 장
개별연구의 질 검증

제 13 장

메타분석의 결과 보고

부록

제 1 장

메타분석의 배경

1. 메타분석의 정의
2. 메타분석의 배경
3. 연구결과의 통합적 분석
4. 근거기반실천과 메타분석

META-ANALYSIS USING R

1. 메타분석의 정의

메타분석이란 동일한 주제에 대한 다양한 연구결과를 체계적이고 계량적으로 분석하는 통합적인 분석방법(research synthesis)을 의미한다. 예를 들면, 간접흡연과 폐암발생에 대한 다양한 연구결과를 통합하여 간접흡연이 폐암발생에 미치는 영향을 밝힌다든가 또는 청소년들에 대한 멘토링 프로그램이 과연 효과적인지, 효과적이라면 어느 정도 효과적인지를 통합적으로 분석하는 것을 의미한다.

Point 데이터 분석 유형

- 1차적 분석(primary data analysis): 연구자가 직접 수집한 개별 데이터를 분석
- 2차적 분석(secondary data analysis): 기존 수집된 데이터를 분석(예: 센서스)
- 메타분석(meta-analysis): 기존 개별연구들의 계량적 결과를 통합적으로 분석

2. 메타분석의 배경

1979년 영국의 의학자 Archie Cochrane은 의료 분야에 있어서 치료 효과에 대한 믿을 만한 최신의 연구결과를 통합하는 방법을 고안할 것을 주장하였다. 이는 임상적 의사결정에 있어 합리적인 결정을 위한 것이었다. 왜냐하면 개별적 연구들은 그 결과가 일관적이지 못하거나 가끔은 서로 상충되기도 하였기 때문이다.

1) 연구 간 서로 다른 결과

개입에 대한 의사결정을 위해서는 어떤 특정한 한 연구(a single study)의 결과에만 의존해서는 잘못된 결정을 할 위험이 있다. 왜냐하면 연구마다 연구결과는 대체로 최소한 조

금씩은 다르기 때문이다(때로는 서로 상충되기도 한다). 따라서 기존의 연구결과들을 통합적으로 분석할 수 있는 메커니즘이 필요하다(예: 학업성취도와 자기합리화의 상관관계).

〈표 1-1〉 학업성취도와 자기합리화의 관계에 대한 선행 연구 사례

연구	상관관계(r)	비고
Rhodewalt & Hill, 1995		nonsignificant
Urdan, 2004; Wesley, 1994	−0.07~−0.08	small
Elliot and Church, 2003; Martin et al., 2001; McCrea and Hirt, 2001; Zuckerman et al., 1998	−0.15~−0.23	moderate
Gadbois and Urdan, 2011; Shih, 2005; Midgley and Urdan, 2001	−0.33~−0.40	large

출처: Schwinger, Wirthweinn, Lemmer, & Steinmayr, 2014.

〈표 1-1〉의 연구결과를 살펴보면 학업성취도와 자기합리화의 관계가 통계적으로 유의하지 않은 결과로부터 시작해서 약한 상관관계에서 강한 상관관계까지 서로 다른 결과를 보이고 있음을 알 수 있다. 즉, 연구결과가 서로 다양하며 이로 인해 자기합리화와 학업성취도의 관계에 대해 명확한 결론을 내리기가 어렵다. 따라서 교육현장에서는 어떤 연구를 기초로 해서 문제에 대한 해결방안을 수립해야 할지 혼란에 처할 수 있음을 알 수 있다(Schwinger et al., 2014).

Point 개별연구의 한계

- 연구샘플의 문제로 인해 낮은 통계적 검증력(low statistical power)
- 연구자가 기대하는 결과에 치중하여 대안적 방법이나 모델에 대한 낮은 고려(confirmation bias)
- 연구자들이 각자의 데이터에 기초하여 각기 다른 모형 제시

출처: Cheung, 2009.

2) 연구 간 서로 상충된 결과

선행연구들은 결과가 서로 다를 뿐만 아니라 때때로 상충되는 결과를 보일 때도 있다.

예를 들어, 미국에서 'psychotherapy는 효과적인가?'라는 이슈에 대해 의견이 상충되고 있었으며 실제 이에 대한 연구결과 **'치료효과가 있다'는 논문이** 203편, 그리고 **'치료효과가 없다'는 논문이** 172편이 발표되었다.

Smith와 Glass(1977)는 이 375편의 선행연구를(833 효과크기, 25,000명 대상자) 분석하여 'psychotherapy'의 효과에 대한 결론을 제시하였다(평균 20시간 치료, 치료 후 4개월 뒤 측정). 연구결과를 통합하면 전체적으로 실험집단이 통제집단보다 표준편차 0.68만큼 높은 것으로 나타났다. "즉, 정신치료는 클라이언트를 평균적으로 50% 수준에서 75% 수준으로 향상시킨 것으로 나타났다"(Smith & Glass, 1977, pp. 754-755). 결과적으로 통제집단의 경우 50%가 중간 값 이상인 반면 실험집단의 경우 75%가 통제집단의 중간 값 이상을 보였다.

성과연구의 가장 중요한 특성은 치료효과의 크기에 있다. 그리고 이 치료효과크기에 대한 정의, 즉 효과크기(effect size)는 실험집단의 평균과 통제집단의 평균의 차이를 통제집단의 표준편차로 나눈 값을 말한다(Smith & Glass, 1977, p. 753). 이들은 기존 연구결과를 통합하여 표준화 점수를 산출함으로써 '메타분석'의 방법을 제시하였다(Smith & Glass, 1977).

$$\Delta_{Glass} = \frac{\bar{Y}_{Experimental} - \bar{Y}_{Control}}{SD_{Control}}$$

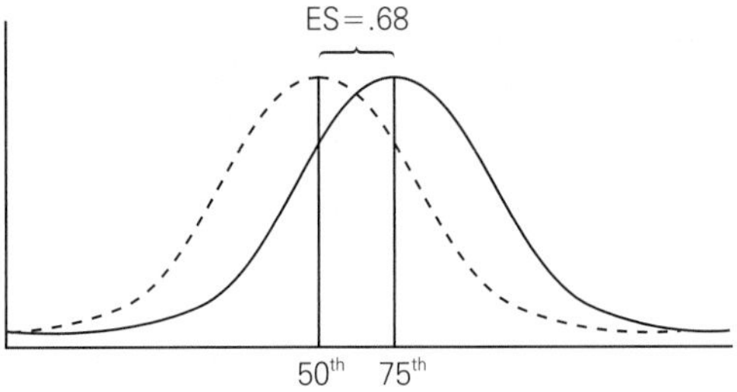

[그림 1-1] 정신치료의 효과에 대한 통합적 분석(메타분석)의 결과

3. 연구결과의 통합적 분석

이상에서 살펴본 바와 같이 어떤 치료(개입)에 대한 의사결정을 위해서는 어떤 특정한 연구에 의존하기보다는 전체 연구결과를 이해하는 것이 필요하다. 여기에 연구결과의 통합적 분석(research synthesis)이 등장하게 되었으며 여기에는 체계적 리뷰와 메타분석이 있다. 이 연구결과의 통합적 분석 접근방법은 궁극적으로 클라이언트의 문제 해결과 학문의 이론적 발전을 위해 필요한 것이다.

일반적으로 개별적인 연구결과물은 [그림 1-2]에서 보는 것처럼 마치 집을 짓기 위한 벽돌처럼 쌓이고 있다(Campbell Collaboration, 2010).

[그림 1-2] 쏟아져 나오는 개별적 연구결과물

그렇다면 이렇게 '수많은 벽돌로 무엇을 지을 것인가'라는 질문을 제기할 수 있다. 그동안 많은 연구가 동일한 주제로 수행되어 왔는데, 수많은 연구결과물 중에서 어떤 연구를 이용하고 어떻게 활용할 것인가 하는 것이 학계의 주요한 관심이 되어 왔다(Campbell Collaboration, 2010). 수많은 벽돌로 우리는 어떤 건축물을 만들 것인가? 즉, 수많은 연구

결과를 어떻게 비교하고 통합할 것인가가 주요 관심사가 되었다. 여기에 연구결과에 대한 통합적 접근이라는 새로운 연구방법이 등장하게 된 것이다.

연구결과에 대한 통합적인 접근(research synthesis)에는 먼저, 전통적인 리뷰(traditional or narrative reviews)가 존재했다. 전통적인 리뷰는 다음과 같은 특징을 지니고 있었다.

- 연구결과들로부터 편의표본
- 서술적 설명(narrative description)
- 연구결과를 통합하기 위해 단순 계산 또는 투표 개표 방식(vote counting) 이용
- 기존 연구결과에서 제시하고 있는 통계적 유의성에 의존
- 결론에 도달하는 과정이 불투명
- 여러 가지 오류(예: publication bias, dissemination bias, confirmation bias)에 취약

1990년대 이전까지만 해도 전통적인 서술적 리뷰(narrative reviews)가 대세였다. 하지만 서술적 리뷰에는 크게 두 가지 한계가 있다. 즉, 투명성이 결여된 주관성, 그리고 연구결과가 많아질수록 분석에 어려움이 있었다. 그래서 이에 대한 해결책으로 1980년대 중반 이후(주로 1990년대 보편화) 연구자들은 전통적인 서술적 리뷰(narrative/unsystematic reviews)에서 체계적 리뷰(systematic reviews)와 메타분석(meta-analysis)으로 전환하기 시작하였다.

체계적 리뷰와 메타분석은 전통적인 리뷰의 한계를 극복하고자 개발되었다. 우선 체계적 리뷰는 "……구체적인 연구질문에 대해 체계적이고 포괄적으로 데이터(연구결과)를 찾아서 분석하며, 그 과정은 투명하고 반복할 수 있도록 한다. 그래서 연구에 있어 오류와 편향됨을 최소화하도록 만들어졌다. …… 메타분석은 어떤 주제에 대해 요약 정리된 실증적인 지식을 산출하기 위해 여러 연구로부터 추출된 계량적 연구결과들을 통합분석하는 통계적 방법을 말한다……"(Littell, Corcoran, & Pillai, 2008, pp. 1-2).

즉, 체계적 리뷰와 메타분석은 모두 전통적인 리뷰의 단점을 보완하고자 고안되었으

며, 어떤 연구질문에 대한 해답을 얻고자 기존의 연구결과를 체계적이고 포괄적으로 분석하여 투명하고 반복 가능한 결과를 도출하는 통합적 연구방법이다. 이 중 메타분석은 그 분석에 있어 계량적인 접근방법에 초점을 둔다.

전통적인 리뷰와 체계적 리뷰 및 메타분석을 비교하면 〈표 1-2〉와 같이 정리할 수 있다.

〈표 1-2〉 전통적인 리뷰와 체계적 리뷰 및 메타분석의 비교

전통적인 리뷰	체계적 리뷰 및 메타분석
편의 표본 추출	체계적 표본 추출
서술적(narrative) 설명 통계적 유의미성에 의존(vote counting)	계량적분석결과 제시 (SMD, r, OR)
연구자의 주관성	객관성(명확한 기준, 원칙)
절차와 과정이 투명하지 않음	절차와 과정이 투명함
왜곡과 오류에 취약(예: 출간오류, 선별적 보고 오류, 확증 오류 등)	왜곡과 오류를 최소화(예: 모수를 보다 정확하게 추정, 조절효과분석 등)

Point 체계적 리뷰 및 메타분석의 타당성을 검증하는 네 가지 질문

- 적절한 연구질문에 대한 분명한 해결방안을 제시하고자 하는가?
- 관련 연구의 결과가 구체적이고 충분할 정도인가?
- 검토한 관련 연구가 방법론적으로 우수한 연구인가?
- 관련 연구의 결과가 서로 유사하고 일관성이 있는가?

출처: Feldstein, 2005.

이렇게 체계적 리뷰와 메타분석은 그 목적이나 과정이 거의 같지만 실제에 있어서 이 두 가지 접근방법이 반드시 일치하지는 않는다. [그림 1-3]에서 보는 바와 같이 체계적 리뷰(SR)는 반드시 메타분석을 포함하지는 않는다. 하지만 가끔은 여러 개의 메타분석을 포함하기도 하며 때로는 질적 리뷰(qualitative review)를 포함하기도 한다. 한편 메타분석(meta-analysis)은 항상 체계적 리뷰에 기초하지는 않는다. 상당수의 메타분석 연구가 기존 연구를 편의표본 추출한 후 메타분석을 실시하여 출간오류에 대한 취약성을 보이고 있다(Campbell Collaboration, 2010).

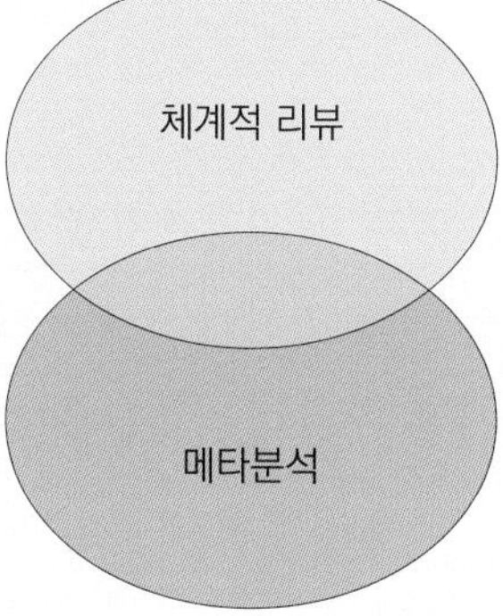

[그림 1-3] 체계적 리뷰와 메타분석의 일반적인 관계

따라서 연구결과의 통합적 분석이 의미 있는 결과를 도출하려면 기존의 연구결과를 체계적으로 수집하는 것이 우선되어야 한다. 즉, 연구결과들을 체계적으로 찾아내고, 평가하고, 다양한 출처에서 수집된 많은 연구결과를 객관적으로 분석할 수 있어야 한다. 체계적으로 오류 없이 데이터를 수집하는 것이 중요하다는 의미이다. 따라서 연구결과에 대한 통합분석에서 오류와 왜곡을 최소화하려면 메타분석은 체계적 리뷰에 포함되어야 한다. 즉, 메타분석은 [그림 1-4]에서와 같이 체계적 리뷰에 반드시 포함되어야 할 것이다.

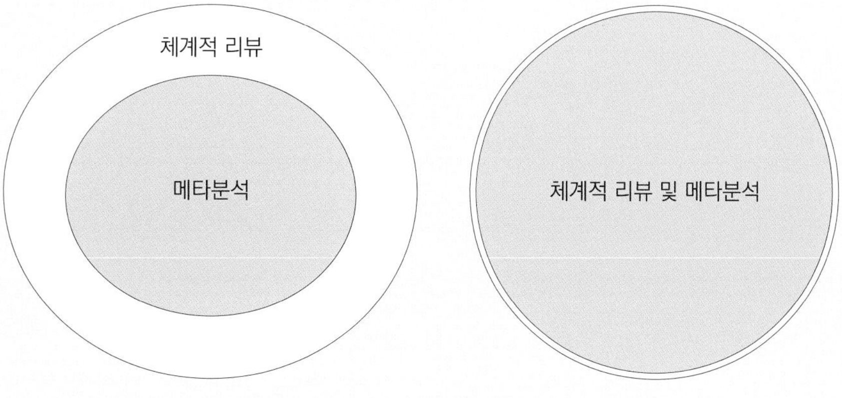

[그림 1-4] 메타분석과 체계적 리뷰의 올바른 관계

4. 근거기반실천과 메타분석

최선의 근거와 클라이언트 특성 그리고 실천가의 전문성을 통합적으로 고려하는 근거기반실천은 의학 분야에서 먼저 시작하였지만(Sackett, Strauss, Richardson, Rosenberg, & Haynes, 2000), 최근 들어서는 인간을 대상으로 하는 거의 모든 학문 분야에서 주요한 실천 모형으로 정착되고 있다. [그림 1-5]에서 보는 바와 같이 근거기반실천은 최선의 과학적인 근거를 바탕으로 하여 클라이언트의 특성과 실천가의 전문성을 고려하여 클라이언트의 치료를 위한 최선의 개입 또는 개입과정으로 이해할 수 있다.

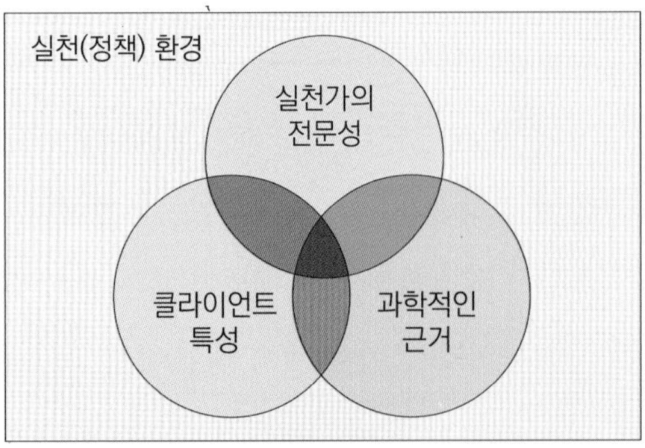

[그림 1-5] 근거기반실천의 실천 모형

그렇다면 여기서 '과학적인 근거는 무엇을 말하는가'라는 질문을 제기할 수 있다. 일반적으로 과학적인 근거는 사례보고서, 질적연구, 상관관계연구, 실험조사설계 등 매우 다양하다. 하지만 [그림 1-6]에서 보듯이 효과 검증을 위한 과학적인 근거의 위계 구조에서는 체계적 리뷰(SR)와 메타분석(MA)은 개입의 효과를 평가하는 과학적 근거로서 가장 높은 자리에 위치하고 있음을 알 수 있다(Rubin, 2008).

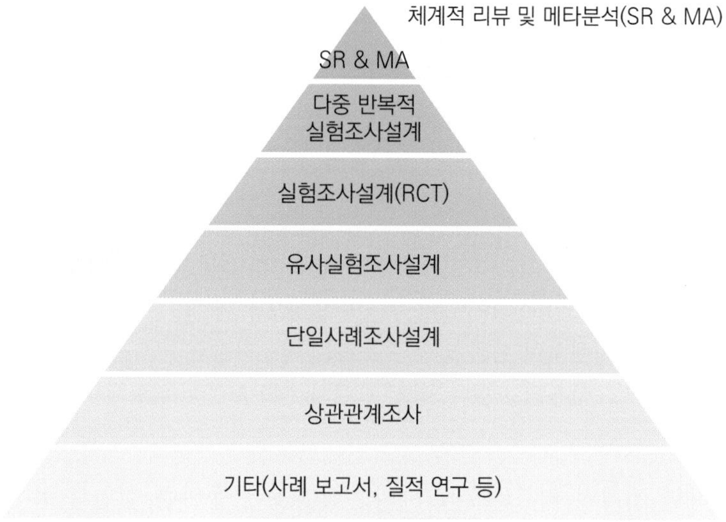

[그림 1-6] 효과 검증을 위한 과학적인 근거의 위계 구조

출처: Ruvin, 2008.

사례 영아돌연사(sudden infant death syndrome: SIDS)

1950년대에서 1990년대까지 100,000명 이상의 영아들이 돌연 사망하였다. 이는 미국의 소아과 의사 벤자민 스포크 박사의 충고에 따라 많은 소아과 의사들이 영아들을 침대에 엎드려 재우게 한 결과라고 비판받게 되었다.

왜냐하면 아기를 엎드려 재우라는 지난 50년 동안의 충고는 1970년부터 나타난, 이러한 방식으로 아기를 재우는 것은 위험하다는 과학적 근거와 정면으로 배치되는 것이었다(Gilbert et al., 2005). 즉, 이 현상은 과학적 근거에 기초하지 않고 실천에 대한 의사결정을 내린 전형적인 사례라고 할 수 있다.

이후 1990년대 초반 연구자들은 영아들이 엎드려 자는 것이 아니라(face down), 등을 대고 잠을 자게 되면(sleep on their backs) 영아돌연사의 위험이 최소 50% 감소하게 됨을 인식하게 되었다. 이후로 유아에 대해 'Back to sleep' 캠페인이 일어나게 되었다.

출처: Borenstein, Hedges, Higgins, & Rothstein, 2009, p. xxi.

사례 조산을 예방하기 위한 스테로이드 치료

조산의 위험이 있는 산모에게 저렴한 비용의 스테로이드를 처방한 결과를 다룬 연구들을 통합적으로 분석한 결과 스테로이드 처방이 산모의 조산 위험을 크게 낮추고 영아들의 생명을 구한 것으로 나타났다. 이후 조산 위험이 있는 산모에게는 스테로이드 처방이 일반화 되었다.

이 결과는 앞서 설명한 Archie Cochrane박사의 요청으로 체계적 리뷰와 메타분석을 시행하여 이를 널리 유포하는 전문학술단체인 Cochrane의 로고로 사용되고 있다. 특히 그림의 왼쪽 부분이 치료 효과를 나타내고 있다.

이상을 통합하면 체계적 리뷰(SR) 및 메타분석(MA)은 올바른 실천과 정책결정을 위해 기존의 연구결과를 통합분석하는 방법으로서 개입의 효과를 평가하는 근거로서 최상위에 있다(Sackett, Richardson, Rosenberg, & Hayes, 1997). 그리고 근거기반실천에 있어 양질의 메타분석 결과는 가장 설득력 있는 과학적 근거를 제공하는 것으로 알려져 있다(Harbour & Miller, 2001).

요약

- 메타분석이란 동일한 주제에 대한 다양한 연구결과들을 체계적이고 계량적으로 분석하는 통합적인 분석방법(research synthesis)을 의미한다.
- 메타분석이 등장하게 된 배경에는 어떤 주제에 대한 개별연구들이 일관적이지 못한 결과, 즉 서로 다른 결과를 보이거나 가끔은 서로 상충되는 결과를 보였기 때문이다.
- 어떤 치료(개입)에 대한 의사결정을 위해서는 어떤 특정한 연구에 의존하기보다는 전체 연구결과를 이해하는 것이 필요하다. 따라서 연구결과의 통합적 분석을 위한 목적으로 체계적 리뷰와 메타분석이 발전하게 되었다.
- 체계적 리뷰와 메타분석은 개입의 효과를 평가하는 과학적 근거로서 최상위에 위치하고 있으며, 근거기반실천을 위해 가장 설득력 있는 근거를 제공한다고 알려져 있다.

제2장

메타분석의 단계

1. 연구주제 선정 및 연구질문
2. 문헌 검색
3. 연구 선정, 개별연구의 질 검증 및 코딩
4. 데이터 분석
5. 결과 보고

META-ANALYSIS USING R

앞서 정의한대로 메타분석이란 기존 연구에서 도출된 결과를 체계적으로 분석하는 계량적 분석방법으로서 일반적으로 체계적 리뷰의 부분으로서 수행된다. 즉, 메타분석은 기존의 연구에서 도출된 결과를 통계적 방법을 통해 체계적으로 분석하는 것을 의미하며, 연구자들에게 객관적이고 투명하며, 반복할 수 있도록 만들어 준다.

이러한 연구에 대한 통합적 접근방법으로서 메타분석의 가치(장점)로 다음과 같은 점을 들 수 있다.

- 모수를 더 정확하게 추정(better parameter estimates)
- 다중결과를 분석, 평가(assessment of outcomes in multiple domains)
- 결과에 영향을 줄만한 요인에 대한 분석(moderator analysis)
- 오류와 왜곡을 최소화(minimizing error and bias)

이제 메타분석의 진행 과정, 즉 메타분석의 단계에 대해 살펴보자. 메타분석은 일반적인 조사연구의 단계인 연구주제 선정, 문헌의 검색, 데이터 수집, 데이터 분석, 결과보고서 작성의 순서와 비슷하다. 일반적으로 메타분석의 구체적인 단계는 〈표 2-1〉과 같이 정리할 수 있다.

〈표 2-1〉 메타분석의 단계

5단계	7단계
1. 연구주제 선정 및 연구질문 제기	1. 연구주제 선정 및 연구질문 제기
2. 관련 문헌(연구결과) 체계적 검색	2. 관련 문헌(연구결과) 검색
3. 데이터 추출 및 코딩	3. 연구 선정, 개별연구의 질 평가 및 코딩
4. 데이터 분석	4. 효과크기분석 및 통합
	5. 동질성 검증 및 조절효과 검증
	6. 연구결과 해석 및 전체 결과의 오류 검증
5. 결과보고서 작성	7. 결과보고서 작성

출처: Beyne, 2010; Littell et al., 2008; Polanin & Tanner-Smith, 2014.

Tip 메타분석 수행에 필요한 요건

- 연구 분야에 대한 전문적인 지식과 경험
- 문헌 탐색 및 선정 등 정보과학 분야의 전문성
- 계량적 분석에 대한 전문성과 지식

1. 연구주제 선정 및 연구질문

메타분석에 있어 첫 단계는 여느 다른 조사연구와 마찬가지로 연구질문을 구체적으로 제기하는데, 이 제기된 연구질문에 따라 보통 다음 사항들이 결정된다.

- 포함될 연구(studies to be included)
- 효과크기의 유형(type of effect size analyzed)
- 코딩하게 될 연구의 특성(study characteristics coded)
- 분석방법(methods of analysis)

연구질문의 유형은 개입(중재) 효과에 대한 질문이 가장 주류를 이루지만 변수 간의 관계에 대한 질문도 가능하다. 그리고 어떤 진단도구가 더 정확한 도구가 될 수 있는지에 대한 질문도 물론 가능하다고 하겠다(다음 연구질문 사례 참조).

연구질문 사례

- 멘토링이 청소년의 자아존중감을 높이는 효과가 있는가?
- 변혁적 리더십에 있어서 남녀 간에 차이가 있는가?
- 신체활동 측정기기가 노인의 신체활동에 미치는 효과는?
- 급성 심근경색 환자에게 혈전용해치료(thrombolytic therapy)가 유용한가?
- 낙상 위험이 있는 노인들에게 비타민 D가 낙상 위험을 줄이는가?
- 간접흡연과 배우자의 폐암 발생률의 관계는?

- 소득불평등과 주관적 행복감과의 관계는?
- 어떤 진단도구가 아동의 언어능력 장애를 진단함에 있어 더 정확한 도구인가?

연구질문이 결정되고 나면 다음 단계는 연구에 포함될 관련 문헌들을 검색하고 이를 찾아내는 것이다. 하지만 문헌 검색에 앞서 연구의 선정 기준(eligibility criteria)을 명확히 하는 것이 중요하며 이 연구의 선정 기준은 일반적으로 연구대상자, 개입방법, 비교집단, 연구결과, 연구유형을 의미하는 PICOS로 정리할 수 있다. 일반적으로 좋은 선정 기준은 연구주제와 관련된 연구와 그렇지 않은 연구를 잘 구분할 수 있어야 할 것이다.

- P: 연구대상자(population or participants)
- I: 개입(치료)방법 및 프로그램(intervention)
- C: 비교집단(comparison)
- O: 연구(개입)결과(outcomes)
- S: 연구설계 유형(study designs)

PICOS 사례

- P: 11~18세 청소년(adolescents)
- I: 학교에서 실시되는 멘토링 프로그램(school-based mentoring)
- C: 비치료집단 또는 대안치료집단(no treatment or alternative treatment group)
- O: 학업성취도, 태도, 행동, 자아존중감 등(academic achievement, attitude, behavior, self-esteem)
- S: 실험 및 유사실험조사설계(randomized and quasi-experimental designs)

출처: Wood & Mayo-Wilson, 2012, p. 258.

2. 문헌 검색

앞 단계에서 연구질문과 PICOS에 따라 연구 선정 기준이 정해지고 나면 이제 본격적으로 관련 문헌, 즉 연구결과들을 검색하게 된다. 이때 검색 방법으로는 관련 학술 데이터베이스(예: PsychINFO, Medline, PubMed, ERIC 등)를 기본으로 하고 여기에 관련 저널에 대한 직접 수작업 검색(hand search), 회색문헌(grey literature)에 대한 검색, 적합도가 높은 연구논문의 참고문헌 검색, 그리고 연구자들을 직접 접촉하는 방법 등을 활용하게 된다.

문헌 검색은 체계적 리뷰와 메타분석에 있어서 가장 중요한 부분 중 하나이다. 적절한 문헌 검색은 관련된 모든 연구, 즉 선정기준에 맞는 연구들을 모두 찾아내는 것이 목표가 된다. 그리고 좋은 문헌 검색이 되려면 충분히 포괄적이고 체계적이어야 한다. 문헌 검색은 〈표 2-2〉와 같이 단계별로 진행되는 것이 일반적이다.

〈표 2-2〉 문헌 검색의 단계

단계	제목	내용
1	연구질문 구조화	검색 요소를 범주화(예: PICOS)
2	데이터베이스 및 검색 출처 선택	리뷰의 주제, 질문, 주어진 시간, 자원에 기초
3	검색 전략 수립 및 검색	검색 용어 정리 및 전략, 검색 수행
4	검색 결과 검토 및 재검색	검색 결과가 너무 많거나 적다면 검색 전략을 수정, 새로운 검색 출처 고려
5	검색 결과(문헌) 정리	검색 결과를 문헌 관리 프로그램으로 보내고 중복 문헌은 삭제
6	검색에 대한 기록 및 보고	정확한 보고를 위해 검색 과정의 모든 결정 사항을 기록
7	업데이트 검색	리뷰에 업데이트가 필요하거나 시간이 오래 경과하였다면 업데이트 검색을 실시

출처: Polanin & Tanner-Smith, 2014.

3. 연구 선정, 개별연구의 질 검증 및 코딩

2단계에서 검색된 문헌을 토대로 최종 분석에 포함될 연구를 선정하고 선정된 개별연구들의 질을 평가하며, 이어서 각 연구로부터 적절한 데이터를 추출해서 분석을 위한 코딩 작업을 하는 단계가 바로 3단계이다. 우선 최종 연구의 선정과정은 [그림 2-1]과 같이 이루어지는 것이 일반적이다.

이 과정에서 (검색 후) 문헌 발견은 크게 데이터베이스를 통한 검색 결과와 그밖에 다른 방법으로 검색한 결과를 구분하여 제시한다. 그리고 이 과정에서 중복된 문헌을 제외하고 나면 최종 검색 결과가 된다. 다음으로 발견된 문헌에서 그 제목과 초록을 통해 연구주제에 적합한 문헌인지를 판단하고 그렇지 않으면 제외하며, 남은 문헌이 전문(full-text) 검토의 대상이 된다. 이어서 선별된 연구의 전문을 꼼꼼하게 검토한 다음 메타분석에 포함하게 될 최종 문헌을 선정하게 되는데 여기에는 메타분석에 포함될 수 없는, 계량적 데이터가 없는 문헌도 최종 문헌에 포함하여 종합분석, 즉 체계적 리뷰의 대상에 포함하게 된다.

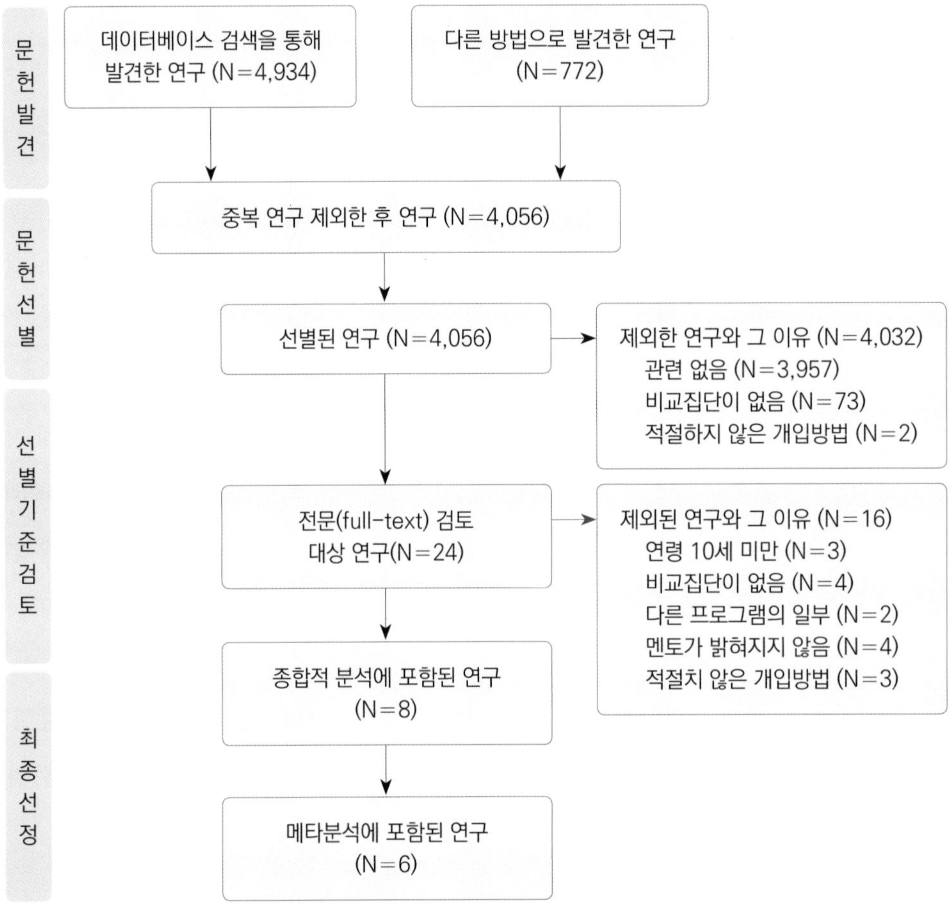

[그림 2-1] 문헌 선정의 과정(사례)

출처: Wood & Mayo-Wilson, 2012, p. 259.

그리고 이어서 최종 선정된 연구들을 대상으로 그 연구의 질을 검증함으로써 분석에 포함될 연구들이 충분히 좋은 질(good quality)을 갖추었는가를 확인하게 된다. 왜냐하면 좋은 질의 연구들이 최종 분석에 포함되어야 그 결과를 담보할 수 있기 때문이다. [그림 2-2]와 [그림 2-3]은 실험조사연구의 경우 Cochrane의 Risk of Bias(ROB) 분석도구를 통해 각 개별연구의 질을 분석한 사례이다.

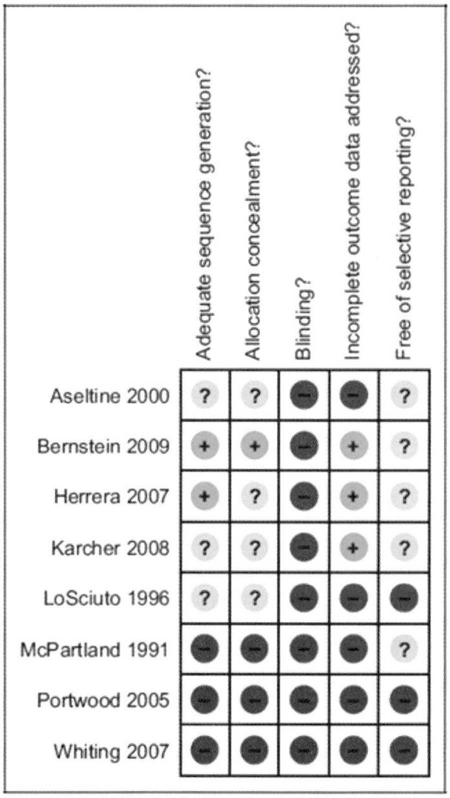

	Adequate sequence generation?	Allocation concealment?	Blinding?	Incomplete outcome data addressed?	Free of selective reporting?
Aseltine 2000	?	?	–	–	?
Bernstein 2009	+	+	–	+	?
Herrera 2007	+	?	–	+	?
Karcher 2008	?	?	–	+	?
LoSciuto 1996	?	?	–	–	–
McPartland 1991	–	–	–	–	?
Portwood 2005	–	–	–	–	–
Whiting 2007	–	–	–	–	–

Figure 2. Risk of bias.

[그림 2-2] 개별연구의 질 검정 결과(표)

출처: Wood & Mayo-Wilson, 2012, p. 260.

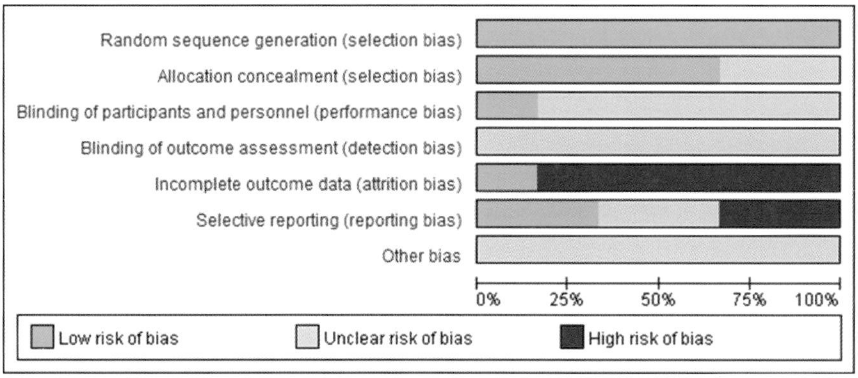

[그림 2-3] 개별연구의 질 검정 결과(그래프)

그리고 이어서 각 개별연구에서 데이터를 추출하여 코딩을 하게 되는데 이 작업은 다음 단계인 데이터 분석 및 통합을 위한 준비단계에 해당한다. 일반적으로 데이터 코딩에는 연구이름, 출간연도, 출간유형, 표본의 특성, 개입의 특성(개입 기간, 횟수 등), 연구유형, 집단배정 방법, 측정도구, 효과크기 등에 대한 내용을 코딩하게 된다(〈표 2-3〉 참조).

〈표 2-3〉 치매환자에 대한 자극지향적 중재 효과를 위한 코딩(사례)

번호	연구 이름	실험집단					통제집단					개입 방법	전체 표본	세션 수	세션 시간(분)	척도
		사전 평균	사전 표준편차	사후 평균	사후 표준편차	표본	사전 평균	사전 표준편차	사후 평균	사후 표준편차	표본					
1	Ancoli-Israel et al. (2003)	0.23	0.59	0.27	0.64	30	0.26	0.59	0.16	0.52	31	Light	61	10	120	ABRS
2	Baker et al. (2001)	0.47	0.87	0.44	0.63	23	1.05	1.11	1.1	0.96	25	MSS	48	8	30	REHAB
3	Ballard et al. (2002)	68.3	15.3	45.2	10.4	35	60.6	16.6	53.3	17.6	36	aroma	71	56	2	CMAI
4	Burns et al. (2009)	62.0	18.4	51.8	22.8	22	57.5	13.8	50.9	15.6	26	Light	46	14	120	CMAI
5	Camberg et al. (1999)	p=.134				49					49	simulated presence	98	34	30	SCMAI
6	Cooke et al. (2010)	1.66	0.58	1.67	0.43	24	1.54	0.52	1.66	0.68	23	music	47	24	40	CMAI-SF
7	Eggermont et al. (2010)	2.03	0.75	2.09	0.84	41	2.23	0.75	2.32	1.05	38	Walking	79	30	30	Actiwatch
8	Lin et al. (2011)	43.12	16.32	36.37	10.64	49	37.78	11.04	38.55	10.27	51	music	100	12	30	C-CMAI
9	Narme et al. (2014)	41.4	12.9	37.5	16.4	18	41.6	15.2	31.8	5.6	19	music	37	8	60	CMAI
10	Raglio et al. (2010)	F=4.84				27					26	music	60	36	30	NPI

출처: 김은영, 황성동, 김은주, 2016.

4. 데이터 분석

메타분석의 4단계는 코딩한 데이터를 분석하는 단계이다. 여기서는 각 연구의 효과크기를 우선적으로 계산한 후 그 통계적 유의성을 살펴보며 평균효과크기와 통계적 유의성을 검토하게 된다. 그리고 각 효과크기를 잘 표현해 주는 forest plot을 기본적으로 제시한다([그림 2-4] 참조). 이와 아울러 평균효과크기에 영향을 줄 수 있는 연구 수준의 조절변수를 선정하여 회귀분석을 통해 분석한 조절효과의 결과를 제시하기도 한다([그림 2-5] 참조).

데이터 분석 단계에서 또 한 가지 중요한 작업은 전체 결과가 과연 타당한지 아니면 오류가 있는지 검증하는 작업이다. 이것은 출간오류분석이나 민감성분석 등을 통해 전체 결과의 타당성(robust)을 확보하게 된다.

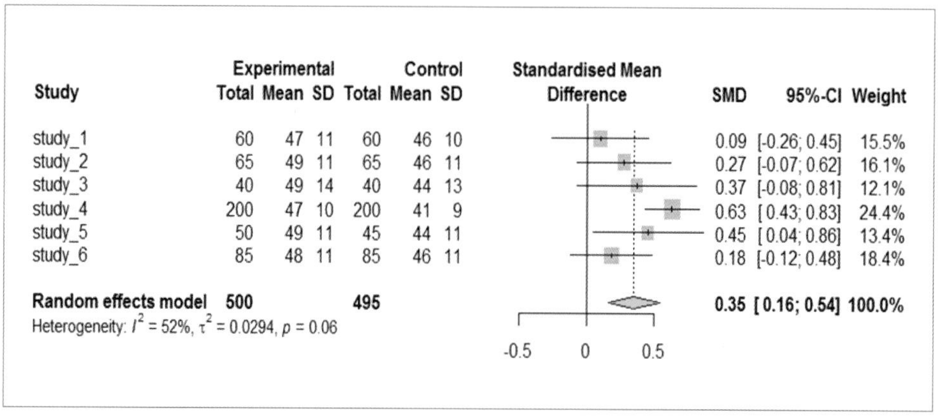

[그림 2-4] 각 연구의 효과크기와 평균효과크기를 제시한 forest plot

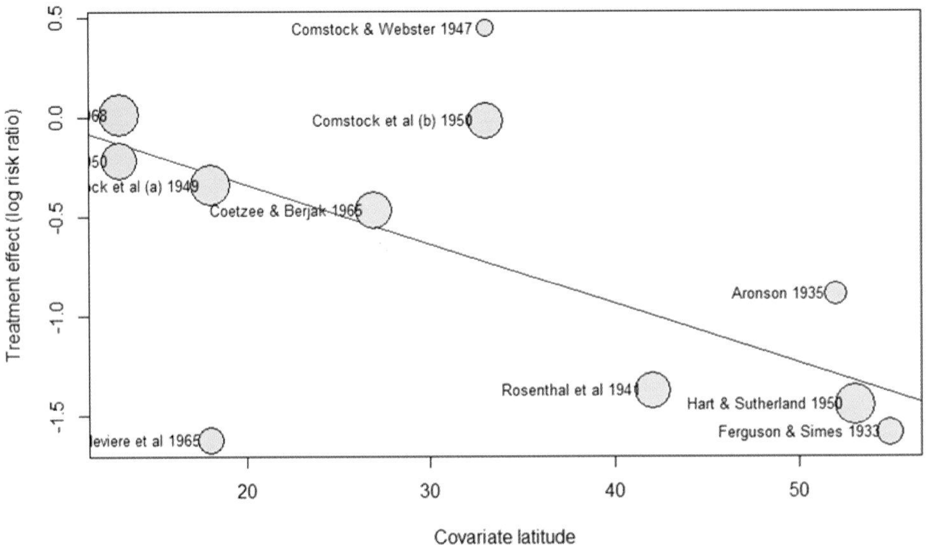

[그림 2-5] 조절효과의 영향을 분석한 메타회귀분석결과

5. 결과 보고

일반적으로 메타분석의 결과에 대한 보고는 여타 연구결과 보고와 비슷하며 그 연구결과 구성은 다음과 같이 이루어진다. 메타분석에 대한 보고에서는 특히 부록의 내용이 중요한데 여기에는 재정지원(funding) 여부와 아울러 이해관계의 충돌(conflict of interest) 그리고 본문에 포함되지 않은 분석결과들이 구체적으로 제시된다.

- 서론(introduction)
- 연구방법(method)
- 분석결과(results)
- 논의(discussion)

- 참고문헌(references)
- 부록(appendices)

사례	청소년들에 대한 학교기반 멘토링의 효과: 체계적 리뷰 및 메타분석 (School-Based Mentoring for Adolescents: A Systematic Review and Meta-Analysis)

1) 서론(이론적 배경, 선행연구 …)
2) 연구방법(포함될 연구의 기준, 연구 선정, 데이터 분석 …)
3) 분석결과(대상자 특성, 개입방법, 연구의 질, 개입효과 …)
4) 논의 및 함의
5) 결론
6) 기타
 –이해관계의 명시(Declaration of Conflicting Interests)
 –재정지원(Funding)
 –참고문헌(References)

출처: Wood & Mayo-Wilson, 2012.

요약

메타분석의 실행 단계는 다음과 같다.

- 메타분석을 위한 연구주제 선정 및 연구질문을 제기한다.
- 연구주제가 정해지고 나면 선정기준(PICOS)을 명확히 정한 후 관련된 모든 문헌을 검색한다.
- 검색된 문헌으로부터 메타분석에 포함할 최종 연구를 선정하며, 각 개별연구들에 대한 질 평가를 실시한 후 데이터 추출 및 코딩작업을 실시한다.
- 코딩된 데이터로부터 각 연구의 효과크기 및 전체 효과크기를 산출하며 각 통계적 유의성을 검토한다. 분석결과 각 연구의 이질성이 상당하다면 이를 설명하기 위해 조절효과분석을 실시한다.
- 메타분석의 전 과정을 체계적으로 서술한 결과보고서를 작성한다.

제3장

메타분석에 대한 기본 이해: Forest Plot

1. 효과크기
2. 통계적 유의성
3. 가중치
4. 평균효과크기

META-ANALYSIS USING R

먼저 메타분석을 이해하려면 가장 기본적인 분석결과인 [그림 3-1]과 같은 Forest Plot을 이해할 수 있어야 한다. 이 그림에는 각 개별연구의 효과크기, 통계적 유의성(정밀성), 가중치를 제시하고 있으며 나아가 개별연구들을 통합한 전체 (평균) 효과크기와 그 통계적 유의성을 나타내고 있다.

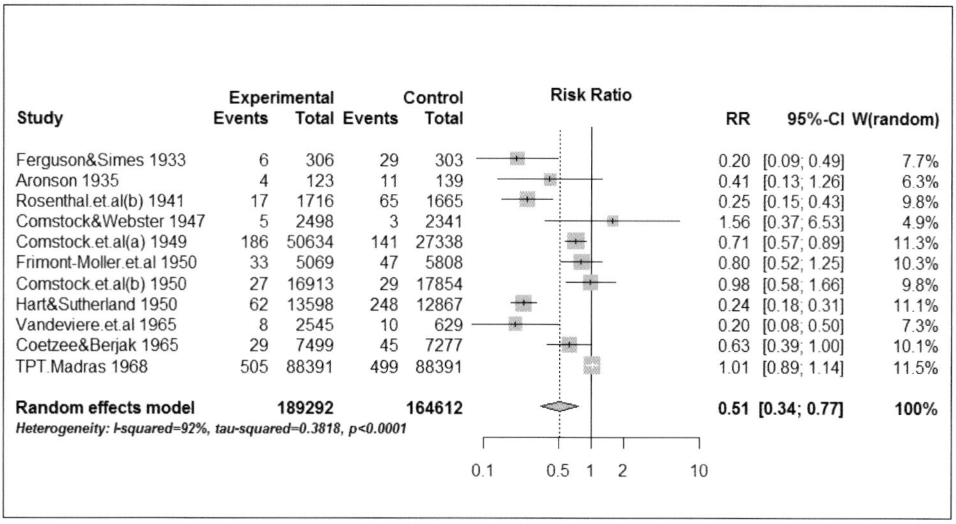

[그림 3-1] ◎ BCG백신의 효과를 보여 주는 메타분석 결과(Forest Plot)

Point 메타분석의 주요 용어

- 효과크기(effect size): 표준화된 평균차이(d), 상관관계(r), 승산비(OR) 등
- 통계적 유의성 또는 정밀성(precision): 신뢰구간(confidence interval) 또는 유의확률(p-value)
- 가중치(weight)
- 평균효과크기(summary effect)

그럼 먼저 [그림 3-2]를 중심으로 앞에서 언급한 주요 용어인 효과크기, 통계적 유의성(정밀성), 가중치 및 평균효과크기를 살펴보자.

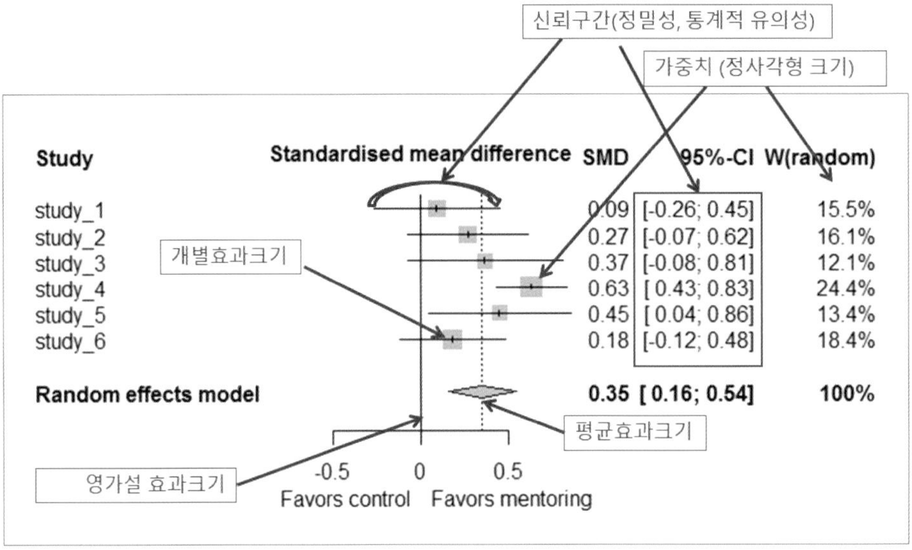

[그림 3-2] 멘토링 프로그램의 효과(forest plot)

1. 효과크기

효과크기(effect size)는 프로그램(개입)의 효과크기 또는 변수 간 관계의 크기를 표현한 값을 말한다(예: 멘토링의 효과, 어휘력에 있어서 성별의 차이, 업무역량과 업무수행도와의 관계 등). 이는 메타분석에서 분석 단위(the unit of currency in a meta-analysis)에 해당한다. 일반적으로 효과크기의 유형으로는 표준화된 평균차이(Cohen's d, Hedges' g), 두 집단의 비율(Risk ratio, Odds ratio, Risk difference), 두 변수 간의 상관관계(Correlation coefficients), 그리고 이러한 효과크기를 일반화한 용어로는 Point estimate 및 ES(effect size)를 사용하기도 한다. 일반적으로 메타분석의 순서로는 우선 개별연구의 효과크기를 계산하고, 개별연구 간의 효과크기의 일관성을 검토하며, 평균효과크기를 산출하고 그 유의성을 검토한다.

[그림 3-2]에서 효과크기를 표현함에 있어 정사각형(square)은 개별연구의 효과크기를 나타내고, 정사각형의 크기는 가중치 그리고 정사각형의 위치는 효과크기의 방향(+ or −), 정사각형의 가운데 위치는 효과크기(magnitude of the effect)를 표현한다. 한편, 다이아몬드(diamond)는 전체 효과크기, 즉 평균효과크기(mean effect size 또는 summary effect size)를 나타낸다.

2. 통계적 유의성

각 연구의 효과크기는 신뢰구간(confidence interval: CI)으로 경계를 갖는데, 이 신뢰구간은 각 연구에서 추정된 효과크기의 통계적 유의성(statistical significance)을 나타낸다. 즉, 신뢰구간이 제로(0) 값을 포함하지 않을 때 통계적으로 유의하다고 한다. 그리고 이 신뢰구간은 효과크기의 정밀성(precision)을 나타내기도 하는데(Borenstein et al., 2009), [그림 3-2]에서 보는 바와 같이 하한선(Lower limit)과 상한선(Upper limit)으로 제시되는 신뢰구간이 짧을수록 추정된 효과크기가 정밀하다고(precise) 할 수 있다.

■ 유의확률 및 신뢰구간

한편 각 연구에는 (영)가설검증을 위한 유의확률이 있다(the p−value for a test of null). 여기서 영가설은 모집단에 있어서 평균차이는 제로(0)이거나 상관관계는 제로(0)라고 설정된다. 하지만 이 유의확률은 단지 영가설(즉, 효과크기=0)만을 검증할 뿐이다. 즉, 유의확률(p−values)이 유의한 경우는(예: $p<0.05$) 단지 효과크기가 제로(0)가 아니라는 사실을 말할 뿐이거나, 상관관계가 제로(0)가 아니라는 사실을 말할 수 있을 뿐이다.

Point 유의확률(P-value) vs. 신뢰구간(Confidence Interval)

유의확률 값과 신뢰구간은 보통 일치하는데, 즉 95% 수준의 신뢰구간이 0값(the null value)을 포함하지 않을 경우에만 유의확률 값이 0.05보다 작게 나타난다.

출처: Borenstein et al., 2009, p. 5.

전통적인 통계적 검증(영가설 검증, p-value)은 표본의 크기에 많은 영향을 받으며 (다음 사례 참조) 구체적이지 못하다. 즉, 영가설(모집단에 있어서 평균차이가 없다 또는 상관관계가 없다)을 기각하거나 기각하지 않거나 하는 것은 추정 결과가 제로 값과 유의하게 다르다 또는 다르지 않다를 해석하는 것으로서, 이는 그다지 구체적인 설명이 되지 못한다. 따라서 가설검증(p-value)보다는 보다 구체적인 신뢰구간을 이용하는 것이 필요하다. 신뢰구간(CI)은 모수(true population value)를 포함하게 될 구간(estimated range)을 제시해 주기 때문에 더 구체적이라고 할 수 있다. 최근 들어서 의학 및 사회과학에서는 신뢰구간을 활용하는 것이 더 보편화되고 있다(Higgins & Green, 2010).

사례 표본의 크기에 영향을 받는 유의확률

상관계수(r)	자유도(df)	유의확률(p-value)	통계적 유의성
0.25	50	0.0739	ns
0.25	100	0.0113	p<.05
0.25	150	0.0019	p<.01

출처: 진윤아, 2011.

3. 가중치

메타분석에서는 일차적인 데이터 분석이나 이차적 데이터 분석과는 달리 각 연구에 가중치(weights)를 부여하는데, 이 가중치는 개별연구별로 다르게 부여된다. [그림 3-2]에서 보는 것처럼 정사각형(square)의 크기는 연구마다 서로 다른데, 이 정사각형의 크기는 각 연구에 배정된 가중치의 크기를 반영하고 있다. 그리고 이 가중치는 평균효과크기(summary effect)를 계산할 때 활용된다.

즉, 가중치가 큰 연구는 정밀성(precision)이 높은(즉, 신뢰구간이 짧은) 연구이며, 가중치가 작은 연구는 정밀성이 낮은(즉, 신뢰구간이 긴) 연구이다. 그리고 이 가중치는 일반적으로 분산의 역수(the inverse of the variance)로 계산되며, 표본이 클수록(즉, 분산이 작을수록) 높은 가중치가 부여된다([그림 3-3] 참조).

$$V_d = \frac{1}{n_1} + \frac{1}{n_2} + \frac{d^2}{2(n_1 + n_2)} \qquad W = \frac{1}{V}$$

표본크기(N)	분산	가중치(%)
50	0.020	50
100	0.010	100
200	0.005	200

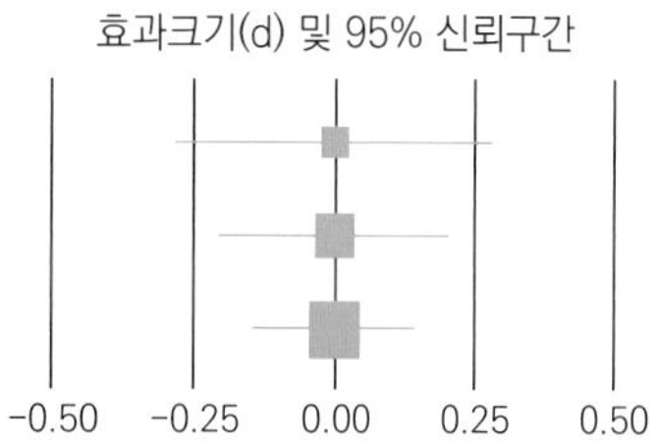

[그림 3-3] 표본크기, 분산 및 가중치의 관계

출처: Borenstein et al., 2009, p. 53에서 재구성.

[그림 3-3]에서 보듯이 일반적으로 표본이 큰 연구는 효과크기에 대해 더 정밀한 추정치를 제공하기 때문에 그만큼 가중치를 더 부여받게 된다. 하지만 클러스터 실험설계(clustered RCT)인 경우 집단내 분산(intraclass correlation coefficient: ICC)이 클수록 분산은 커지며, 단일집단 조사설계에서는 사전-사후 상관관계(pre-post correlation)가 클수록 분산은 작아지게 된다(Littell et al., 2008).

4. 평균효과크기

앞에서 설명한대로 메타분석의 주요 내용 중 한 가지는 평균효과크기를 계산하는 것이다. 즉, 각 개별연구에서 효과크기를 통합(combine)할 때는 어떤 연구가 모수(the population parameter)를 추정하는 데 더 정밀한 추정치를 제공하는지 고려해야 한다. 따라서 각 개별연구의 효과크기에 가중치를 곱한 다음 이를 합한 값을 전체 가중치로 나누게 되면 전체 효과크기, 즉 평균효과크기를 산출할 수 있다. 그리고 이 평균효과크기의 유의성을 판단하게 되어 평균효과크기의 의미를 설명하게 된다. [그림 3-2]에서 보는 바와 같이 전체 6개의 연구 중 개별연구의 효과크기가 통계적 유의한 것은 2개의 연구(study_4, study_5)에만 해당되지만 전체적으로 볼 때 평균효과크기는 0.35(95% CI: 0.16, 0.54)로 통계적으로 유의하다고 하겠다.

$$M = \frac{\sum w_i y_i}{\sum w_i}$$

그리고 이때 각 연구의 효과크기가 비교적 비슷하다면, 즉 연구 간 일관성을 보인다면 평균효과크기는 전체 연구의 효과크기를 대표하는 것으로 인정할 수 있다. 일반적으로 평균효과크기(summary effect size)를 전체 효과크기(overall effect), 가중평균효과크기(weighted mean effect) 또는 평균효과크기(mean effect size) 등으로 부른다.

요약

Forest Plot을 통해 메타분석의 기본적인 결과가 제시되는데 여기서는 각 연구의 효과크기, 효과크기의 통계적 유의성, 가중치 및 평균효과크기 등이 제시된다.

- 효과크기는 개입 및 치료의 효과 또는 변수 간 관계의 크기를 표현한 값을 의미한다. 효과크기의 유형으로 표준화된 평균차이, 두 집단의 이벤트 발생비율, 두 변수의 상관관계 등이 있다.
- 각 연구의 효과크기는 신뢰구간(CI)으로 경계를 갖는데 이 신뢰구간은 각 연구에서 추정된 모집단의 효과크기에 대한 통계적 유의성 및 추정치의 정밀성을 나타낸다.
- 메타분석에서는 각 연구마다 고유한 가중치(weight)를 부여하게 되는데 이 가중치는 보통 표본크기에 영향을 받는 분산의 역수로 계산되며 평균효과크기를 산출할 때 활용된다.
- 평균효과크기(summary effect)는 각 개별연구에서 산출되는데, 이때 각 개별연구에 부여된 가중치가 평균효과크기 산출에 영향을 미친다.

제4장

효과크기

1. 효과크기 의미
2. 효과크기 유형
3. 효과크기 해석
4. 효과크기 계산

META-ANALYSIS USING R

보통 연구들은 개입의 결과를 집단 간에 비교하여 효과성을 검증한다. 예를 들면, 백신을 접종한 집단과 접종하지 않은 집단 간에 결핵 감염 여부를 비교한다. 또는 두 가지 유형의 다이어트 방법의 체중 감량 효과를 비교한다. 이러한 집단 간 비교에 있어서 서로 다른 종속변수(결과변수)를 어떻게 비교할 것인가가 주요한 질문이 될 것이다. 이 경우에 효과크기(effect size: ES)를 활용한다면 각 집단 간의 효과를 과학적으로 비교할 수 있다. 즉, 개입의 결과를 효과크기라는 표준화된 단위로 만들어서 비교하게 되는 것이다. 그래서 일반적으로 메타분석의 주요 내용은 다음과 같이 정리할 수 있다.

- 효과크기의 평균과 통계적 유의미성 확인
- 효과크기의 일관성 확인 및 동질성(homogeneity) 검증
- 효과크기의 이질성에 대한 설명(moderator analysis)
- 분석결과에 대한 타당성 검증

1. 효과크기 의미

효과크기는 개입(치료)의 효과(the impact of an intervention)를 나타낸다. 예를 들면, 결핵(TB)감염 위험에 대한 치료백신의 효과, 학업성적에 대한 교수법의 효과, 청소년의 정서적 안정감에 있어서 멘토링의 효과 등을 나타낸다. 그리고 효과크기는 개입의 효과만을 나타내는 것이 아니라 두 변수 간의 관계 및 방향(the strength and direction of a relationship among variables)을 나타내는 데 활용되기도 한다. 예를 들면, 다음과 같은 것이다.

- 어휘력에 있어서 남녀 간의 차이
- 간접흡연과 배우자의 폐암 발생률의 연관성
- 학업성취도와 자기효능감의 관계

• 소득 불평등과 주관적 행복감의 관계

이러한 효과크기는 학문에 따라 약간 다르게 활용되는데 이를 보다 엄밀하게 설명하면 〈표 4-1〉과 같이 정리할 수 있다. 하지만 이 양자는 동일한 용어와 동일한 의미로 사용되는 것이 일반적이다.

〈표 4-1〉 효과크기의 엄밀한 구분

치료효과(treatment effect)	효과크기(effect size)
승산비율, 이벤트 발생비율(odds ratio, risk ratio)	표준화된 평균차이 또는 상관관계(standardized mean difference or correlations)
보통 의학 관련 분야	보통 사회과학 분야
치료효과는 주로 실험집단과 비교집단 간의 치료(개입)의 차이를 통해 개입의 효과를 나타내는 데 적합	효과크기는 두 변수 간의 관계의 정도나 두 집단 간의 차이를 계량화하는 데 적합(예를 들면, 남녀 간의 차이, 실험집단과 통제집단의 차이 등)

출처: Borenstein et al., 2009, p. 17.

2. 효과크기 유형

효과크기의 유형은 우선 다음과 같이 간단하게 구분할 수 있다.

• 주로 두 집단 간의 평균차이를 검증(d)
• 두 변수 간의 관계의 정도를 검증(r)
• 두 집단에 있어서 어떤 이벤트(치료, 성공 등)의 발생비율을 검증(OR, RR, RD)

이러한 효과크기의 유형을 정리하면 〈표 4-2〉 및 [그림 4-1]과 같다.

〈표 4-2〉 효과크기의 유형

데이터 유형	효과크기	부호
연속형 일원적 데이터	평균차이(Mean Difference: MD)	MD
	표준화된 평균차이(SMD, Cohen's d)	d
	교정된 표준화된 평균차이(Hedges' g)	g
연속형 이원적 데이터	상관관계 계수(r)	r
이분형 데이터[1]	이벤트 발생비율(Risk ratio)	RR
	승산비율(Odds ratio)	OR
	이벤트 발생비율 차이(Risk difference)	RD

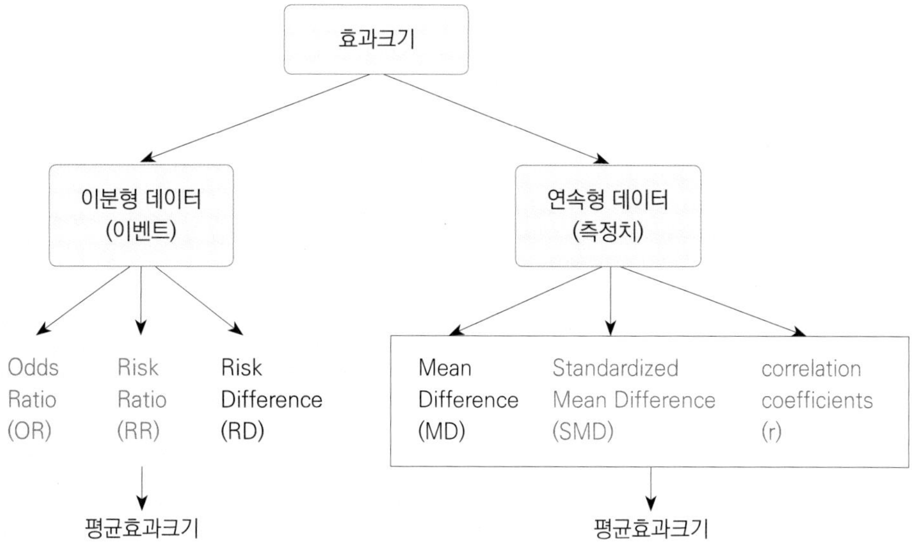

[그림 4-1] 효과크기에 대한 유형

출처: Beyne, 2010.

1) 일반적으로 이분형 데이터(dichotomous data, 예: 성별, 공공 대 민간)라고 부르지만 엄밀하게 말하면 이항 데이터(binary data, 예: 치료 여부, 성공 여부)라고 하는 것이 더 정확하다.

3. 효과크기 해석

효과크기에 대한 해석이 단순한 퍼센트 차이나 비율처럼 용이하지는 않지만 일반적으로 효과크기에 대한 해석은 대체로 다음과 같이 정리할 수 있다.

> "효과크기는 표준편차의 단위(standard deviation units)로 표시된 것이어서 어떤 연구 간에도 비교가 될 수 있고 메타분석에서 활용될 수 있다"(Beeson & Robey, 2006, p. 163).

> "만약 d가 0.2로 산출되었다면 이는 두 집단의 평균의 차이가 1표준편차의 10분의 2에 해당되는 것이다. Cohen(1988, p. 21)에 따르면 d는 여타의 측정단위에 영향을 받지 않는 순수한 단위이다. 그리고 d가 2.0이라는 것은 평균의 차이가 2표준편차만큼 차이가 있다는 의미를 말한다"(Lietz, 2006, p. 327).

그리고 이항데이터의 경우 risk ratio=.80이라면 실험집단의 이벤트 발생 확률이 통제집단에 비해 20% 낮은 것이고, 만약 risk ratio=3.0이라면 실험집단의 이벤트 발생 확률이 통제집단에 비해 3배 높다는 의미이다.

이를 정리하면 효과크기는 어떤 개입에 따른 두 집단의 효과를 비교하는 단위로서 표준화한 값이며 데이터의 유형에 따라 평균의 차이, 이벤트 발생비율의 차이 및 두 변수 간의 상관관계 등으로 해석할 수 있겠다. 그리고 효과크기에 대한 구분은 다음 〈표 4-3〉, 〈표 4-4〉 그리고 그 해석은 [그림 4-2]에서 [그림 4-4]까지와 같다.

〈표 4-3〉 효과크기의 구분

효과크기(d)	구분	백분위 비율(%) 증가 지표
+0.10	작은 효과크기	50 to 54
+0.20		50 to 58
+0.30		50 to 62
+0.40	중간 효과크기	50 to 66
+0.50		50 to 69
+0.60		50 to 73
+0.70		50 to 76
+0.80	큰 효과크기	50 to 79
+0.90		50 to 82
+1.00		50 to 84

출처: Cohen, 1988.

〈표 4-4〉 효과크기의 또 다른 구분

	r1	r2	d1	d2	d3
작은 크기	0.1	0.1	~0.32	~0.39	4.0
중간 크기	0.3	0.2	0.33~0.55	0.40~0.79	7.0
큰 크기	0.5	0.3	0.56~	0.80~	10.1

r1: 상관계수(Cohen, 1988)

r2: 상관계수(특히 교육프로그램의 경우) (Hattie, 2009)

d1: 표준화된 평균차이(Lipsey & Wilson, 1993)

d2: 표준화된 평균차이(Cohen, 1988)

d3: 단일사례조사의 경우(Robey & Beeson, 2005)

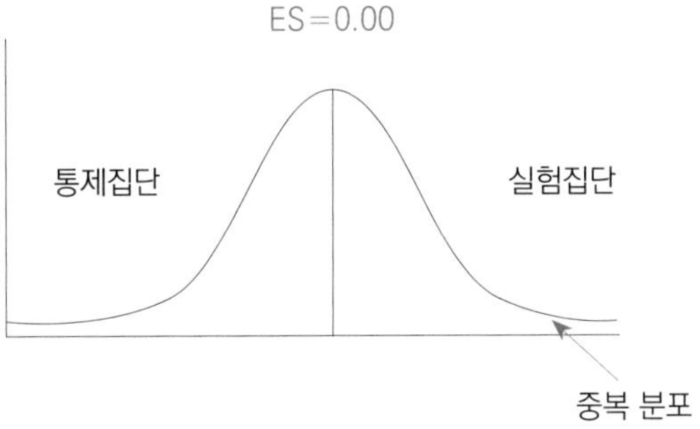

[그림 4-2] 효과크기가 0인 경우(zero effect size)

[그림 4-2]의 경우 실험집단과 통제집단이 완벽하게 일치하기 때문에 효과크기가 0이 된다. 하지만 [그림 4-3]과 [그림 4-4]의 경우 정규분포의 중복(overlap)을 의미하는 Cohen's U3로 해석하게 되면 통제집단의 평균이 50%일 때 실험집단의 평균은 통제집단의 각각 66%와 79%에 해당된다고 할 수 있다.

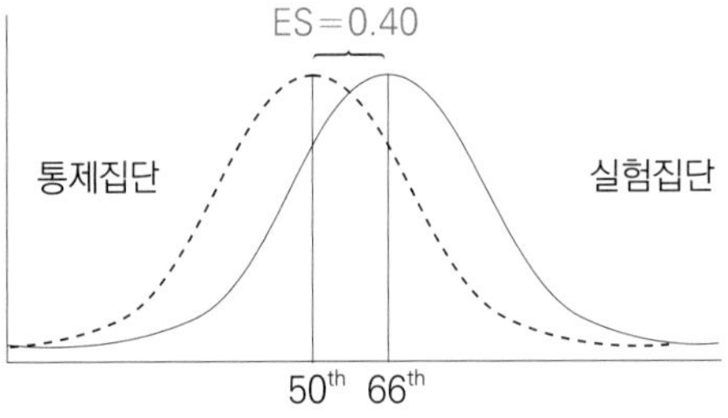

[그림 4-3] 효과크기가 중간인 경우(medium effect size)

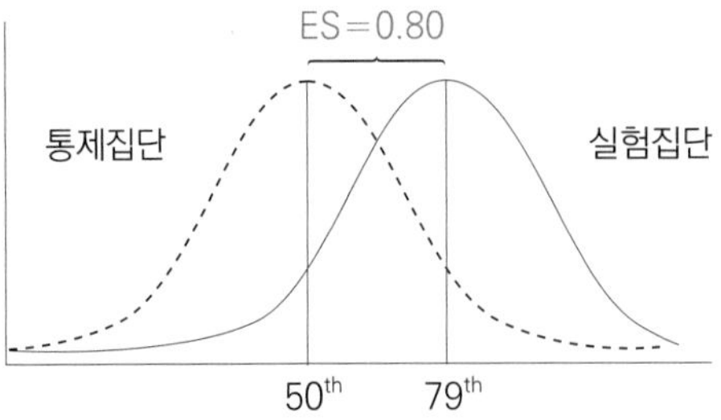

[그림 4-4] 효과크기가 큰 경우(large effect size)

출처: Cooper, 2010, p. 163에서 재구성.

Tip 개입의 효과를 검증할 때 주로 활용되는 실험연구설계 유형

	순수실험조사설계: A (experimental designs)	유사실험조사설계: B (quasi-experimental designs)	전실험조사설계: C (pre-experimental designs)
유형 1	통제집단전후 비교조사	비동일통제집단전후 비교조사	단일집단전후 비교조사
	R O_1 O_2 × R O_3 O_4	O_1 O_2 × O_3 O_4	O_1 × O_2
유형 2	통제집단후 비교조사		
	R O_1 × R O_2		
	독립집단, 즉 두 집단 [independent groups]		단일집단 [dependent (matched) group]

* 보통 순수실험조사설계를 RCT(Randomized Controlled Trial)라고 부른다.

출처: 황성동, 2015, p. 147.

참고로 효과크기를 해석함에 있어서 보다 일반적인 해석을 위해 Cohen(1988)이 제시한 정규분포의 중복을 의미하는 U3 그리고 Rosenthal과 Rubin(1982)이 제시한 두 집단, 즉 실험집단과 통제집단의 성공률을 비교하는 Bionomial Effect Size Display(BESD)를 효과 크기 유형인 d, r과 비교하면 〈표 4-5〉와 같다.

〈표 4-5〉 효과크기(d), 상관관계, U3 및 BESD의 비교

d	r	U3	BESD	
			통제집단 성공률	실험집단 성공률
0.1	.05	54	.47	.52
0.2	.10	58	.45	.55
0.3	.15	62	.42	.57
0.4	.20	66	.40	.60
0.5	.24	69	.38	.62
0.6	.29	73	.35	.64
0.7	.33	76	.33	.66
0.8	.37	79	.31	.68
0.9	.41	82	.29	.70
1.0	.45	84	.27	.72
1.1	.48	86	.26	.74
1.2	.51	88	.24	.75
1.3	.54	90	.23	.77
1.4	.57	92	.21	.78
1.5	.60	93	.20	.80
1.6	.62	95	.19	.81
1.7	.65	96	.17	.82
1.8	.67	96	.16	.83
1.9	.69	97	.15	.84
2.0	.71	98	.14	.85

출처: Lipsey & Wilson, 2001, p. 153에서 재구성.

4. 효과크기 계산

1) 연속형 데이터의 효과크기 계산

(1) 두 집단(사후검사)

Point

일반적으로 두 집단 간 비교연구의 연구결과에서 주로 보고되는 통계치는 다음과 같다.

- 평균, 표준편차, 표본크기(means, SDs, sample sizes)가 제시된 경우
- 검정통계량(t-values, F-values 등)으로 제시된 경우
- 정확한 유의확률값(예: p=.013 등)이 제시된 경우
- 추정된 유의확률값이 대략적으로(예: p<.05 등) 제시된 경우

보통 연구결과에서는 두 집단의 평균, 표준편차, 표본크기가 제시된 경우가 가장 일반적이며, 이 경우가 또한 메타분석에 있어 가장 선호되는 경우이다. 예를 들어, 청소년들의 자아존중감에 대한 멘토링 프로그램의 효과(사후검사)의 경우를 분석해 보자.

〈표 4-6〉 실험집단과 통제집단의 평균, 표준편차, 표본크기

연구 이름	실험집단			통제집단		
	M1	SD1	N1	M2	SD2	N2
study_1	47	11	60	46	10	60
study_2	49	11	65	46	11	65
study_3	49	14	40	44	13	40
study_4	47	10	200	41	9	200
study_5	49	11	50	44	11	45
study_6	48	11	85	46	11	85

■ 표준화된 평균차이(Cohen's d)

이 경우 다음 공식을 이용하여 먼저 Cohen's d(표준화된 평균차이)를 계산한다.

〈공식 4-1〉

ES_1	두 집단	t 또는 F 값이 제시된 경우
Effect Size(ES) (Cohen's d)	$D=\overline{X_1}-\overline{X_2}$ $d=\frac{\overline{X_1}-\overline{X_2}}{S_p}$	$d=t\sqrt{\frac{n_1+n_2}{n_1n_2}}$
표준화된 평균차이(SMD)	$S_p=\sqrt{\frac{(n_1-1)S_1^2+(n_2-1)S_2^2}{(n_1+n_2-2)}}$	$d=\sqrt{\frac{F(n_1+n_2)}{n_1n_2}}$

먼저 평균차이(Raw mean difference, D 또는 MD)를 계산해 보자.

$$D=\overline{X_1}-\overline{X_2}$$

〈표 4-7〉 실험집단과 통제집단의 평균차이

연구 이름	M1	SD1	N1	M2	SD2	N2	D
study_1	47	11	60	46	10	60	1
study_2	49	11	65	46	11	65	3
study_3	49	14	40	44	13	40	5
study_4	47	10	200	41	9	200	6
study_5	49	11	50	44	11	45	5
study_6	48	11	85	46	11	85	2

그리고 d를 계산하기 위해서는 통합표준편차(Pooled standard deviation)가 필요하며, 그 공식은 다음과 같다.

$$S_p=\sqrt{\frac{(n_1-1)S_1^2+(n_2-1)S_2^2}{(n_1+n_2-2)}}$$

〈표 4-8〉 실험집단과 통제집단의 통합 표준편차

연구 이름	M1	SD1	N1	M2	SD2	N2	D	S_p
study_1	47	11	60	46	10	60	1	10.512
study_2	49	11	65	46	11	65	3	11.000
study_3	49	14	40	44	13	40	5	13.509
study_4	47	10	200	41	9	200	6	9.513
study_5	49	11	50	44	11	45	5	11.000
study_6	48	11	85	46	11	85	2	11.000

이제 Cohen's d, 즉 표준화된 평균차이(Standardized mean difference)를 다음과 같이 계산할 수 있다.

$$d = \frac{\overline{X_1} - \overline{X_2}}{S_p}$$

〈표 4-9〉 표준화된 평균차이(Cohen's d)

연구 이름	M1	SD1	N1	M2	SD2	N2	D	S_p	d
study_1	47	11	60	46	10	60	1	10.512	0.095
study_2	49	11	65	46	11	65	3	11.000	0.273
study_3	49	14	40	44	13	40	5	13.509	0.370
study_4	47	10	200	41	9	200	6	9.513	0.631
study_5	49	11	50	44	11	45	5	11.000	0.455
study_6	48	11	85	46	11	85	2	11.000	0.182

다음은 〈공식 4-2〉를 이용하여 d에 대한 분산(variance of d)을 계산하자.

〈공식 4-2〉

ES_1	Continuous data	비고
V_d	$\frac{1}{n_1} + \frac{1}{n_2} + \frac{d^2}{2(n_1 + n_2)}$	$\frac{(n_1 + n_2)}{n_1 n_2} + \frac{d^2}{2(n_1 + n_2)}$

〈표 4-10〉 표준화된 평균차이(d)와 그 분산

연구 이름	M1	SD1	N1	M2	SD2	N2	D	S_p	d	V_d
study_1	47	11	60	46	10	60	1	10.512	0.095	0.033
study_2	49	11	65	46	11	65	3	11.000	0.273	0.031
study_3	49	14	40	44	13	40	5	13.509	0.30	0.051
study_4	47	10	200	41	9	200	6	9.513	0.631	0.010
study_5	49	11	50	44	11	45	5	11.000	0.455	0.043
study_6	48	11	85	46	11	85	2	11.000	0.182	0.024

■ 교정된 표준화된 평균차이(Hedges' g)

그리고 이제 Cohen's d를 교정한 Hedges' g를 계산해 보자. Cohen's d는 표본이 작을 경우 효과크기를 과대 추정하는 경향이 있다. 따라서 이를 교정해 주는 Hedges' g가 필요하다(Hedges & Olkin, 1985). 그리고 표본에서 표본이 큰 연구와 작은 연구들이 함께 섞여 있을 때는 모두 g로 전환해 주는 것이 바람직하다(Bernard & Borokhovski, 2009).

〈공식 4-3〉

g (교정된 ES) (Hedges' g) (only in 평균차이)	$g = J \times d\,(J:\ correction\ factor)$ $J = \left[1 - \frac{3}{4(n_1 + n_2) - 9}\right]$ or $\left(1 - \frac{3}{4df - 1}\right)$	Cohen's d는 표본이 작을 때 과대평가되는 경향이 있다. N=60, g is 99% of d N=20, g is 96% of d N=10, g is 90% of d
V_g	$V_g = J^2 \times V_d$	

이를 위해 먼저 교정지수(correction factor)인 J를 계산한다.

$$J = \left[1 - \frac{3}{4(n_1 + n_2) - 9}\right] \quad or \quad \left(1 - \frac{3}{4df - 1}\right)$$

〈표 4-11〉 교정된 표준화된 평균차이를 계산하기 위한 교정지수

연구 이름	M1	SD1	N1	M2	SD2	N2	D	S_p	d	V_d	J
study_1	47	11	60	46	10	60	1	10.512	0.095	0.033	0.994
study_2	49	11	65	46	11	65	3	11.000	0.273	0.031	0.994
study_3	49	14	40	44	13	40	5	13.509	0.370	0.051	0.990
study_4	47	10	200	41	9	200	6	9.513	0.631	0.010	0.998
study_5	49	11	50	44	11	45	5	11.000	0.455	0.043	0.992
study_6	48	11	85	46	11	85	2	11.000	0.182	0.024	0.996

그러고 나서 교정된 효과크기, 즉 Hedges' g를 계산한다.

$$g = J \times d$$

〈표 4-12〉 교정된 표준화된 평균차이(g)

연구 이름	M1	SD1	N1	M2	SD2	N2	D	S_p	d	V_d	J	g
study_1	47	11	60	46	10	6	1	10.512	0.095	0.033	0.994	0.095
study_2	49	11	65	46	11	65	3	11.000	0.273	0.031	0.994	0.271
study_3	49	14	40	44	13	40	5	13.509	0.370	0.051	0.990	0.367
study_4	47	10	200	41	9	200	6	9.513	0.631	0.010	0.998	0.630
study_5	49	11	50	44	11	45	5	11.000	0.455	0.043	0.992	0.451
study_6	48	11	85	46	11	85	2	11.000	0.182	0.024	0.996	0.181

그러고 나서 이제 교정된 효과크기, 즉 g의 분산을 계산한다.

$$V_g = J^2 \times V_d$$

〈표 4-13〉 교정된 표준화된 평균차이(g)의 분산

연구 이름	M1	SD1	N1	M2	SD2	N2	D	S_p	d	V_d	J	g	V_g
study_1	47	11	60	46	10	60	1	10.512	0.095	0.033	0.994	0.095	0.033
study_2	49	11	65	46	11	65	3	11.000	0.273	0.031	0.994	0.271	0.031
study_3	49	14	40	44	13	40	5	13.509	0.370	0.051	0.990	0.367	0.050
study_4	47	10	200	41	9	200	6	9.513	0.631	0.010	0.998	0.630	0.010
study_5	49	11	50	44	11	45	5	11.000	0.455	0.043	0.992	0.451	0.043
study_6	48	11	85	46	11	85	2	11.000	0.182	0.024	0.996	0.181	0.023

■ 효과크기의 표준오차와 신뢰구간(95th% Confidence Interval)

이제 각 연구의 효과크기의 표준오차(standard error)와 신뢰구간(confidence interval)을 산출해 보자. 효과크기의 표준오차는 추정치의 표준편차를 의미한다. 표본이 작을수록 표준오차는 커지고 표본이 클수록 표준오차는 작아진다.

〈공식 4-4〉

ES_1	Continuous data	비고
SE_g (g의 표준오차)	$SE_g = \sqrt{V_g}$	표본이 작으면 표준오차는 커지고 표본이 크면 표준오차는 작아진다. $SE = \frac{SD}{\sqrt{n}}$
신뢰구간(95%)	$CI = g \pm (1.96 \times SE_g)$	표본이 클수록 신뢰구간이 작아진다 (more precise).
표준화 값 및 유의확률	$Z = \frac{g}{SE_g}$	$p = (1 - NORMSDIST(ABS(Z))) * 2$

효과크기의 신뢰구간(95% Confidence Interval: CI)은 모수(parameter)를 포함할 확률이 95%가 되는 추정구간을 의미한다. 표준오차가 작을수록(표본이 클수록), 신뢰구간의 폭은 좁아진다. 따라서 3장에서 살펴본 정밀성(precision), 즉 모집단 추정 값의 정밀성이 커지게 된다. 이때 신뢰구간이 0을 포함하지 않으면 그 값은 통계적으로 유의하다. 즉, p값이 0.05보다 작으므로 영가설(g=0 or the true effect is zero)을 기각하게 된다.

이제 산출된 각 연구의 효과크기, 표준오차, 신뢰구간, 유의확률(p-vlaue)은 다음과 같다.

〈표 4-14〉 효과크기, 표준오차, 신뢰구간 및 유의확률

연구 이름	D	S_p	d	V_d	J	g	V_g	se	LL	UL	Z	P
study_1	1	10.512	0.095	0.033	0.994	0.095	0.033	0.182	−0.261	0.450	0.521	0.603
study_2	3	11.000	0.273	0.031	0.994	0.271	0.031	0.175	−0.072	0.614	1.548	0.122
study_3	5	13.509	0.370	0.051	0.990	0.367	0.050	0.223	−0.071	0.804	1.641	0.101
study_4	6	9.513	0.631	0.010	0.998	0.630	0.010	0.102	0.429	0.830	6.156	0.000
study_5	5	11.000	0.455	0.043	0.992	0.451	0.043	0.206	0.046	0.855	2.184	0.029
study_6	2	11.000	0.182	0.024	0.996	0.181	0.023	0.153	−0.119	0.481	1.183	0.237

이 결과는 [그림 4-5]에서 보는 바와 같이 R로 분석한 결과와 동일함을 알 수 있다.

```
> meta1=metacont(n1, m1, s1, n2, m2, s2, sm="SMD", study, data=mentoring)
> meta1
           SMD             95%-CI %W(fixed) %W(random)
study_1 0.0945 [-0.2635; 0.4526]      12.4       15.5
study_2 0.2711 [-0.0743; 0.6166]      13.3       16.1
study_3 0.3665 [-0.0756; 0.8087]       8.1       12.1
study_4 0.6295 [ 0.4287; 0.8304]      39.3       24.4
study_5 0.4509 [ 0.0428; 0.8589]       9.5       13.4
study_6 0.1810 [-0.1203; 0.4823]      17.5       18.4

Number of studies combined: k = 6

                        SMD            95%-CI    z  p-value
Fixed effect model   0.3992 [0.2733; 0.5251] 6.22 < 0.0001
Random effects model 0.3504 [0.1569; 0.5438] 3.55   0.0004
```

[그림 4-5] R로 분석한 결과

참고 유의수준(Confidence level) 및 기각 영역

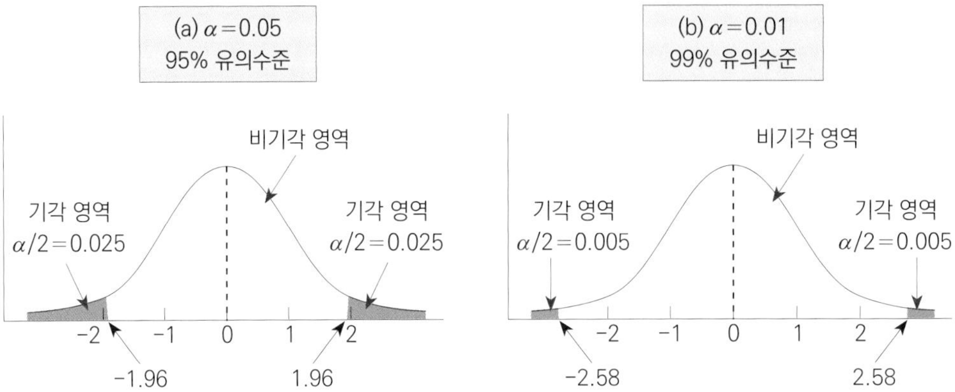

■ 가중치와 평균효과크기 계산

이제 평균효과크기, 즉 가중평균효과크기를 계산해 보자. 이 평균효과크기를 계산하기 위해서는 먼저 가중치를 구해야 한다. 왜냐하면 각 연구의 특성이 다르므로 그 특성(여기서는 표본의 크기)을 반영한 가중치가 부여되어야 평균효과크기를 제대로 산출할 수 있기 때문이다.

〈공식 4-5〉

W_i 가중치(weight)	inverse variance(분산의 역수) $W_i = \frac{1}{V}$ $W_i = \frac{1}{(SE)^2}$	표본이 큰 경우 가중치가 크다. (proportional to the sample size)
평균효과크기 $(M, \bar{g}, \bar{d})$	$M = \frac{\sum W_i g_i}{\sum W_i}$ weighted mean effect size summary effect overall effect	$V_M = \frac{1}{\sum W}$ $SE_M = \sqrt{V_M}$ $LL_M = M - (1.96 \times SE_M)$ $UL_M = M + (1.96 \times SE_M)$ $Z = \frac{M}{SE_M}$ $p = (1 - NORMSDIST(ABS(Z))) * 2$

■ 가중치(Weight)

일반적으로 가중치는 분산의 역수이며, 표본이 클수록 가중치가 크게 된다.

$$W_i = \frac{1}{V_i}$$

〈표 4-15〉 각 연구의 가중치

연구 이름	D	S_p	d	V_d	J	g	V_g	W
study_1	1	10.512	0.095	0.033	0.994	0.095	0.033	30.352
study_2	3	11.000	0.273	0.031	0.994	0.271	0.031	32.582
study_3	5	13.509	0.370	0.051	0.990	.367	0.050	20.048
study_4	6	9.513	0.631	0.010	0.998	0.630	0.010	95.623
study_5	5	11.000	0.455	0.043	0.992	0.451	0.043	23.468
study_6	2	11.000	0.182	0.024	0.996	0.181	0.023	42.706

이제 평균효과크기를 계산하기 위해 각 효과크기에 가중치를 곱한 값, 즉 가중효과크기를 구한다.

〈표 4-16〉 각 연구의 가중치와 가중효과크기

연구 이름	D	S_p	d	V_d	J	g	V_g	W	Wg
study_1	1	10.512	0.095	0.033	0.994	0.095	0.033	30.352	2.869
study_2	3	11.000	0.273	0.031	0.994	0.271	0.031	32.582	8.834
study_3	5	13.509	0.370	0.051	0.990	0.367	0.050	20.048	7.349
study_4	6	9.513	0.631	0.010	0.998	0.630	0.010	95.623	60.197
study_5	5	11.000	0.455	0.043	0.992	0.451	0.043	23.468	10.581
study_6	2	11.000	0.182	0.024	0.996	0.181	0.023	42.706	7.730
								244.779	97.559

■ 평균효과크기(Mean effect)

평균효과크기는 다음 공식에서 보듯이 가중치를 곱한 효과크기의 합, 즉 가중효과크기의 합을 가중치의 합으로 나눈 값이다. 그리고 이는 R로 분석한 결과와 거의 동일하다([그림 4-6] 참조).

$$W_i = \frac{1}{V_i} \qquad M = \frac{\sum W_i g_i}{\sum W_i} \qquad M = \frac{97.559}{244.779} = 0.3986$$

```
             SMD            95%-CI %W(fixed) %W(random)
study_1 0.0945 [-0.2635; 0.4526]      12.4       15.5
study_2 0.2711 [-0.0743; 0.6166]      13.3       16.1
study_3 0.3665 [-0.0756; 0.8087]       8.1       12.1
study_4 0.6295 [ 0.4287; 0.8304]      39.3       24.4
study_5 0.4509 [ 0.0428; 0.8589]       9.5       13.4
study_6 0.1810 [-0.1203; 0.4823]      17.5       18.4

Number of studies combined: k = 6

                         SMD           95%-CI    z  p-value
Fixed effect model   0.3992 [0.2733; 0.5251] 6.22 < 0.0001
Random effects model 0.3504 [0.1569; 0.5438] 3.55   0.0004
```

[그림 4-6] R로 분석한 평균효과크기

■ 평균효과크기와 그 표준오차(Standard Error of the Mean)

이제 평균효과크기의 표준오차와 신뢰구간 그리고 통계적 유의성을 검증해 보자. 이때 평균효과크기의 표준오차는 추정치의 표준편차, 즉 평균효과크기의 표준편차를 의미한다(the standard deviation of the mean of gs).

〈표 4-17〉 평균효과크기, 표준편차 및 95% 신뢰구간

평균효과크기	M	0.3986
분산	V_M	0.0041
표준오차	SE_M	0.0639
신뢰구간		
하한선(95%)	LL_M	0.2733
상한선(95%)	UL_M	0.5238
영가설(M=0) 검증		
Z값	Z	6.2356
유의확률(단측 검증)	p1	0.0000
유의확률(양측 검증)	p2	0.0000

다음 공식은 각 효과크기들의 평균과 표준오차 및 신뢰구간을 구한 공식이며 〈공식 4-5〉와 동일한 것이다.

$$M = \frac{\sum w_i g}{\sum w_i}$$

$$V_M = \frac{1}{\sum w_i} \qquad SE_M = \sqrt{V_M}$$

$$LL_M = M - (1.96 \times SE_M)$$

$$UL_M = M + (1.96 \times SE_M)$$

$$Z = \frac{M}{SE_M}$$

$$p = (1 - NORMSDIST(ABS(Z))) * 2$$

앞의 결과를 R로 분석했을 경우와 [그림 4-7]에서 보는 바와 같이 그 결과가 거의 일치함을 알 수 있다.

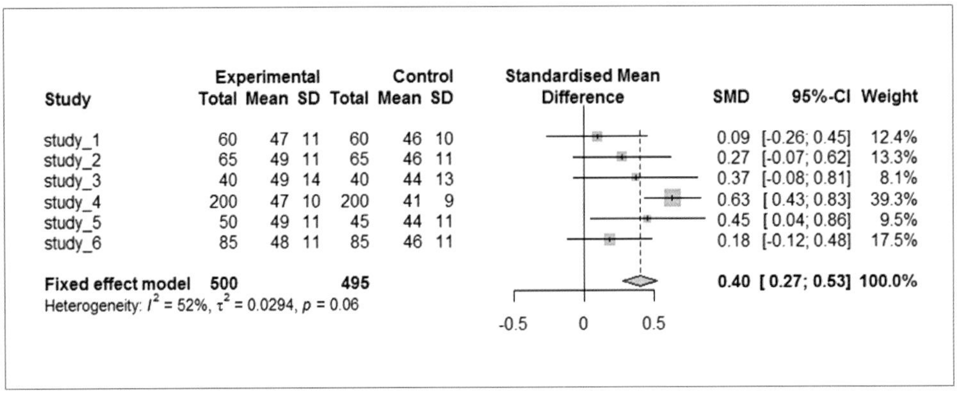

[그림 4-7] R로 분석한 평균효과크기 및 신뢰구간

Tip 연구결과에서 t값, F값 및 유의확률(p-value)이 제시된 경우

① t값 또는 F값이 제시된 경우(공식에 대입하며, 반드시 효과크기의 부호를 명시한다.)

결과 제시: t(60) = +2.66

$$d = \pm t\sqrt{\frac{n_1 + n_2}{n_1 n_2}} = +2.66\sqrt{\frac{31+31}{961}} = +2.66\sqrt{0.254} = 0.676$$

결과 제시: F(1,61) = +7.076

$$d = \pm F\sqrt{\frac{F(n_1 + n_2)}{n_1 n_2}} = \sqrt{\frac{7.076(62)}{961}}$$

$$d = \pm\sqrt{0.457} = 0.676$$

② p값이 제시된 경우(표에서 t값을 찾으며, 반드시 효과크기의 부호를 명시한다.)

결과 제시: t(60) is sig. p = 0.01

p = 0.01 (df = 60)을 t-분포 표에서 찾는다.

t = 2.66

$$d = \pm t\sqrt{\frac{n_1 + n_2}{n_1 n_2}} = +2.66\sqrt{\frac{31+31}{961}}$$

$$d = \pm 266\sqrt{0.254} = 0.676$$

③ p<α 제시된 경우(표에서 t값을 추정하며, 이 경우 역시 효과크기의 부호를 명시한다.)

결과 제시: $p<.05$, $n_1=31$, $n_2=31$

$$추정 + t(60) = +2.00,\ TINV(0.05, 60) = 2.000$$

$$d = \pm t_{\alpha=.05}\sqrt{\frac{n_1+n_2}{n_1 n_2}} = +2.00\sqrt{\frac{62}{961}} = +2.00\sqrt{0.065} = 2.00(0.255) = 0.51$$

이 값은 앞에서 산출된 0.676에 비하면 75% 정도만 정확하다.

출처: Bernard & Borokhovski, 2009.

〈표 4-18〉 t-분포 표

t Table

cum. prob	$t_{.50}$	$t_{.75}$	$t_{.80}$	$t_{.85}$	$t_{.90}$	$t_{.95}$	$t_{.975}$	$t_{.99}$	$t_{.995}$	$t_{.999}$	$t_{.9995}$
one-tail	0.50	0.25	0.20	0.15	0.10	0.05	0.025	0.01	0.005	0.001	0.0005
two-tails	1.00	0.50	0.40	0.30	0.20	0.10	0.05	0.02	0.01	0.002	0.001
df											
1	0.000	1.000	1.376	1.963	3.078	6.314	12.71	31.82	63.66	318.31	636.62
2	0.000	0.816	1.061	1.386	1.886	2.920	4.303	6.965	9.925	22.327	31.599
3	0.000	0.765	0.978	1.250	1.638	2.353	3.182	4.541	5.841	10.215	12.924
4	0.000	0.741	0.941	1.190	1.533	2.132	2.776	3.747	4.604	7.173	8.610
5	0.000	0.727	0.920	1.156	1.476	2.015	2.571	3.365	4.032	5.893	6.869
6	0.000	0.718	0.906	1.134	1.440	1.943	2.447	3.143	3.707	5.208	5.959
7	0.000	0.711	0.896	1.119	1.415	1.895	2.365	2.998	3.499	4.785	5.408
8	0.000	0.706	0.889	1.108	1.397	1.860	2.306	2.896	3.355	4.501	5.041
9	0.000	0.703	0.883	1.100	1.383	1.833	2.262	2.821	3.250	4.297	4.781
10	0.000	0.700	0.879	1.093	1.372	1.812	2.228	2.764	3.169	4.144	4.587
11	0.000	0.697	0.876	1.088	1.363	1.796	2.201	2.718	3.106	4.025	4.437
12	0.000	0.695	0.873	1.083	1.356	1.782	2.179	2.681	3.055	3.930	4.318
13	0.000	0.694	0.870	1.079	1.350	1.771	2.160	2.650	3.012	3.852	4.221
14	0.000	0.692	0.868	1.076	1.345	1.761	2.145	2.624	2.977	3.787	4.140
15	0.000	0.691	0.866	1.074	1.341	1.753	2.131	2.602	2.947	3.733	4.073
16	0.000	0.690	0.865	1.071	1.337	1.746	2.120	2.583	2.921	3.686	4.015
17	0.000	0.689	0.863	1.069	1.333	1.740	2.110	2.567	2.898	3.646	3.965
18	0.000	0.688	0.862	1.067	1.330	1.734	2.101	2.552	2.878	3.610	3.922
19	0.000	0.688	0.861	1.066	1.328	1.729	2.093	2.539	2.861	3.579	3.883
20	0.000	0.687	0.860	1.064	1.325	1.725	2.086	2.528	2.845	3.552	3.850
21	0.000	0.686	0.859	1.063	1.323	1.721	2.080	2.518	2.831	3.527	3.819
22	0.000	0.686	0.858	1.061	1.321	1.717	2.074	2.508	2.819	3.505	3.792
23	0.000	0.685	0.858	1.060	1.319	1.714	2.069	2.500	2.807	3.485	3.768
24	0.000	0.685	0.857	1.059	1.318	1.711	2.064	2.492	2.797	3.467	3.745
25	0.000	0.684	0.856	1.058	1.316	1.708	2.060	2.485	2.787	3.450	3.725
26	0.000	0.684	0.856	1.058	1.315	1.706	2.056	2.479	2.779	3.435	3.707
27	0.000	0.684	0.855	1.057	1.314	1.703	2.052	2.473	2.771	3.421	3.690
28	0.000	0.683	0.855	1.056	1.313	1.701	2.048	2.467	2.763	3.408	3.674
29	0.000	0.683	0.854	1.055	1.311	1.699	2.045	2.462	2.756	3.396	3.659
30	0.000	0.683	0.854	1.055	1.310	1.697	2.042	2.457	2.750	3.385	3.646
40	0.000	0.681	0.851	1.050	1.303	1.684	2.021	2.423	2.704	3.307	3.551
60	0.000	0.679	0.848	1.045	1.296	1.671	2.000	2.390	2.660	3.232	3.460
80	0.000	0.678	0.846	1.043	1.292	1.664	1.990	2.374	2.639	3.195	3.416
100	0.000	0.677	0.845	1.042	1.290	1.660	1.984	2.364	2.626	3.174	3.390
1000	0.000	0.675	0.842	1.037	1.282	1.646	1.962	2.330	2.581	3.098	3.300
z	0.000	0.674	0.842	1.036	1.282	1.645	1.960	2.326	2.576	3.090	3.291
	0%	50%	60%	70%	80%	90%	95%	98%	99%	99.8%	99.9%
	Confidence Level										

(2) 두 집단(사전-사후검사)

일반적으로 두 집단(사전-사후검사)인 경우 다음과 같이 연구결과에서 보고한다.

예) 결과 제시:

D_T(사후-사전) $M_{diff}=7.5$ $SD_{diff}=4.80$

D_C(사후-사전) $M_{diff}=8.5$ $SD_{diff}=4.70$

여기서는 다문화교육의 효과성 검증한 연구를 사례로 하여 두 집단(사전-사후검사)의 효과크기를 계산해 보자(황성동, 임혁, 윤성호, 2012). 분석할 데이터는 [그림 4-8]과 같이 보통 제시된다.

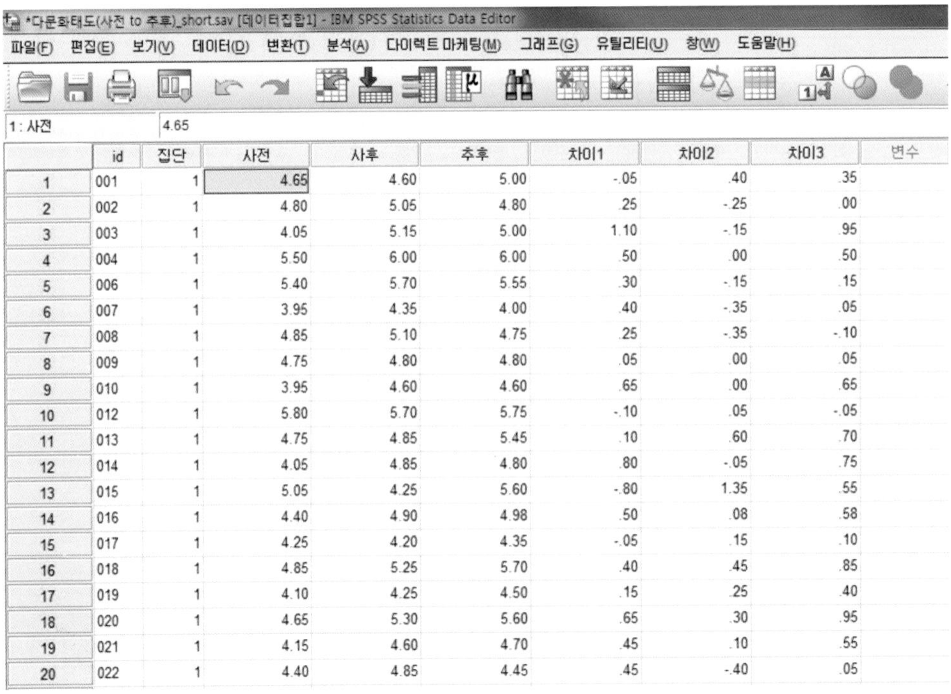

	id	집단	사전	사후	추후	차이1	차이2	차이3	변수
1	001	1	4.65	4.60	5.00	-.05	.40	.35	
2	002	1	4.80	5.05	4.80	.25	-.25	.00	
3	003	1	4.05	5.15	5.00	1.10	-.15	.95	
4	004	1	5.50	6.00	6.00	.50	.00	.50	
5	006	1	5.40	5.70	5.55	.30	-.15	.15	
6	007	1	3.95	4.35	4.00	.40	-.35	.05	
7	008	1	4.85	5.10	4.75	.25	-.35	-.10	
8	009	1	4.75	4.80	4.80	.05	.00	.05	
9	010	1	3.95	4.60	4.60	.65	.00	.65	
10	012	1	5.80	5.70	5.75	-.10	.05	-.05	
11	013	1	4.75	4.85	5.45	.10	.60	.70	
12	014	1	4.05	4.85	4.80	.80	-.05	.75	
13	015	1	5.05	4.25	5.60	-.80	1.35	.55	
14	016	1	4.40	4.90	4.98	.50	.08	.58	
15	017	1	4.25	4.20	4.35	-.05	.15	.10	
16	018	1	4.85	5.25	5.70	.40	.45	.85	
17	019	1	4.10	4.25	4.50	.15	.25	.40	
18	020	1	4.65	5.30	5.60	.65	.30	.95	
19	021	1	4.15	4.60	4.70	.45	.10	.55	
20	022	1	4.40	4.85	4.45	.45	-.40	.05	

[그림 4-8] 두 집단의 사전-사후 차이를 비교할 수 있는 데이터

[그림 4-8]의 데이터를 분석하면, 즉 두 집단 간 t-검증(사전-사후 차이)을 실시하면 다음과 같은 결과를 얻게 된다.

〈표 4-19〉 두 집단 간 사전-사후 차이 검증(t-검증) 결과

		N	M	SD	S.E	t	p
차이1 (사전-사후)	실험	45	.378	.440	.066	4.264	.000
	통제	47	.036	.323	.047		

이와 같은 결과를 가지고 다음 공식을 활용하게 되면 다음과 같이 사전-사후의 평균차이, 사전-사후 차이의 통합 표준편차, 그리고 효과크기 d값을 구할 수 있다.

〈공식 4-6〉

$$d_{diff} = \frac{\overline{D_T} - \overline{D_C}}{S_{diff_p}} \qquad S_{diff_p} = \sqrt{\frac{(n_1 - 1)S_1^2 + (n_2 - 1)S_2^2}{(n_1 + n_2 - 2)}}$$

〈표 4-20〉 두 집단 간 사전-사후 차이에 대한 효과크기 계산

연구 이름	M1	SD1	N1	M2	SD2	N2	M1-M2	S_p	d
study_1	0.378	0.440	45	0.036	0.323	47	0.342	0.385	0.889

하지만 두 집단의 사전-사후 차이점수를 제공하는 대신 다음과 같이 실제 두 집단의 사전점수, 사후점수, 사전표준편차, 사후표준편차가 제시되는 경우에는 또 다른 계산 방식이 필요하다.

[실험집단의 평균, 표준편차]

대응표본 통계량

		평균	N	표준편차	평균의 표준오차
대응 1	사전	4.6522	45	.44094	.06573
	사후	5.0300	45	.51889	.07735

대응표본 상관계수

		N	상관계수	유의확률
대응 1	사전 & 사후	45	.591	.000

[통제집단의 평균, 표준편차]

대응표본 통계량

		평균	N	표준편차	평균의 표준오차
대응 1	사전	4.5731	47	.43961	.06412
	사후	4.6087	47	.43175	.06298

대응표본 상관계수

		N	상관계수	유의확률
대응 1	사전 & 사후	47	.725	.000

앞에 제시된 결과를 가지고 다음과 같이 효과크기를 계산할 데이터를 정리할 수 있다.

$M1_{pre}$	$S1_{pre}$	$M1_{post}$	$S1_{post}$	n1	cor1	$M2_{pre}$	$S2_{pre}$	$M2_{post}$	$S2_{post}$	n2	cor2
4.652	0.441	5.030	0.519	45	0.591	4.573	0.440	4.609	0.432	47	0.725

이럴 경우에는 다음과 같은 공식을 사용하여 두 집단의 사전-사후 차이(평균 및 표준편차)를 구할 수 있다.

[평균차이]

$$\overline{X}_{d1} = M1_{diff} = M1_{post} - M1_{pre} = 5.030 - 4.652 = 0.378$$

$$\overline{X}_{d2} = M2_{diff} = M2_{post} - M2_{pre} = 4.609 - 4.573 = 0.036$$

$$M1_{diff} - M2_{diff} = 0.378 - 0.036 = 0.342$$

[표준편차 차이 및 통합표준편차]

$$S1_{diff} = \sqrt{S1_{pre}^2 + S1_{post}^2 - (2 \times Corr \times S1_{pre} \times S1_{post})}$$
$$= \sqrt{0.441^2 + 0.519^2 - (2 * 0.591 * 0.441 * 0.519)} = 0.440$$

$$S2_{diff} = \sqrt{S2_{pre}^2 + S2_{post}^2 - (2 \times Corr \times S2_{pre} \times S2_{post})}$$
$$= \sqrt{0.440^2 + 0.432^2 - (2 * 0.725 * 0.440 * 0.432)} = 0.323$$

$$S_{diff-p} = \sqrt{\frac{(n_1 - 1)S1_{diff}^2 + (n_2 - 1)S2_{diff}^2}{(n_1 + n_2 - 2)}} = \sqrt{\frac{(45-1) * 0.440^2 + (47-1) * 0.323^2}{(45+47-2)}} = 0.385$$

그러면 앞의 결과를 가지고 다음과 같이 효과크기(d)를 구할 수 있다.

$$d = \frac{\overline{X}_{d1} - \overline{X}_{d2}}{S_{diff-p}} = \frac{0.342}{0.385} = 0.889$$

$M1_{diff}$	$M2_{diff}$	$S1_{diff}$	$S2_{diff}$	$M1_d$-$M2_d$	S_{diff-p}	d
0.378	0.036	0.440	0.323	0.342	0.385	0.889

이와 같이 사전-사후검사의 경우 두 집단 사후검사의 경우와 달리 이러한 기본 계산 방식을 가지고 효과크기를 구하게 된다. 이제 본격적으로 두 집단(사전-사후검사)의 경우 효과크기를 구해 보자.

우리가 앞서 살펴본 공식을 활용하여 다음과 같은 다문화교육프로그램의 효과 검증한 연구들로부터 다음의 데이터를 얻었다고 가정해 보자.

〈표 4-21〉 두 집단 간 사전-사후 차이 데이터

연구 이름	M1	SD1	N1	M2	SD2	N2
study_1	0.378	0.440	45	0.036	0.323	47
study_2	0.100	0.586	44	0.016	0.362	45
study_3	0.288	0.529	44	0.047	0.383	45
study_4	0.476	0.543	45	0.015	0.384	47
study_5	0.406	0.401	44	0.053	0.370	45
study_6	0.280	0.469	45	0.057	0.390	47
study_7	0.171	0.89	44	0.042	0.542	45

1: 실험집단의 차이(평균차이, 표준편차 차이)

2: 통제집단의 차이(평균차이, 표준편차 차이)

이 데이터를 가지고 앞에서 본 두 집단 사후검사에 사용한 공식을 활용하면 다음과 같은 차이의 평균, 차이의 통합표준편차, 그리고 효과크기(d)를 얻을 수 있다.

〈표 4-22〉 두 집단 간 사전-사후 차이에 대한 효과크기 계산

연구 이름	M1	SD1	N1	M2	SD2	N2	M1-M2	SD_p	d
study_1	0.378	0.440	45	0.036	0.323	47	0.342	0.385	0.889
study_2	0.100	0.586	44	0.016	0.362	45	0.084	0.486	0.173
study_3	0.288	0.529	44	0.047	0.383	45	0.241	0.461	0.523
study_4	0.476	0.543	45	0.015	0.384	47	0.461	0.469	0.984
study_5	0.406	0.401	44	0.053	0.370	45	0.353	0.386	0.915
study_6	0.280	0.469	45	0.057	0.390	47	0.223	0.430	0.518
study_7	0.171	0.896	44	0.042	0.542	45	0.129	0.738	0.175

이제 다음 공식을 이용하여 효과크기(d)의 분산을 구해 보자.

ES_1	Continuous data	비고
V_d	$\frac{1}{n_1}+\frac{1}{n_2}+\frac{d^2}{2(n_1+n_2)}$	$\frac{(n_1+n_2)}{n_1 n_2}+\frac{d^2}{2(n_1+n_2)}$

〈표 4-23〉 두 집단 간 사전-사후 차이에 대한 효과크기 및 분산

연구 이름	M1	SD1	N1	M2	SD2	N2	M1-M2	SD_p	d	V_d
study_1	0.378	0.440	45	0.036	0.323	47	0.342	0.385	0.889	0.048
study_2	0.100	0.586	44	0.016	0.362	45	0.084	0.486	0.173	0.045
study_3	0.288	0.529	44	0.047	0.383	45	0.241	0.461	0.523	0.046
study_4	0.476	0.543	45	0.015	0.384	47	0.461	0.469	0.984	0.049
study_5	0.406	0.401	44	0.053	0.370	45	0.353	0.386	0.915	0.050
study_6	0.280	0.469	45	0.057	0.390	47	0.223	0.430	0.518	0.045
study_7	0.171	0.896	44	0.042	0.542	45	0.129	0.738	0.175	0.045

나머지 계산 및 공식 적용은 앞의 두 집단(사후검사)의 경우와 동일하다. 그리고 결과는 [그림 4-9]에서 보는 바와 같이 R을 이용한 분석결과와 동일함을 알 수 있다.

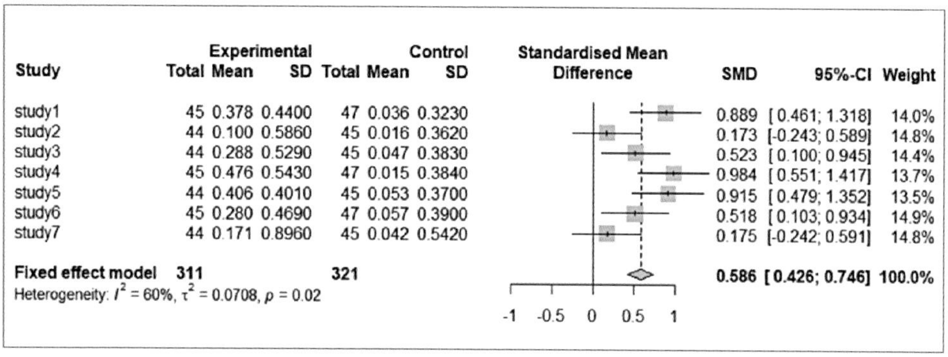

[그림 4-9] R로 분석한 평균효과크기 및 신뢰구간

(3) **단일집단**(사전-사후검사)

일반적으로 단일집단(사전-사후검사)인 경우 다음과 같이 연구결과에서 보고된다. 이 경우에는 두 집단의 경우와는 조금 다른 공식을 활용하게 되며, 여기서는 사전-사후검사의 상관계수가 필요하다.

> 예) 결과 제시:
> Mean(사후=8.5, 사전=7.5) r(사전-사후)=0.80 SD_{change}=2.98

$$d_{change} = \frac{\overline{Y}_{post} - \overline{Y}_{pre}}{SD_{change} / \sqrt{2(1 - r_{pre-post})}} = \frac{8.5 - 7.5}{2.98 / \sqrt{2(1 - 0.80)}} = 0.21$$

여기서는 다음 〈표 4-24〉와 같은 근거기반실천(EBP) 교육훈련프로그램의 효과 검증 결과(단일집단전후비교조사연구)의 데이터를 활용해서 효과크기를 계산해 보자.

〈표 4-24〉 단일집단 사전-사후 차이에 대한 데이터

연구 이름	mean_pre	sd_pre	mean_post	sd_post	pre/post correlation	N
마음재단	3.79	0.383	3.99	0.425	0.938	11
가정복지회	3.50	0.333	3.89	0.453	0.576	14
대구_1	3.60	0.387	3.91	0.420	0.760	39
대구_2	3.82	0.508	4.02	0.530	0.539	39
부산_1	3.82	0.430	3.97	0.407	0.520	50
부산_2	3.47	0.403	3.68	0.362	0.376	50
대학원	3.83	0.240	4.13	0.326	0.391	15

먼저 〈공식 4-7〉을 활용하여 각 연구의 효과크기와 분산을 계산하면 〈표 4-25〉와 같은 결과를 얻을 수 있다.

〈공식 4-7〉

Standardized difference	$d^* = \dfrac{\overline{X}_{post} - \overline{X}_{pre}}{S_p}$ $S_p = \dfrac{S_{diff}}{\sqrt{2(1-r)}}$	$V_d = \left(\dfrac{1}{n} + \dfrac{d^2}{2n}\right) \times 2(1-r)$ $SE_d = \sqrt{V_d}$
paired difference SD	$D = MD = \overline{X}_{post} - \overline{X}_{pre}$ $S_{diff} = \sqrt{S_1^2 + S_2^2 - (2 \times r \times S_1 \times S_2)}$	$SE_{diff} = \dfrac{S_{diff}}{\sqrt{n}}$ $J = 1 - \left(\dfrac{3}{4df - 1}\right) df = n - 1$

* 이때 d는 엄격하게 말하면 표준화된 평균차이라고 하기보다는 standardized mean gain score라고 하는 것이 더 정확하다.

〈표 4-25〉 단일집단 사전-사후 차이에 대한 효과크기 및 분산

연구 이름	D	S_{diff}	S_p	d	V_d	J	g	V_g
마음재단	0.20	0.148	0.421	0.475	0.013	0.923	0.439	0.011
가정복지회	0.39	0.377	0.410	0.952	0.088	0.941	0.896	0.078
대구_1	0.31	0.281	0.406	0.764	0.016	0.980	0.748	0.015
대구_2	0.20	0.499	0.519	0.385	0.025	0.980	0.377	0.024
부산_1	0.15	0.411	0.419	0.358	0.020	0.985	0.352	0.020
부산_2	0.21	0.429	0.384	0.547	0.029	0.985	0.539	0.028
대학원	0.30	0.320	0.290	1.033	0.125	0.945	0.977	0.111

이하 나머지 계산은 앞의 두 집단(사후검사 또는 사전-사후검사)의 경우와 동일하며, 그 결과는 다음 R을 활용한 분석결과와 일치함을 알 수 있다([그림 4-10], [그림 4-11] 참조).

```
                SMD            95%-CI %W(fixed) %W(random)
마음재단    0.4388 [0.2362; 0.6415]      30.3       22.9
가정복지회  0.8960 [0.3487; 1.4433]       4.2        6.5
대구_1      0.7484 [0.5062; 0.9906]      21.2       19.6
대구_2      0.3774 [0.0713; 0.6835]      13.3       15.1
부산_1      0.3525 [0.0766; 0.6284]      16.4       17.1
부산_2      0.5389 [0.2120; 0.8658]      11.7       14.0
대학원      0.9768 [0.3229; 1.6308]       2.9        4.8

Number of studies combined: k = 7

                        SMD            95%-CI    z  p-value
Fixed effect model   0.5287 [0.4170; 0.6403] 9.28 < 0.0001
Random effects model 0.5450 [0.3916; 0.6983] 6.96 < 0.0001
```

[그림 4-10] R을 활용한 각 효과크기 및 신뢰구간

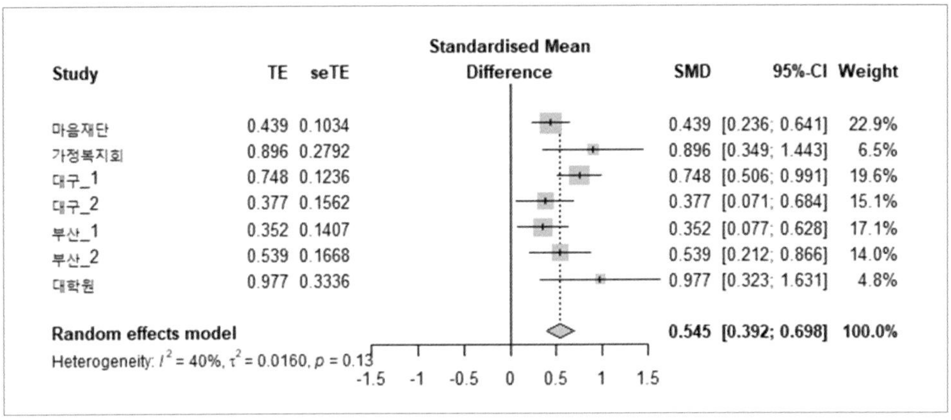

[그림 4-11] R로 분석한 평균효과크기(g) 및 95% 신뢰구간

2) 이분형 데이터의 효과크기 계산

메타분석에서 데이터가 이분형 데이터[2]인 경우 구하는 효과크기는 앞에서 본 표준화된 평균효과 차이(d, g)와는 다른 이벤트 발생비율(Risk Ratio: RR)과 승산비율(Odds Ratio: OR)이다.

(1) 이벤트 발생비율과 승산비율

예를 들어, 이분형 데이터 사례로 BCG백신의 효과를 분석하는데 우선 Risk ratio(이벤트 발생비율)와 Odds ratio(승산비율)의 의미를 생각해 보자. 먼저 risk와 odds의 개념을 살펴보면, risk는 전체 중에서 이벤트가 발생할 경우를 말하고, odds는 이벤트가 일어나지 않는 경우에 비해 일어날 경우를 말한다([그림 4-12] 참조).

2) 이분형(dichotomous) 데이터의 경우 그 데이터의 속성이 예, 아니요 또는 성공, 실패 등으로 이분화될 경우 이러한 데이터를 특히 이항(binary) 데이터라고 부른다. 하지만 여기서는 이분형 데이터와 이항 데이터를 상호 호환적으로 사용하고자 한다.

Risk of TB with BCG: $\frac{10}{100} = 0.10$

Odds of TB with BCG: $\frac{10}{90} = 0.11$

	TB+	TB−	Total
BCG+	10	90	100
BCG−	14	86	100

[그림 4-12] risk와 odds의 비교

그러면 risk ratio 및 odds ratio는 [그림 4-13]에서 보듯이 두 집단, 즉 실험집단과 통제집단의 risk 및 odds를 비교한 값, 즉 비율을 말한다.

$$Risk\ Ratio = \frac{\text{실험집단}\ risk}{\text{통제집단}\ risk}$$

$$Odds\ Ratio = \frac{\text{실험집단}\ odds}{\text{통제집단}\ odds}$$

	Event	No-Event	Total
실험	a	b	n_1
통제	c	d	n_2

$$Risk\ Ratio = \frac{\frac{a}{n_1}}{\frac{c}{n_2}}$$

$$Odds\ Ratio = \frac{\frac{a}{b}}{\frac{c}{d}}$$

[그림 4-13] 이벤트 발생비율과 승산비율의 비교

즉, Risk ratio는 어떤 이벤트가 일어날 확률에 대한 두 집단의 비율을 비교한 값을 의미하며, Odds ratio는 어떤 이벤트가 일어나지 않을 확률에 비해 그 이벤트가 일어날 확률에 대한 두 집단의 비율을 비교한 값이다. 즉, 다음 보기에서 Risk ratio=0.71, Odds ratio=0.68로 계산된다.

	TB+	TB−	Total
BCG+	10	90	100
BCG−	14	86	100

$$RR = \frac{\frac{10}{100}}{\frac{14}{100}} = 0.71 \qquad OR = \frac{\frac{10}{90}}{\frac{14}{86}} = 0.68$$

그러면 이제 Risk 및 Odds를 비교해 보자. 〈표 4-26〉에서 보는 것처럼 이벤트 발생 확률이 작을 경우 risk와 odds의 차이는 작지만, 이벤트 발생 확률이 커질수록 그 차이는 커진다. 그리고 risk와 odds는 다음 공식에 의해 상호 전환이 된다(Veroniki & Mavridis, 2011).

〈표 4-26〉 Risk와 Odds의 비교

Event	Total	Risk	Odds
5	100	0.05	0.0526
50	100	0.5	1
95	100	0.95	19

$$Risk = \frac{odds}{1+odds} \qquad Odds = \frac{risk}{1-risk}$$

■ 이벤트 발생비율과 승산비율의 해석

이 두 가지 효과크기에 대한 해석은 예를 들어, risk ratio의 경우 RR=3.0이라면 실험집단이 통제집단에 비해 이벤트가 발생할 확률이 3배 높다는 의미이고, 만약 RR=0.25라면 실험집단의 이벤트 발생비율이 통제집단에 비해 75% 낮다는 의미이다. 물론 RR=1.0이라면 실험집단과 통제집단의 이벤트 발생비율이 동일하다는 의미이다. 그리고 OR=2.0이라면 이벤트가 발생하지 않을 경우에 비해 이벤트가 발생할 경우가 통제집단에 비해 실험집단이 두 배가 된다는 의미이다.

■ Log Risk Ratio(LogRR) 및 Log Odds Ratio(LogOR)

그런데 이벤트 발생비율이나 승산비율을 계산할 때는 단순한 Risk ratio나 Odds ratio

를 이용하는 것이 아니라 다음 공식을 활용하여 로그를 취한 Log risk ratio 및 Log odds ratio를 활용한다.

〈공식 4-8〉

		Events	No-Events	N	
	Treated	A	B	n_1	
	Control	C	D	n_2	
Risk ratio	$\frac{A/n_1}{C/n_2}$	$LogRiskRatio = \ln(RiskRatio)$ $RiskRatio = \text{Exp}(LogRiskRatio)$			$V_{LogRiskRatio} = \frac{1}{A} - \frac{1}{n_1} + \frac{1}{C} - \frac{1}{n_2}$
Odds ratio	$\frac{A/B}{C/D} = \frac{AD}{BC}$	$LogOddsRatio = \ln(OddsRatio)$			$V_{LogOddsRatio} = \frac{1}{A} + \frac{1}{B} + \frac{1}{C} + \frac{1}{D}$

Point 로그로 전환하는 이유

승산비(OR)는 0에서 ∞의 범위이므로 비대칭(asymmetric)이다. 따라서 승산비에 로그값을 취한 log(OR)는 −∞에서 ∞의 범위이므로 대칭(symmetric)이 된다.

logOR 및 logRR로 전환할 경우 그 장점으로는 우선 수치를 비교하기 용이하다는 점이다. 즉, Log(OR)의 범위는 (−∞, ∞)이며, Log(RR)의 범위는 [−∞, log (1/통제집단 이벤트 발생률)]이 된다. 그리고 0의 경우 효과크기가 없음(neutral value)을 나타내며, 또 다른 장점으로는 좌우대칭(symmetric)이 된다는 점이다. 즉, log(OR)는 정규분포를 따르며, log(RR)도 RR보다 정규분포에 가깝다(Veroniki & Mavridis, 2011).

사례) 로그 전환의 의미

예를 들어, 노인들의 정보활용 역량이 자원봉사 여부에 미치는 영향에 대한 연구가 있다면 이 경우 종속변수는 이분형 데이터인 자원봉사 여부가 된다. 이 경우 두 변수 간의 관계를 산점도로 나타내면 [그림 4-14]와 같다(홍세희, 2012).

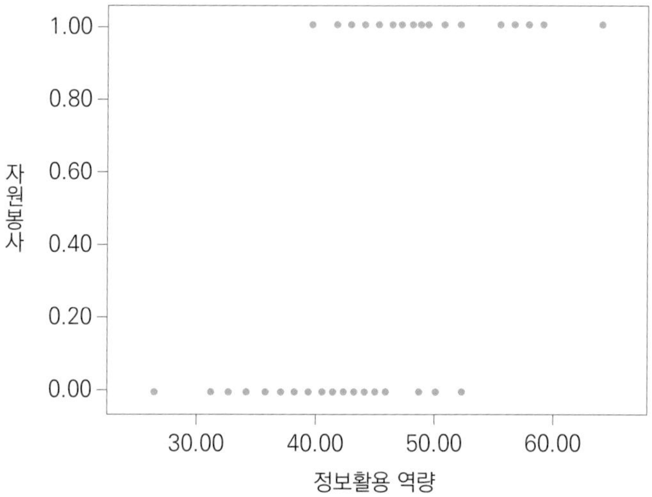

[그림 4-14] 정보활용 역량과 자원봉사 여부의 산점도

이 경우 자원봉사 확률을 로짓(logit)으로 전환하면 독립변수와 로짓의 관계를 선형함수로 표현하는 것이 가능하다. 이를 위해 먼저 승산(odds)을 계산한 후 여기에 로그값을 취하여 로짓으로 만든다.

$$승산\,(odds) = \frac{p}{1-p}$$

이를 위해 먼저 확률과 승산의 관계를 만들면 〈표 4-27〉과 같다.

〈표 4-27〉 확률과 승산의 관계

발생할 확률(p)		0.1	0.2	0.3	0.4	0.5	0.6	0.7	0.8	0.9
발생하지 않을 확률(1-p)		0.9	0.8	0.7	0.6	0.5	0.4	0.3	0.2	0.1
승산(odds)	$\frac{p}{1-p}$	0.11	0.25	0.43	0.67	1.00	1.50	2.33	4.00	9.00

$$로짓\,(\log it):\ \ln\left(\frac{p}{1-p}\right)$$

여기서 승산(p/1-p)에 자연로그($\log_e$, e=2.718)를 취하면 로짓을 계산하게 되며, 이를 정리하면 〈표 4-28〉과 같다.

〈표 4-28〉 확률, 승산 및 로짓의 관계

p		0.1	0.2	0.3	0.4	0.5	0.6	0.7	0.8	0.9
1-p		0.9	0.8	0.7	0.6	0.5	0.4	0.3	0.2	0.1
odds	$\frac{p}{1-p}$	0.11	0.25	0.43	0.67	1.00	1.50	2.33	4.00	9.00
logit	$\ln\left(\frac{p}{1-p}\right)$	−2.20	−1.39	−0.85	−0.41	0.00	0.41	0.85	1.39	2.20

〈표 4-28〉에서 보는 바와 같이 로짓의 경우 좌우대칭이 된다. 따라서 [그림 4-15]에서 보는 것처럼 두 변수 '정보활용 역량'과 '자원봉사 여부'는 선형관계로 표현된다.

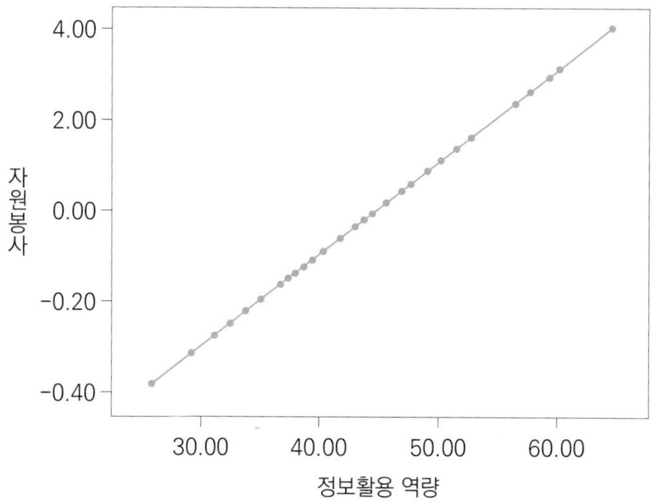

[그림 4-15] 정보활용 역량과 (로짓)자원봉사의 선형관계

(2) 이벤트 발생비율 차이

이벤트 발생비율 차이(Risk difference: RD)는 실험집단과 통제집단의 이벤트 발생비율(risk)의 차이를 의미하는 단순한 개념이지만 이것을 임상적인 맥락에서 이해하기란 쉽지 않다. 그리고 risk 차이는 상대적 개념이 아니라 절대적 개념을 말하며, 실제 메타분석에 사용되는 경우는 흔하지 않다.

〈공식 4-9〉

이벤트 발생비율 차이	$\left(\frac{A}{n_1}\right)-\left(\frac{C}{n_2}\right)$	$V_{RiskDiff}=\frac{AB}{n_1^3}+\frac{CD}{n_2^3}$

Tip Number Needed to Treat (NNT)

NNT는 어떤 이벤트(a positive case)가 발생할 케이스를 하나 더 추가하기 위해 필요한 (치료를 받아야 할) 케이스 수를 의미한다. 예를 들어, NNT=5이면 TB가 발생할 케이스를 하나 더 얻기 위해 5명의 케이스가 백신을 접종 받아야 한다. NNT=1/RD, 즉 RD의 역수로서 RD가 작을수록 NNT는 커진다.

(3) 사례

이제 실제 이분형 데이터를 활용하여 효과크기를 계산해 보자. 여기서 활용할 데이터는 대학생들의 취업동아리 활동 유무가 취업에 미치는 영향에 대한 데이터이며, 〈표 4-29〉와 같다.

〈표 4-29〉 취업동아리 활동의 취업에 대한 효과 데이터

연구 이름	실험집단			통제집단		
	Events1	No-Events1	Total N1	Events2	No-Events2	Total N2
study_1	16	49	65	12	53	65
study_2	10	30	40	8	32	40
study_3	19	61	80	14	66	80
study_4	80	320	400	25	375	400
study_5	11	29	40	8	32	40
study_6	18	47	65	16	49	65

이분형 데이터인 경우 효과크기는 주로 이벤트 발생비율(Risk ratio)과 승산비율(Odds ratio)로 계산하는데, 여기서는 다음 공식을 활용하여 승산비율(OR)을 계산해 보자.

ES_2	Binary data				V
		Events	Non-Events	N	
	Treated	A	B	n_1	
	Control	C	D	n_2	
Odds ratio	$\frac{A/B}{C/D}=\frac{AD}{BC}$ $LogOddsRatio=\ln(OddsRatio)$				$V_{LogOddsRatio}=\frac{1}{A}+\frac{1}{B}+\frac{1}{C}+\frac{1}{D}$

우선 앞의 공식을 통해 Excel을 이용하여 효과크기를 계산하면 〈표 4-30〉과 같다.

〈표 4-30〉 취업동아리 활동의 취업에 대한 효과에 대한 승산비(OR) 및 로그 승산비

연구 이름	Events1	No-Events1	Total N1	Events2	No-Events2	Total N2	OR	lnOR	V_{lnOR}
study_1	16	49	65	12	53	65	1.442	0.366	0.185
study_2	10	30	40	8	32	40	1.333	0.288	0.290
study_3	19	61	80	14	66	80	1.468	0.384	0.156
study_4	80	320	400	25	375	400	3.750	1.322	0.058
study_5	11	29	40	8	32	40	1.517	0.417	0.282
study_6	18	47	65	16	49	65	1.173	0.159	0.160

이 결과는 [그림 4-16]과 같이 R을 이용한 결과와 동일함을 알 수 있다.

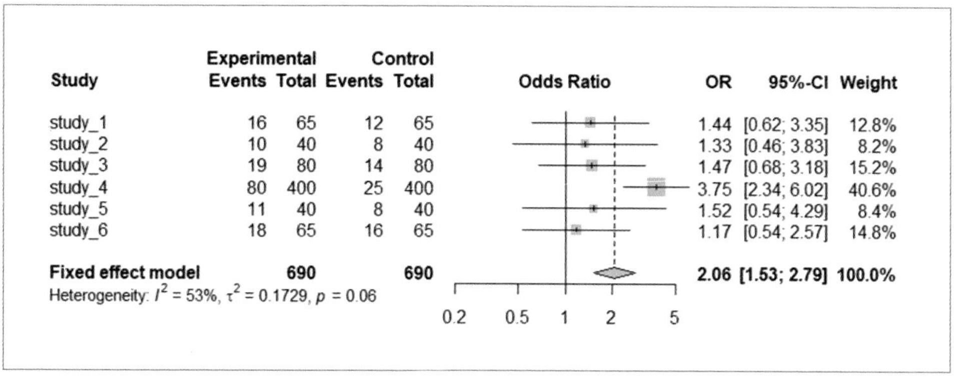

[그림 4-16] 취업동아리 활동의 취업에 대한 효과를 계산한 결과(Odds ratio)

나머지 가중치 계산 및 평균효과크기도 다음과 같이 얻을 수 있다(〈표 4-31〉, 〈표 4-32〉 참조).

〈표 4-31〉 취업동아리 활동의 취업에 대한 효과

Name	Y (lnOR)	V_y (V_{lnOR})	W	WY
study_1	0.366	0.185	5.402	1.978
study_2	0.288	0.290	3.453	0.993
study_3	0.384	0.156	6.427	2.469
study_4	1.322	0.058	17.155	22.675
study_5	0.417	0.282	3.551	1.480
study_6	0.159	0.160	6.260	0.998
			42.248	30.594

〈표 4-32〉 평균효과크기, 표준편차 및 95% 신뢰구간

평균효과크기	M	0.7241
분산	V_M	0.0237
표준오차	SE_M	0.1539
신뢰구간		
하한선(95%)	LL_M	0.4226
상한선(95%)	UL_M	1.0257
영가설(M=0) 검증		
Z값	Z	4.7068
유의확률(단측 검증)	p1	0.0000
유의확률(양측 검증)	p2	0.0000

Tip 이분형 데이터에서 가중치 계산 방법(고정효과모형의 경우)

1. 분산의 역수(inverse variance: IV): 가장 흔히 사용하는 방법
2. Mantel-Haenszel(MH) 방법: 표본크기가 작거나 이벤트 발생비율이 작을 때 사용하는 방법*
3. Peto Odds Ratio: 집단 크기가 같고 이벤트 발생이 아주 드문 경우 최선의 방법

* 이 경우 표준오차의 추정치가 분산의 역수 방법보다 더 정확하게 추정된다.

출처: Higgins & Green, 2011.

3) 상관관계 데이터의 효과크기 계산

효과크기 계산에 있어서 상관관계 데이터는 가장 계산이 용이한 데이터이다. 여기서는 〈표 4-33〉에서 보는 데이터를 사용해서 효과크기를 산출해 보자.

〈표 4-33〉 학업성취도와 자기효능감과의 관계 연구

연구 이름	Correlation	n
study_1	0.530	40
study_2	0.650	90
study_3	0.450	25
study_4	0.230	400
study_5	0.730	60
study_6	0.450	50

데이터가 상관관계 데이터인 경우 효과크기 계산공식은 다음과 같다. 여기서는 Pearson 상관계수 r을 Fisher's Z로 전환한다. 그 이유는 Fisher's Z값이 r보다는 더 정규분포를 따르기 때문이다.

〈공식 4-10〉

ES_3	Correlational data	V
correlation coefficient (r)		$V_r = \frac{(1-r^2)^2}{n-1}$
convert to	Fisher's Z $Z = 0.5 \times \ln\left(\frac{1+r}{1-r}\right)$	$V_z = \frac{1}{n-3}$ $SE_z = \sqrt{V_z}$
convert back to	$r = \frac{e^{2z}-1}{e^{2z}+1}$	

이제 이 공식을 이용하여 Excel을 활용한 효과크기를 계산하면 우선 〈표 4-34〉와 같은 결과를 얻을 수 있다.

〈표 4-34〉 상관관계 및 Fisher's Z

연구 이름	Correlation	n	Z_r	V_z
study_1	0.530	40	0.590	0.027
study_2	0.650	90	0.775	0.011
study_3	0.450	25	0.485	0.045
study_4	0.230	400	0.234	0.003
study_5	0.730	60	0.929	0.018
study_6	0.450	50	0.485	0.021

이 결과는 [그림 4-17]의 R 분석결과와 동일함을 알 수 있다.

```
            COR            95%-CI %W(fixed) %W(random)
study_1 0.5300 [0.2617; 0.7223]       5.7       15.6
study_2 0.6500 [0.5118; 0.7554]      13.4       17.9
study_3 0.4500 [0.0667; 0.7175]       3.4       13.6
study_4 0.2300 [0.1350; 0.3208]      61.4       19.6
study_5 0.7300 [0.5844; 0.8301]       8.8       16.9
study_6 0.4500 [0.1962; 0.6473]       7.3       16.4

Number of studies combined: k = 6

                        COR            95%-CI     z  p-value
Fixed effect model   0.3929 [0.3258; 0.4560] 10.56 < 0.0001
Random effects model 0.5222 [0.3003; 0.6905]  4.21 < 0.0001
```

[그림 4-17] 학업성취도와 자기효능감의 관계에 대한 효과크기분석결과

이제 앞에서(연속형 데이터) 활용한 평균효과크기 계산 공식을 활용하여 상관관계에 대한 효과크기를 계산해 보면 〈표 4-35〉, 〈표 4-36〉과 같은 결과를 얻을 수 있다.

〈표 4-35〉 상관관계, Fisher's Z, 가중치

연구 이름	Correlation	n	Y (Z_r)	V_y (V_z)	W	WY
study_1	0.530	40	0.590	0.027	37.000	21.835
study_2	0.650	90	0.775	0.011	87.000	67.451
study_3	0.450	25	0.485	0.045	22.000	10.663
study_4	0.230	400	0.234	0.003	397.000	92.973
study_5	0.730	60	0.929	0.018	57.000	52.937
study_6	0.450	50	0.485	0.021	47.000	22.781
					647.000	268.641

〈표 4-36〉 평균효과크기, 표준편차 및 95% 신뢰구간

평균효과크기	M	0.4152
분산	V_M	0.0015
표준오차	SE_M	0.0393
신뢰구간		
하한선(95%)	LL_M	0.3382
상한선(95%)	UL_M	0.4923
영가설(M=0) 검증		
Z값	Z	10.5614
유의확률(단측 검증)	p1	0.0000
유의확률(양측 검증)	p2	0.0000

이 결과는 [그림 4-18]의 R을 이용한 분석결과와 동일하다.

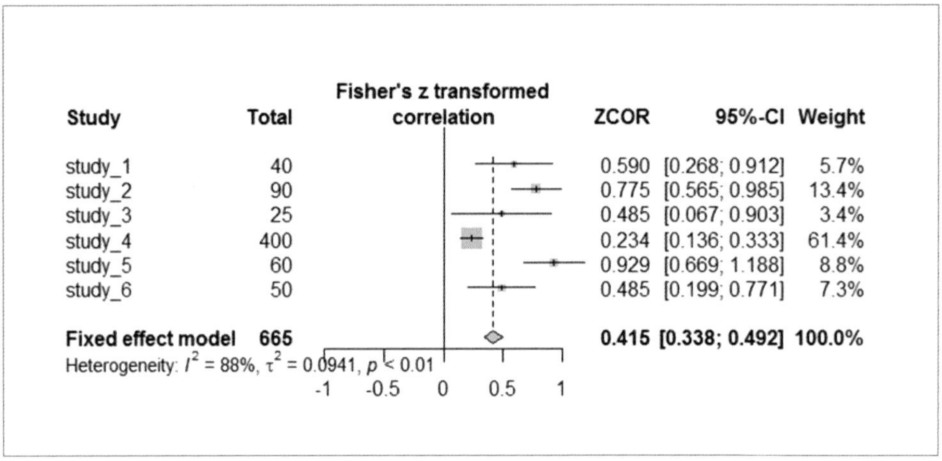

[그림 4-18] 학업성취도와 자기효능감과의 관계에 대한 메타분석 결과

4) 효과크기의 전환

다양한 유형의 데이터로부터 계산된 효과크기는 [그림 4-19]와 같이 상호 전환이 가능하며 그 공식은 다음과 같다.

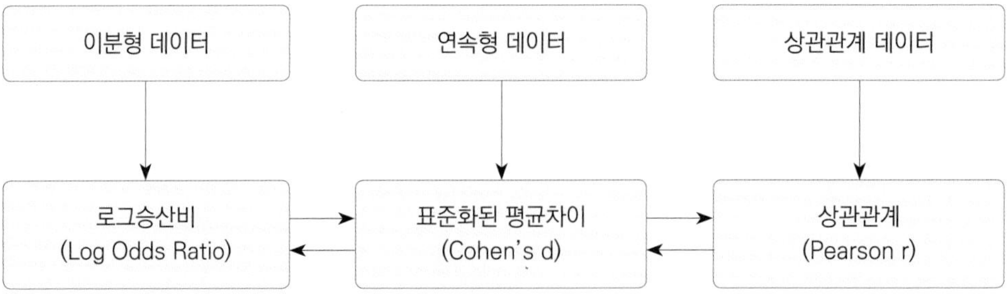

[그림 4-19] 다양한 효과크기의 상호 전환

출처: Borenstein et al., 2009, p. 46에서 재구성.

먼저, 표준화된 평균차이(d)에서 로그승산비(log odds ratio)로 전환하는 경우 다음의 공식을 활용한다.

$$LogOddsRatio = d\frac{\pi}{\sqrt{3}}$$

π: 수학적 상수(약 3.14159)

$$V_{LogOddsRatio} = V_d\frac{\pi^2}{3}$$

그리고 로그승산비(log odds ratio)에서 표준화된 평균차이(d)로 전환하는 경우에는 다음의 공식을 활용한다.

$$d = LogOddsRatio \times \frac{\sqrt{3}}{\pi}$$

$$d = \frac{\ln(OR)}{1.814}$$

π: 수학적 상수(약 3.14159)

$$V_d = V_{LogOddsRatio} \times \frac{3}{\pi^2}$$

이번에는 상관계수(r)에서 표준화된 평균차이(d)로 전환하는 경우 다음 공식을 활용한다.

$$d = \frac{2r}{\sqrt{1-r^2}}$$

$$V_d = \frac{4V_r}{(1-r^2)^3}$$

그리고 표준화된 평균차이(d)에서 상관계수(r)로 전환하는 경우는 다음 공식을 활용한다.

$$r = \frac{d}{\sqrt{d^2 + a}}$$

$n_1 \neq n_2$이면 교정지수(α)는

$$a = \frac{(n_1 + n_2)^2}{n_1 n_2}$$

만약 n_1과 n_2를 정확히 알 수 없다면 $n_1 = n_2$이라고 가정하고 $a=4$로 인정한다.

$$V_r = \frac{a^2 V_d}{(d^2 + a)^3}$$

이러한 공식을 보기와 함께 정리하면 〈표 4-37〉과 같다.

〈표 4-37〉 효과크기의 전환 공식 및 보기

전환	공식	보기
1) d에서 로그 승산비로 전환	$LogOddsRatio = d\frac{\pi}{\sqrt{3}}$ $V_{LogOddsRatio} = V_d\frac{\pi^2}{3}$ $\pi = 3.14159$	예를 들어, d=0.370, V_d=0.051이면 $LogOddsRatio = 0.370 \times \frac{3.1416}{\sqrt{3}} = 0.671$ $V_{LogOddsRatio} = 0.051 \times \frac{3.1416^2}{3} = 0.168$
2) 로그승산비에서 d로 전환	$d = LogOddsRatio \times \frac{\sqrt{3}}{\pi}$ $V_d = V_{LogOddsRatio} \times \frac{3}{\pi^2}$	예를 들어 $LogOddsRatio$=0.671, 분산은 $V_{LogOddsRatio}$=0.168일 때 $d = 0.671 \times \frac{\sqrt{3}}{3.1416} = 0.370$ $V_d = 0.168 \times \frac{3}{3.1416^2} = 0.051$
3) r에서 d로 전환	$d = \frac{2r}{\sqrt{1-r^2}}$ $V_d = \frac{4V_r}{(1-r^2)^3}$	예를 들어 r=0.50, V_r=0.0058이면 $d = \frac{2 \times 0.50}{\sqrt{1-0.50^2}} = 1.1547$ $V_d = \frac{4 \times 0.0058}{(1-0.50^2)^3} = 0.0550$
4) d에서 r로 전환	$r = \frac{d}{\sqrt{d^2+a}}$ $n_1 \neq n_2$이면 교정지수(α)는 $a = \frac{(n_1+n_2)^2}{n_1 n_2}$ 만약 n_1과 n_2를 정확히 알 수 없다면 n_1=n_2이라고 가정하고 a=4로 인정 $V_r = \frac{a^2 V_d}{(d^2+a)^3}$	예를 들어 n_1=n_2, d=1.1547, v_d=0.0550 일 때 $r = \frac{1.1547}{\sqrt{1.1547^2+4}} = 0.5000$ $V_r = \frac{4^2 \times 0.0550}{(1.1547^2+4)^3} = 0.0058$

이상과 같이 효과크기 간에는 대체로 상호 전환이 가능함을 알 수 있다. 이제 각 효과크기(r, Zr , d, logOR)를 상호 비교하면 그 차이는 〈표 4-38〉과 같다.

〈표 4-38〉 r, Zr, d, ln(OR)의 상호 비교

study	r	Zr	d	ln(OR)
1	0.9	1.47	4.13	7.49
2	0.8	1.1	2.67	4.84
3	0.7	0.87	1.96	3.56
4	0.6	0.69	1.5	2.72
5	0.5	0.55	1.15	2.09
6	0.4	0.42	0.87	1.58
7	0.3	0.31	0.63	1.14
8	0.2	0.2	0.41	0.74
9	0.1	0.1	0.2	0.36
10	0.0	0.0	0.0	0.00
11	−0.1	−0.1	−0.2	−0.36
12	−0.2	−0.2	−0.41	−0.74
13	−0.3	−0.31	−0.63	−1.14
14	−0.4	−0.42	−0.87	−1.58
15	−0.5	−0.55	−1.15	−2.09
16	−0.6	−0.69	−1.5	−2.72
17	−0.7	−0.87	−1.96	−3.56
18	−0.8	−1.1	−2.67	−4.84
19	−0.9	−1.47	−4.13	−7.49

〈표 4-38〉에서 보는 것처럼 r보다는 Zr이, Zr보다는 d, ln(OR)이 정규분포에 더 가까움을 알 수 있다.

요약

- 효과크기는 개입, 치료 및 프로그램의 효과를 나타내며 또한 두 변수 간의 관계 및 방향을 나타내는 데 활용되는 메타분석의 분석 단위이다.
- 효과크기의 유형으로는 먼저 두 집단의 평균차이 및 표준화된 평균차이를 나타내는 Mean Difference(MD), Standardized Mean Difference(SMD, 구체적으로 Cohen's d, Hedges' g)가 있다. 두 번째로 두 집단의 이벤트 발생비율을 나타내는 Odds Ratio(OR), Risk Ratio(RR), Risk Difference(RD)가 있다. 그리고 두 변수간의 관계를 나타내는 Pearson 상관계수(r)가 있다.
- 효과크기에 대한 해석은 단순히 퍼센트 차이나 비율처럼 용이하지는 않지만 효과크기가 표준편차 단위로(예: 표준화된 평균차이) 제시될 경우 어떤 연구 간에도 비교될 수 있다. 그리고 효과크기가 두 집단의 비율인 경우 1.0을 기준으로 이벤트 발생이 높다 또는 낮다고 해석을 하게 된다.
- 효과크기 계산은 크게 연속형 데이터의 경우와 이분형 데이터의 경우로 구분된다. 연속형 데이터의 경우 평균차이를 두 집단 사후검사, 두 집단 사전-사후검사, 단일집단 사전-사후검사로 나눌 수 있고, 상관관계의 경우 상관계수가 곧 효과크기가 된다. 그리고 이분형 데이터의 경우 두 집단의 승산비율(Odds Ratio), 이벤트 발생비율(Risk Ratio)로 산출되며 이 경우 효과크기가 정규분포에 가깝도록 로그 전환을 한 뒤 계산을 하게 된다. 그리고 Pearson 상관계수(r)의 경우 역시 정규분포에 보다 근사하도록 Fisher's Z로 전환한 다음 계산하게 된다(보다 자세한 공식은 부록에 정리하였으므로 이를 참조하기 바란다).
- 다양한 유형의 효과크기는 서로 상호 전환이 되는데 표준화된 평균차이는 로그승산비나 상관계수로 전환할 수 있으며, 로그승산비 및 상관계수도 표준화된 평균차이로 전환할 수 있다.

제 5 장

R을 이용한 효과크기분석

META-ANALYSIS USING R

1. R 및 RStudio 설치하기

최근 데이터 분석을 위한 공개프로그램으로 R이 소개되어 연구자들에게 각광을 받고 있는데, 이 R 프로그램은 Free Software Foundation GNU 프로젝트의 일부로서 뉴질랜드 오클랜드 대학교에서 먼저 시작되었다.[1] 그 이후 일련의 데이터 과학자들(R Development Core Team)에 의해 개발되었으며, 현재 많은 연구자에 의해 지속적으로 개선, 발전되고 있다. 이 R 프로그램은 프로그래밍 언어인 동시에 소프트웨어로서 여러 장점을 갖추고 있어 현재 데이터 과학자들뿐만 아니라 많은 일반 연구자 및 학생들에게 널리 사용되고 있다.

이 R 프로그램의 장점은 무엇보다 인터넷에서 무료(free)로 다운을 받아 설치하여 사용할 수 있다는 사실에 있으며, 또 헌신적인 데이터 과학자들에 의해 프로그램을 스스로 개선 및 발전시켜나갈 수 있는 공개(open source) 프로그램이라는 점이 가장 큰 특성이라고 하겠다. 그리고 많은 연구자와 데이터 과학자에 의해 새로운 프로그램 패키지들이 속속 개발, 업데이트되고 있어 급속도로 활용되고 있다(R Core Team, 2019).

1) R을 처음 만든 사람은 당시 뉴질랜드 오클랜드 대학교의 통계학과 교수였던 Robert Gentleman과 Ross Ihaka였으며, 1993년 R을 처음 소개하면서 그 소스를 공개하였다. 그 후 2000년 R1.0이 발표되었다.

〈포인트〉

R 프로그램 설치하기

http://www.r-project.org에서

- Download R for Windows
- install R for the first time
- Download R 3.6.2 for Windows를 클릭

* R에서는 프로그램 및 패키지를 설치할 때 불러올 네트워크, 즉 CRAN(comprehensive R archive network) 사이트를 먼저 선택한다.

R 프로그램에서 메타분석 패키지 설치하기

```
> install.packages("meta")

> install.packages("metafor")
```

먼저 [그림 5-1]과 같이 R 프로그램을 다운받아 설치해 보자. 우선 R 홈페이지에서 'download R'을 클릭하면 프로그램을 다운받게 될 CRAN(Comprehensive R Archive Network)을 선택하게 되는데 이때 가장 가까운 곳을 선택하면 된다([그림 5-2] 참조).

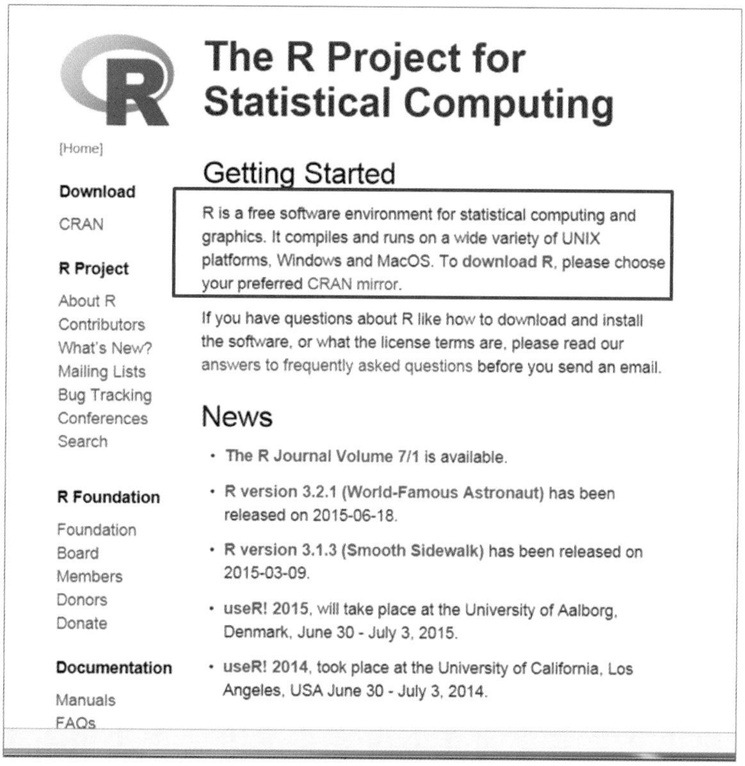

[그림 5-1] R 프로그램 메인 홈페이지(http://www.r-project.org)

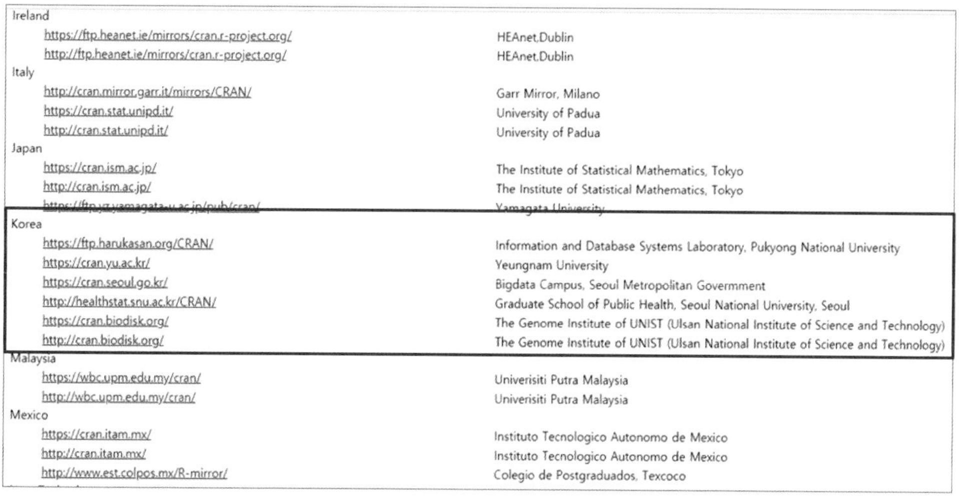

[그림 5-2] 프로그램을 다운받게 될 CRAN 리스트

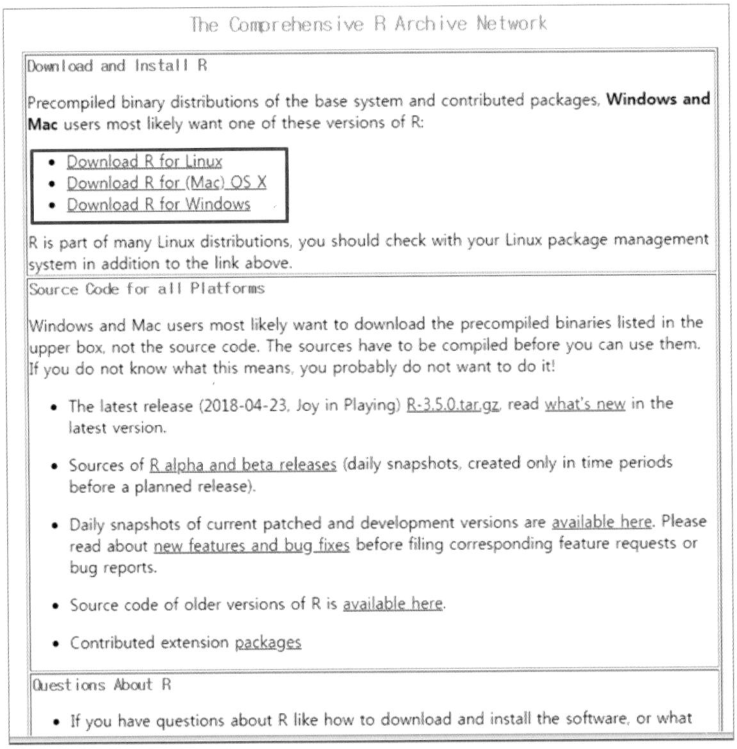

The Comprehensive R Archive Network

Download and Install R

Precompiled binary distributions of the base system and contributed packages, **Windows and Mac** users most likely want one of these versions of R:

- Download R for Linux
- Download R for (Mac) OS X
- Download R for Windows

R is part of many Linux distributions, you should check with your Linux package management system in addition to the link above.

Source Code for all Platforms

Windows and Mac users most likely want to download the precompiled binaries listed in the upper box, not the source code. The sources have to be compiled before you can use them. If you do not know what this means, you probably do not want to do it!

- The latest release (2018-04-23, Joy in Playing) R-3.5.0.tar.gz, read what's new in the latest version.
- Sources of R alpha and beta releases (daily snapshots, created only in time periods before a planned release).
- Daily snapshots of current patched and development versions are available here. Please read about new features and bug fixes before filing corresponding feature requests or bug reports.
- Source code of older versions of R is available here.
- Contributed extension packages

Questions About R

- If you have questions about R like how to download and install the software, or what

[그림 5-3] R 설치에 적합한 OS를 선택하는 모습

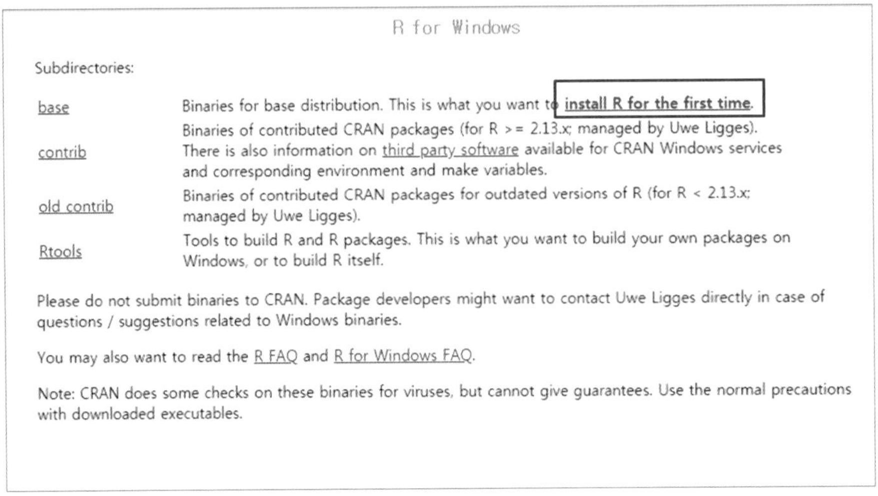

R for Windows

Subdirectories:

base	Binaries for base distribution. This is what you want to **install R for the first time**.
contrib	Binaries of contributed CRAN packages (for R >= 2.13.x; managed by Uwe Ligges). There is also information on third party software available for CRAN Windows services and corresponding environment and make variables.
old contrib	Binaries of contributed CRAN packages for outdated versions of R (for R < 2.13.x; managed by Uwe Ligges).
Rtools	Tools to build R and R packages. This is what you want to build your own packages on Windows, or to build R itself.

Please do not submit binaries to CRAN. Package developers might want to contact Uwe Ligges directly in case of questions / suggestions related to Windows binaries.

You may also want to read the R FAQ and R for Windows FAQ.

Note: CRAN does some checks on these binaries for viruses, but cannot give guarantees. Use the normal precautions with downloaded executables.

[그림 5-4] R for Windows를 선택한 후 모습

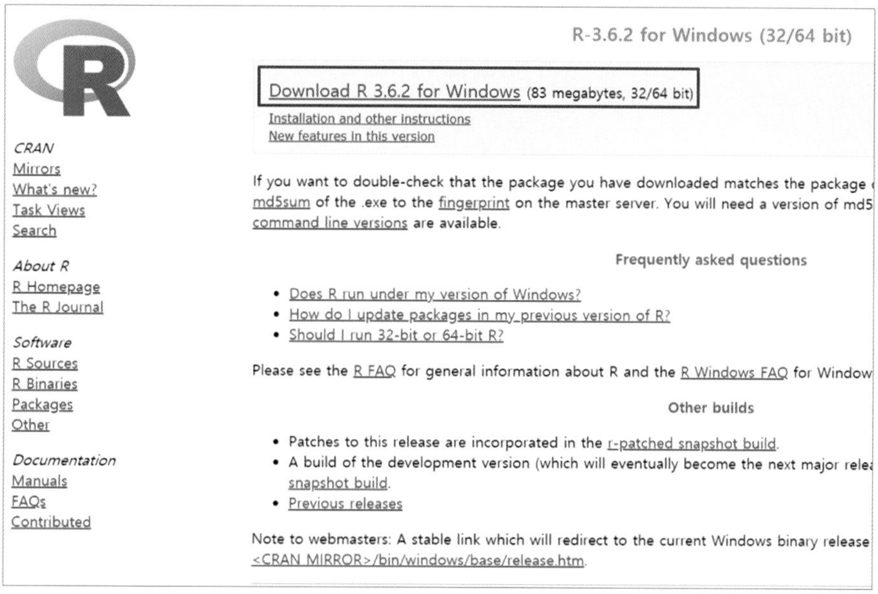
R-3.6.2 for Windows (32/64 bit)
Download R 3.6.2 for Windows (83 megabytes, 32/64 bit)
Installation and other instructions
New features in this version
CRAN
Mirrors
What's new?
Task Views
Search
About R
R Homepage
The R Journal
Software
R Sources
R Binaries
Packages
Other
Documentation
Manuals
FAQs
Contributed
Frequently asked questions
Does R run under my version of Windows?
How do I update packages in my previous version of R?
Should I run 32-bit or 64-bit R?
Other builds
Previous releases

[그림 5-5] 가장 최신 R 버전을 보여 주고 있는 모습

R 최신 버전을 다운받아 설치하게 되면 다음과 같은 첫 화면이 나타나며 이제 R을 사용할 준비가 되었다.

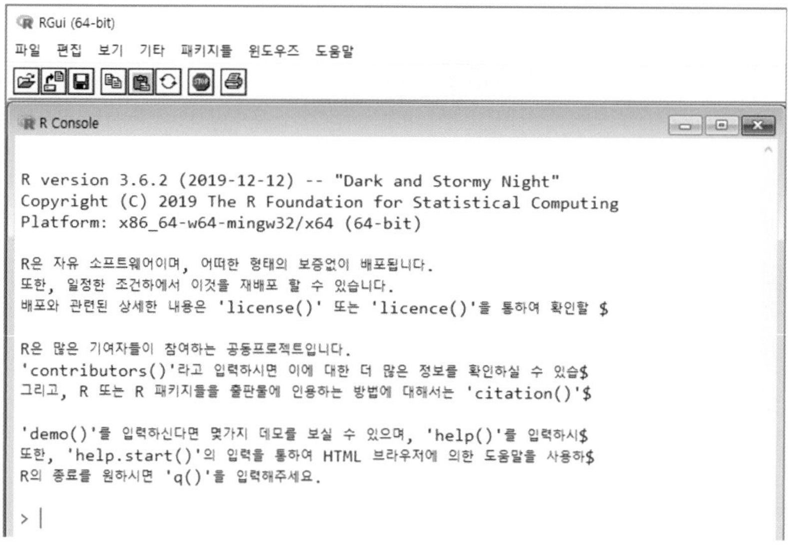
RGui (64-bit)
파일 편집 보기 기타 패키지들 윈도우즈 도움말
R Console
R version 3.6.2 (2019-12-12) -- "Dark and Stormy Night"
Copyright (C) 2019 The R Foundation for Statistical Computing
Platform: x86_64-w64-mingw32/x64 (64-bit)
R은 자유 소프트웨어이며, 어떠한 형태의 보증없이 배포됩니다.
또한, 일정한 조건하에서 이것을 재배포 할 수 있습니다.
배포와 관련된 상세한 내용은 'license()' 또는 'licence()'을 통하여 확인할 $
R은 많은 기여자들이 참여하는 공동프로젝트입니다.
'contributors()'라고 입력하시면 이에 대한 더 많은 정보를 확인하실 수 있습$
그리고, R 또는 R 패키지들을 출판물에 인용하는 방법에 대해서는 'citation()'$
'demo()'를 입력하신다면 몇가지 데모를 보실 수 있으며, 'help()'를 입력하시$
또한, 'help.start()'의 입력을 통하여 HTML 브라우저에 의한 도움말을 사용하$
R의 종료를 원하시면 'q()'을 입력해주세요.
> |

[그림 5-6] R을 설치한 후 최초 모습

이제 R 프로그램에서 메타분석용 패키지를 설치해야 하는데 R 메타분석 패키지로는 "meta"와 "metafor"가 주요 사용된다. 패키지 설치는 다음과 같이 R 초기 화면에서 직접 명령어를 입력하거나 [그림 5-7]과 같이 메뉴를 이용하여 설치할 수 있다.

```
> install.packages("meta")
> install.packages("metafor")
```

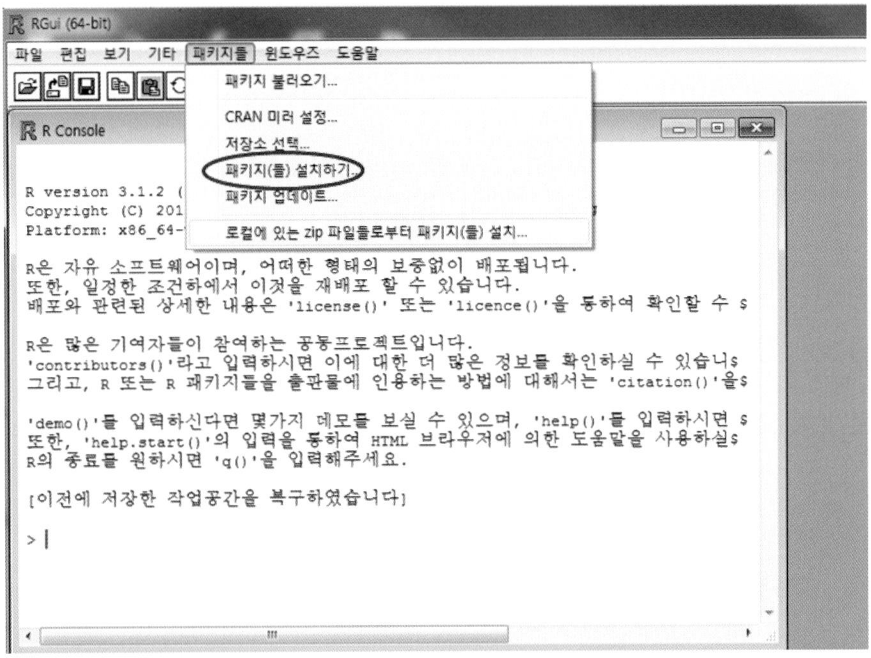
RGui (64-bit)
파일 편집 보기 기타 패키지들 윈도우즈 도움말
패키지 불러오기...
CRAN 미러 설정...
저장소 선택...
패키지(들) 설치하기...
패키지 업데이트...
로컬에 있는 zip 파일들로부터 패키지(들) 설치...
R Console
R version 3.1.2 (
Copyright (C) 201
Platform: x86_64-
R은 자유 소프트웨어이며, 어떠한 형태의 보증없이 배포됩니다.
또한, 일정한 조건하에서 이것을 재배포 할 수 있습니다.
배포와 관련된 상세한 내용은 'license()' 또는 'licence()'을 통하여 확인할 수 $
R은 많은 기여자들이 참여하는 공동프로젝트입니다.
'contributors()'라고 입력하시면 이에 대한 더 많은 정보를 확인하실 수 있습니$
그리고, R 또는 R 패키지들을 출판물에 인용하는 방법에 대해서는 'citation()'을$
'demo()'를 입력하신다면 몇가지 데모를 보실 수 있으며, 'help()'를 입력하시면 $
또한, 'help.start()'의 입력을 통하여 HTML 브라우저에 의한 도움말을 사용하실$
R의 종료를 원하시면 'q()'을 입력해주세요.
[이전에 저장한 작업공간을 복구하였습니다]
>

[그림 5-7] R 메뉴에서 패키지 설치하기 모습

이와 같이 메타분석 패키지를 설치한 후 이제 메타분석을 위해 분석에 사용할 패키지를 다음과 같이 불러온다.

```
> library(meta)
> library(metafor)
```

이어서 분석할 데이터 파일을 불러오는데 보통 데이터 파일—주로 Excel 파일을 comma separated value 형식으로 전환한 csv file, 즉 *.csv file—을 불러온다. 이 경우 일반적으로 데이터 파일을 저장한 실행 디렉토리(working directory)(예: D:/R)를 지정한 후 데이터를 불러오는데 그 과정은 다음과 같다.

```
> setwd ("D:/R") # set working directory
> mentoring=read.csv ("mentoring.csv")
> mentoring
```

또는 데이터 파일을 text file(.txt)로 만든 후 메타분석 패키지(예: meta 및 metafor) 폴더의 하위 폴더인 data 폴더에 저장한 후 다음과 같이 불러올 수 있다.

```
> data(mentoring)
> mentoring
```

```
> mentoring=read.csv("mentoring.csv")
> mentoring
    study m1 s1  n1 m2 s2  n2
1 study_1 47 11  60 46 10  60
2 study_2 49 11  65 46 11  65
3 study_3 49 14  40 44 13  40
4 study_4 47 10 200 41  9 200
5 study_5 49 11  50 44 11  45
6 study_6 48 11  85 46 11  85
>
```

[그림 5-8] mentoring 데이터를 불러온 모습

이번에는 R을 좀 더 편리하게 사용할 수 있는 RStudio 설치하는 방법을 알아보자. RStudio는 R을 먼저 설치한 후 설치해야 하는 프로그램으로서 R 사용법을 어느 정도 알고 있는 연구자들에게 편리한 프로그램이라고 할 수 있다.

먼저 다음과 같이 http://rstudio.com에서 RStudio 프로그램을 다운받는다.

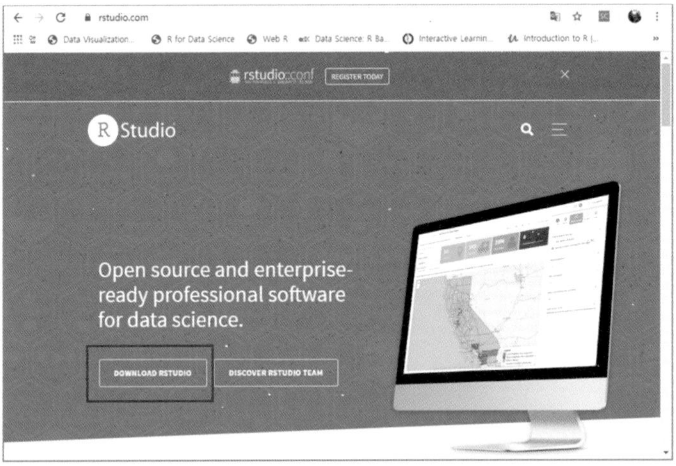

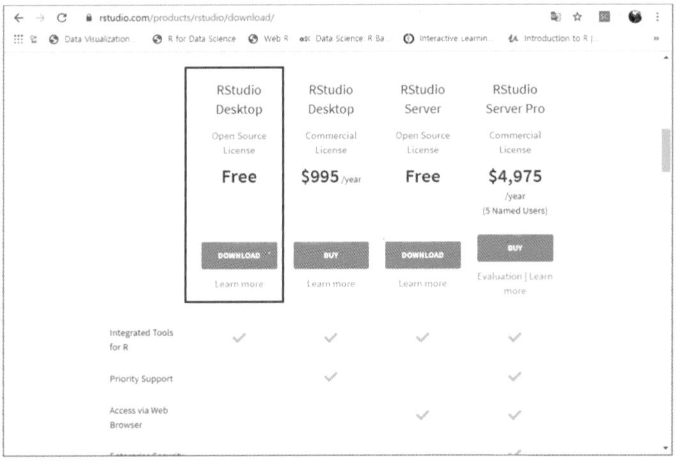

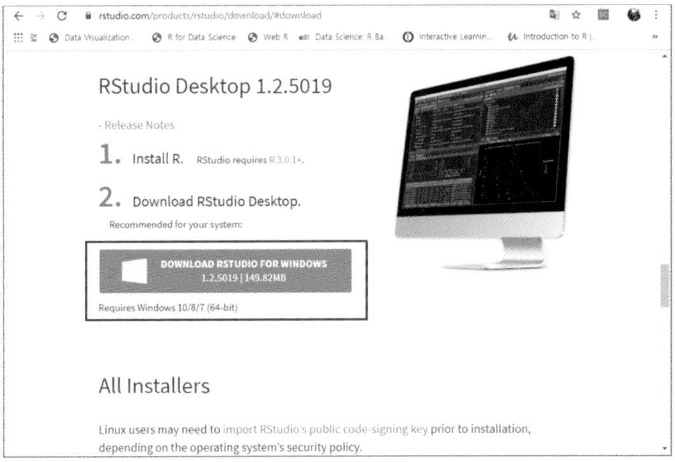

그러고 나서 다음과 같이 다운로드된 파일을 실행하게 되면 다음과 같은 초기 화면이 나타난다.

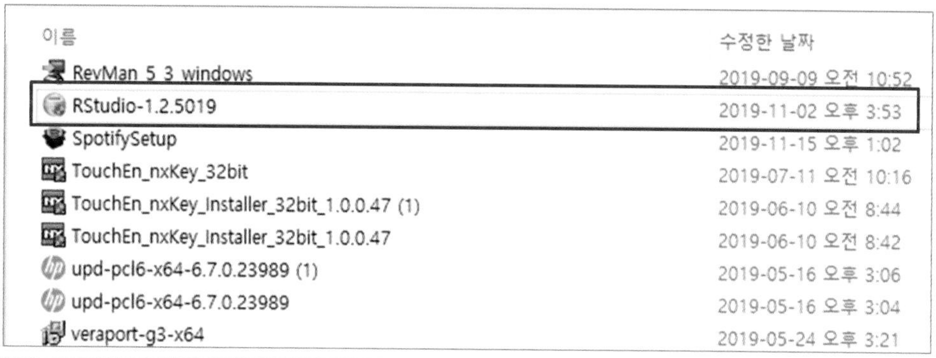

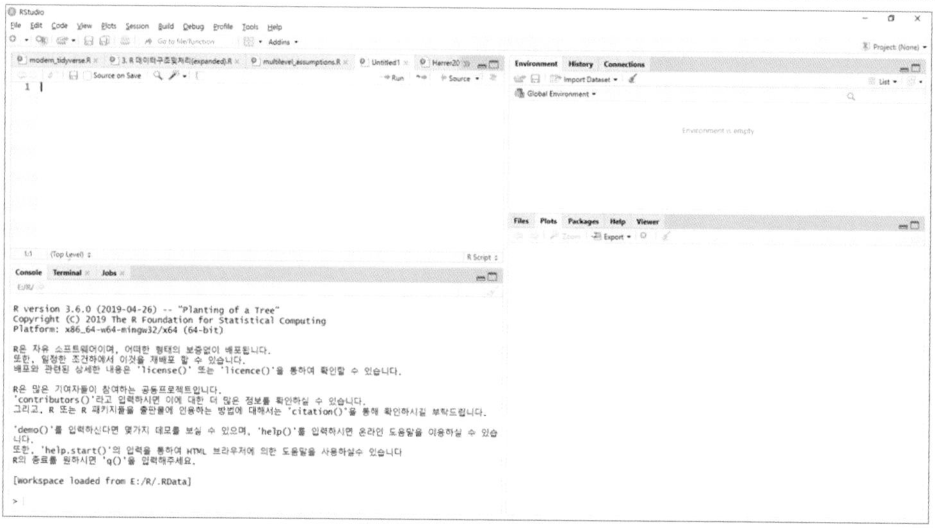

RStudio는 통합환경, 즉 IDE(integrated development environments) 특성을 갖추고 있으며 크게 4개의 창(pane)으로 구성되어 있다. 다음에서 보는 바와 같이 왼쪽에 2개, 오른쪽에 2개의 창이 있다. 먼저 왼쪽 상단에 있는 창은 R 명령어(script)를 입력하는 창이며 왼쪽 하단에 있는 창은 분석결과를 보여 주는 Console 창이다. 그리고 오른쪽 상단에 있는 창은 데이터 관련 창이며 오른쪽 하단에는 패키지 설치와 그림(plot) 결과를 보여 주는 창이다.

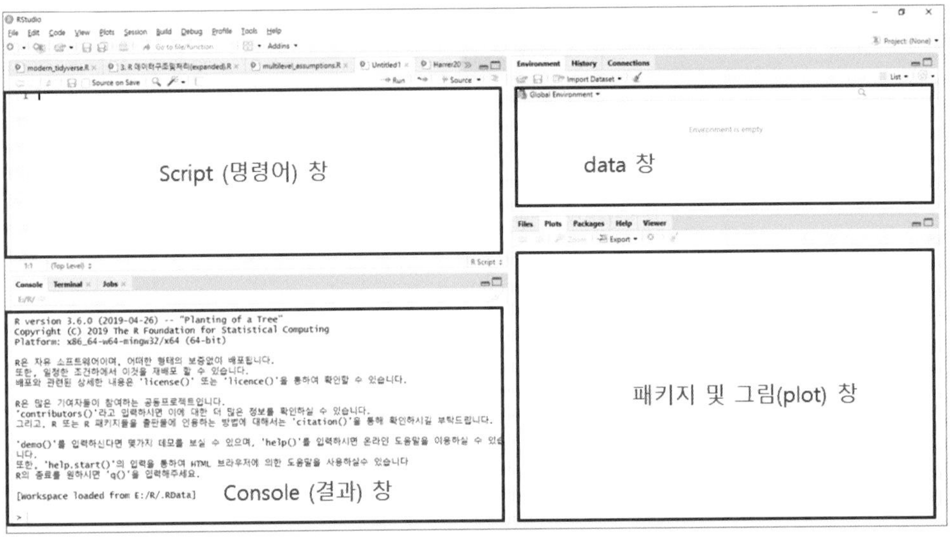

사용법은 명령어 창에 작성된 명령어를 (블록)선택한 후 실행버튼(Run)을 클릭하면 다음과 같이 결과가 나타난다.

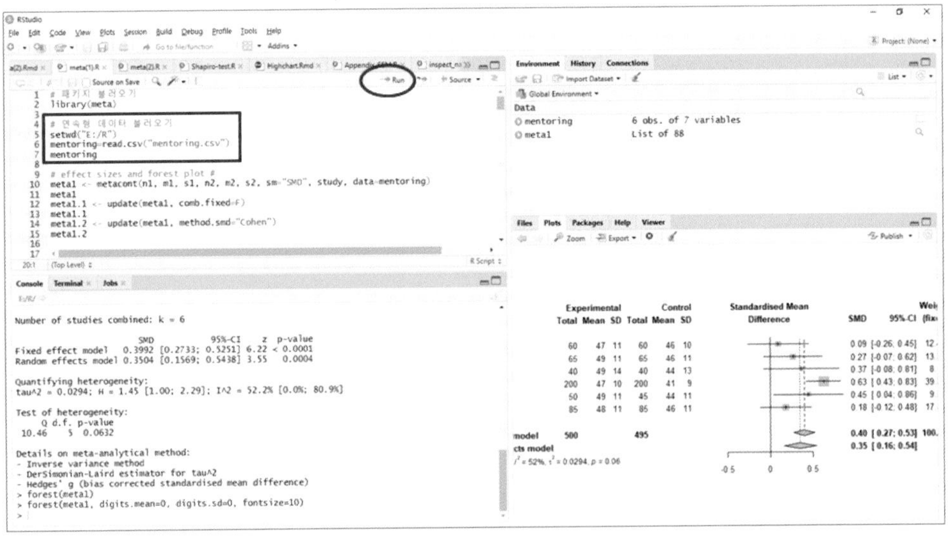

그럼 이제부터 R을 이용해 본격적으로 다양한 유형의 데이터를 직접 분석해 보자.

2. 연속형 데이터

1) 두 집단(사후검사)

앞 장에서 활용한 청소년의 자아존중감에 대한 멘토링의 효과 데이터를 사용해서 분석해 보자.

〈표 5-1〉 자아존중감에 대한 멘토링 데이터

study	실험집단			통제집단		
	m1	s1	n1	m2	s2	n2
study_1	47	11	60	46	10	60
study_2	49	11	65	46	11	65
study_3	49	14	40	44	13	40
study_4	47	10	200	41	9	200
study_5	49	11	50	44	11	45
study_6	48	11	85	46	11	85

R에서는 먼저 (메타분석) 패키지를 불러오고 이어서 데이터를 불러온다고 앞서 설명하였다. 이제 불러온 데이터 mentoring.csv로 효과크기를 산출해 보자. 여기서 사용하는 "meta" 패키지는 "metafor"보다 사용하기가 더 간편한데, "meta"에서는 분석할 데이터의 유형에 따라 명령어(script)가 다르다. 〈표 5-1〉의 데이터는 평균과 표준편차가 제시된 연속형 데이터이므로 여기서 사용할 명령어는 "metacont"이며 다음과 같이 명령문을 구성할 수 있다.

```
> library(meta)
> settings.meta("meta4")  # meta version 5.0 사용자의 경우
> mentoring=read.csv ("mentoring.csv")
> meta1 <- metacont(n1, m1, s1, n2, m2, s2, sm="SMD", study, data=mentoring)
> meta1
```

이렇게 명령문을 작성하면 다음과 같은 결과를 얻게 된다.

```
> meta1=metacont(n1, m1, s1, n2, m2, s2, sm="SMD", study, data=mentoring)
> meta1
           SMD            95%-CI %W(fixed) %W(random)
study_1 0.0945 [-0.2635; 0.4526]      12.4       15.5
study_2 0.2711 [-0.0743; 0.6166]      13.3       16.1
study_3 0.3665 [-0.0756; 0.8087]       8.1       12.1
study_4 0.6295 [ 0.4287; 0.8304]      39.3       24.4
study_5 0.4509 [ 0.0428; 0.8589]       9.5       13.4
study_6 0.1810 [-0.1203; 0.4823]      17.5       18.4

Number of studies combined: k = 6

                        SMD            95%-CI    z  p-value
Fixed effect model   0.3992 [0.2733; 0.5251] 6.22 < 0.0001
Random effects model 0.3504 [0.1569; 0.5438] 3.55   0.0004

Quantifying heterogeneity:
tau^2 = 0.0294; H = 1.45 [1.00; 2.29]; I^2 = 52.2% [0.0%; 80.9%]

Test of heterogeneity:
     Q d.f.  p-value
 10.46    5   0.0632

Details on meta-analytical method:
- Inverse variance method
- DerSimonian-Laird estimator for tau^2
- Hedges' g (bias corrected standardised mean difference)
> |
```

[그림 5-9] 효과크기분석을 실행한 후 결과

여기서 제시되는 효과크기는 d의 bias를 보완한 Hedges' g로 표시됨을 알 수 있다. 그리고 흔히 사용하는 CMA의 분석결과와 거의 동일하다(이때 소수점 3자리 정도에서 약간의 차이가 있는 것은 소수점 자리수를 어디까지 사용했느냐에 따라 달라진 차이라고 할 수 있다).

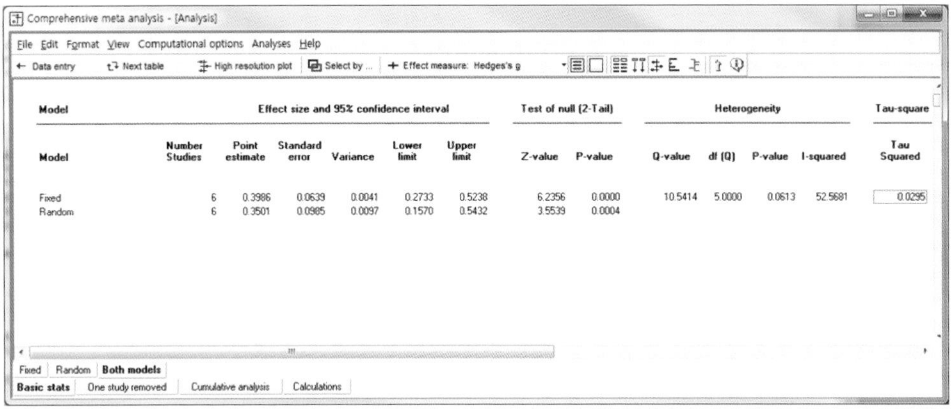

[그림 5-10] CMA를 이용한 효과크기분석결과

이어서 forest plot을 다음과 같은 간단한 명령어로 얻을 수 있다. 그런데 meta 패키지 4.9 버전부터 평균과 표준편차의 디폴트 소수점 자리수가 2자리, 4자리이므로 이를 교정한다.

```
> forest(meta1, digits.mean=0, digits.sd=0)
```

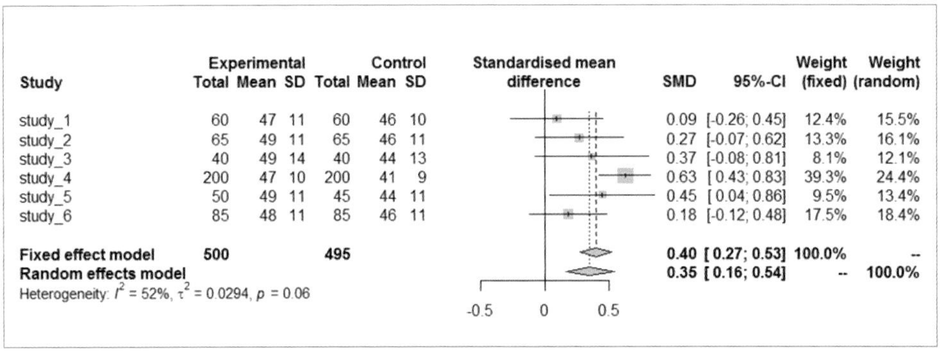

[그림 5-11] R을 이용하여 만든 forest plot

[그림 5-11]의 forest plot에서는 각 개별연구의 효과크기, 신뢰구간, 가중치가 제시되며 또한 고정효과모형과 랜덤효과모형의 평균효과크기 및 신뢰구간이 제시되어 있다. 그리고 나아가 효과크기의 이질성 통계치인 I-squared, tau-squared 값도 제시되어 있다.

물론 여기서 소수점 3자리까지 표시한 forest plot을 다음과 같이 만들 수 있다.

```
> forest(meta1, digits.mean=0, digits.sd=0, digits=3)
```

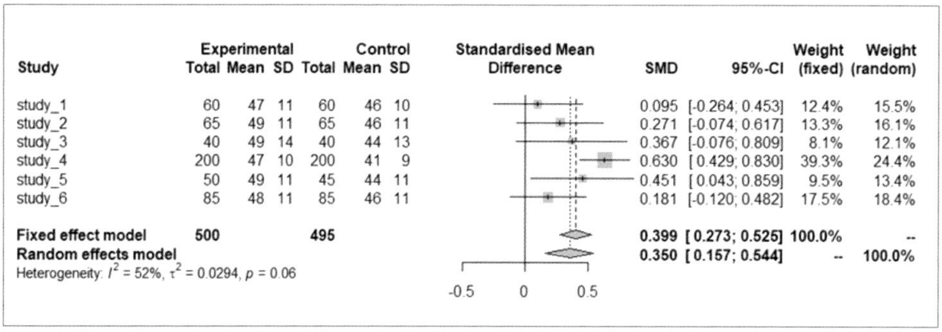

[그림 5-12] 소수점 3자리까지 제시한 forest plot

그리고 다음과 같이 고정효과모형 forest plot과 랜덤효과모형 forest plot을 각각 제시할 수 있다.

```
> forest(meta1, digits.mean=0, digits.sd=0, random=FALSE)
```

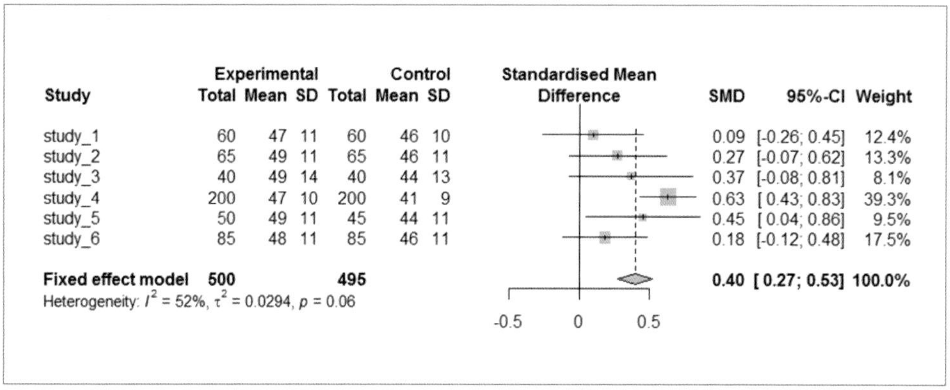

[그림 5-13] 고정효과모형으로 제시한 forest plot

```
> forest(meta1, digits.mean=0, digits.sd=0, fixed=FALSE)
```

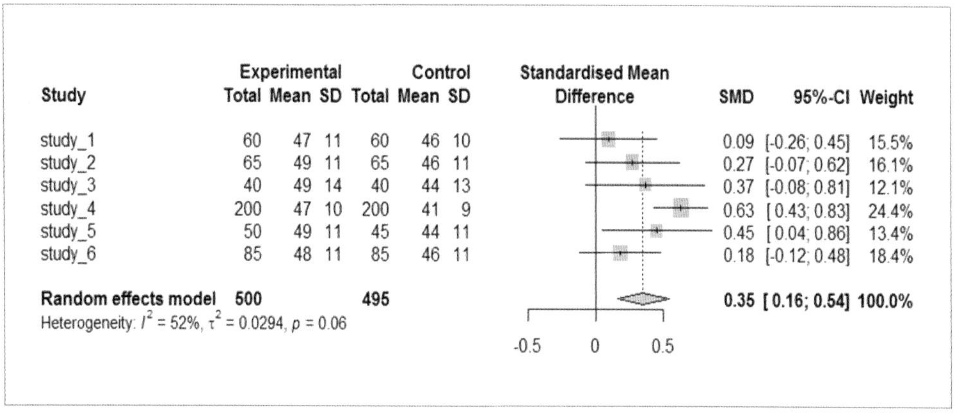

[그림 5-14] 랜덤효과모형으로 제시한 forest plot

또한 forest plot을 좀 더 단순화하여 각 연구의 가중치를 제시하지 않을 수도 있다.

```
> forest(meta1, digits.mean=0, digits.sd=0, fixed=FALSE, rightcols=c("effect", "ci"))
```

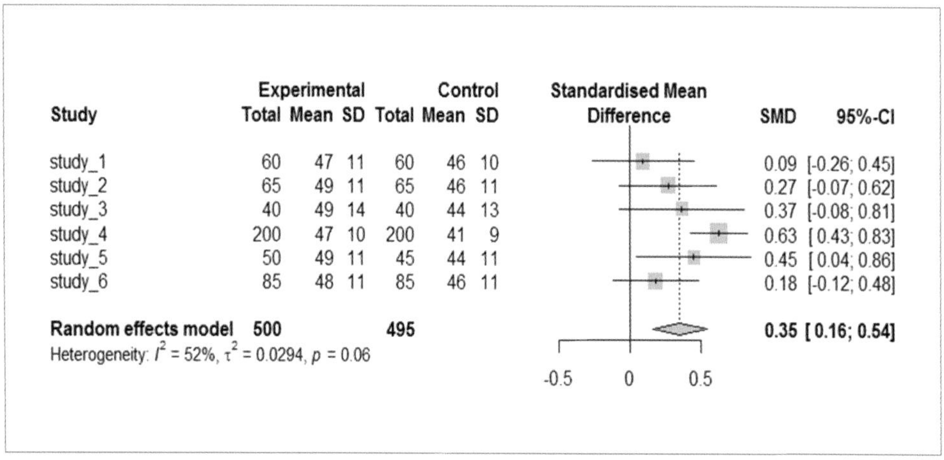

[그림 5-15] 가중치를 제외하고 제시한 forest plot

forest plot을 좀 더 단순화시켜 각 연구의 원 데이터인 평균 및 표준편차 데이터와 이질성 통계치(heterogeneity statistic)를 제외하고 forest plot을 제시할 수 있다.

```
> forest(meta1, digits.mean=0, digits.sd=0, fixed=F, leftcols="studlab",
hetstat=F, rightcols=c("effect", "ci"))
```

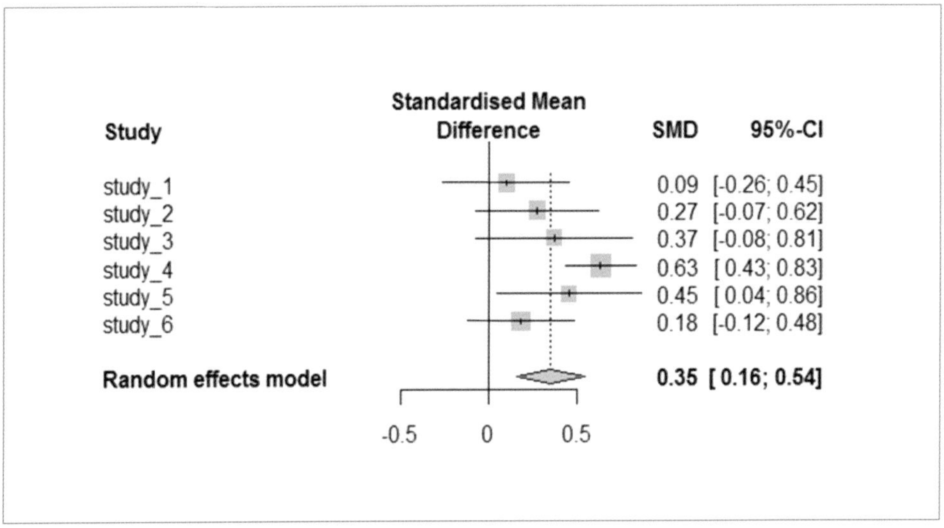

[그림 5-16] 평균, 표준편차 및 이질성 통계치를 제외하고 제시한 forest plot

그리고 forest plot을 조금 더 잘 나타내기 위해 개별 효과크기를 나타내는 정사각형과 전체 효과크기를 나타내는 다이아몬드에 색상을 넣을 수도 있다.

```
> forest(meta1, cdigits.mean=0, digits.sd=0, fixed=F, col.diamond="green",
col.square="pink")
```

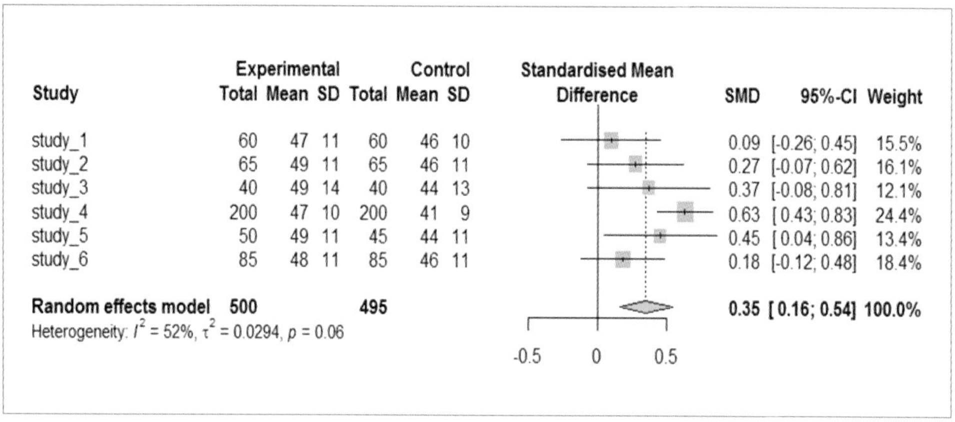

[그림 5-17] 효과크기에 색상을 나타내는 forest plot1

```
> forest(meta1, digits.mean=0, digits.sd=0, fixed=F, col.diamond="green",
col.square="pink", col.square.lines="black")
```

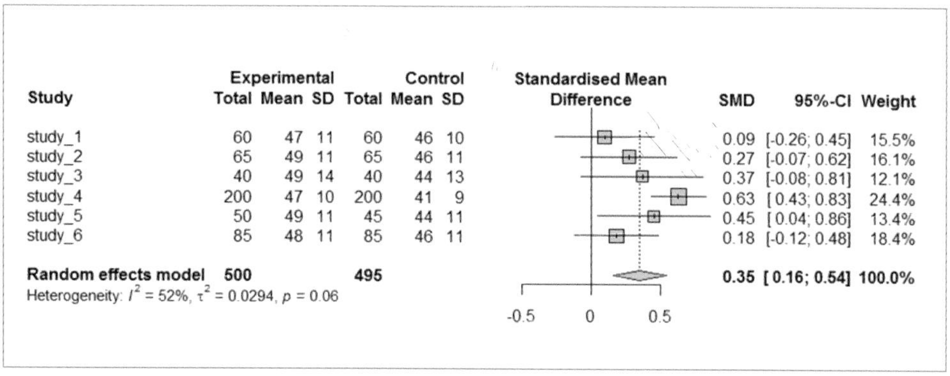

[그림 5-18] 효과크기에 색상을 나타내는 forest plot2

2) 두 집단(사전-사후검사)

우리가 앞에서 활용한 사전-사후검사 데이터인 다문화교육프로그램의 효과성 검증에 대한 데이터를 여기에서도 활용해 보자.

〈표 5-2〉 다문화교육프로그램의 효과성 검증 데이터

study	m1	s1	n1	m2	s2	n2
study1	0.378	0.440	45	0.036	0.323	47
study2	0.100	0.586	44	0.016	0.362	45
study3	0.288	0.529	44	0.047	0.383	45
study4	0.476	0.543	45	0.015	0.384	47
study5	0.406	0.401	44	0.053	0.370	45
study6	0.280	0.469	45	0.057	0.390	47
study7	0.171	0.89	44	0.042	0.542	45

1: 실험집단의 차이(평균차이 및 표준편차 차이)

2: 통제집단의 차이(평균차이 및 표준편차 차이)

앞서 본 두 집단(사후검사)의 경우와 마찬가지로 먼저 패키지와 데이터를 다음과 같이 불러온다.

```
> library(meta)
> settings.meta("meta4")  # meta version 5.0 사용자의 경우
> setwd("D:/R")
> two_group=read.csv("two_group_pre_post.csv")
> two_group
```

```
> two_group=read.csv("two_group_pre_post.csv")
> two_group
   study    m1    s1 n1    m2    s2 n2
1 study1 0.378 0.440 45 0.036 0.323 47
2 study2 0.100 0.586 44 0.016 0.362 45
3 study3 0.288 0.529 44 0.047 0.383 45
4 study4 0.476 0.543 45 0.015 0.384 47
5 study5 0.406 0.401 44 0.053 0.370 45
6 study6 0.280 0.469 45 0.057 0.390 47
7 study7 0.171 0.896 44 0.042 0.542 45
```

[그림 5-19] 두 집단(사전-사후) 데이터를 불러온 모습

그리고 여기서도 연속형 데이터, 즉 평균과 표준편차 데이터이므로 "metacont"를 활용하여 효과크기를 분석하고 이어서 forest plot을 만든다.

> meta1a <- metacont(n1, m1, s1, n2, m2, s2, sm="SMD", study, data=two_group)

> meta1a

```
> meta1a=metacont(n1, m1, s1, n2, m2, s2, sm="SMD", study, data=two_group)
> meta1a
          SMD             95%-CI %W(fixed) %W(random)
study1 0.8816 [ 0.4526; 1.3107]       14.0       14.2
study2 0.1714 [-0.2449; 0.5878]       14.8       14.5
study3 0.5183 [ 0.0955; 0.9411]       14.4       14.3
study4 0.9757 [ 0.5423; 1.4092]       13.7       14.0
study5 0.9075 [ 0.4701; 1.3448]       13.4       13.9
study6 0.5137 [ 0.0980; 0.9295]       14.9       14.5
study7 0.1732 [-0.2432; 0.5895]       14.8       14.5

Number of studies combined: k = 7

                        SMD           95%-CI    z  p-value
Fixed effect model   0.5806 [0.4203; 0.7410] 7.10 < 0.0001
Random effects model 0.5872 [0.3353; 0.8390] 4.57 < 0.0001

Quantifying heterogeneity:
tau^2 = 0.0687; H = 1.57 [1.04; 2.38]; I^2 = 59.5% [6.7%; 82.4%]

Test of heterogeneity:
     Q d.f.  p-value
 14.80    6   0.0219

Details on meta-analytical method:
- Inverse variance method
- DerSimonian-Laird estimator for tau^2
- Hedges' g (bias corrected standardised mean difference)
> |
```

[그림 5-20] 두 집단(사전-사후) 데이터에 대한 효과크기분석결과

> forest(meta1a, digits.mean=3, digits.sd=3)

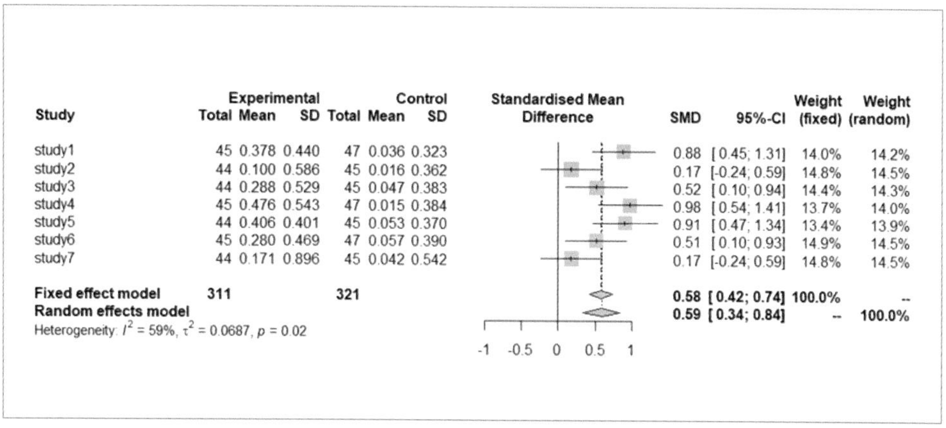

[그림 5-21] 두 집단(사전-사후) 데이터에 대한 forest plot

이 경우에도 고정효과모형과 랜덤효과모형의 forest plot을 각각 다음과 같이 제시할 수 있다.

> forest(meta1a, digits.mean=3, digits.sd=3, random=F)

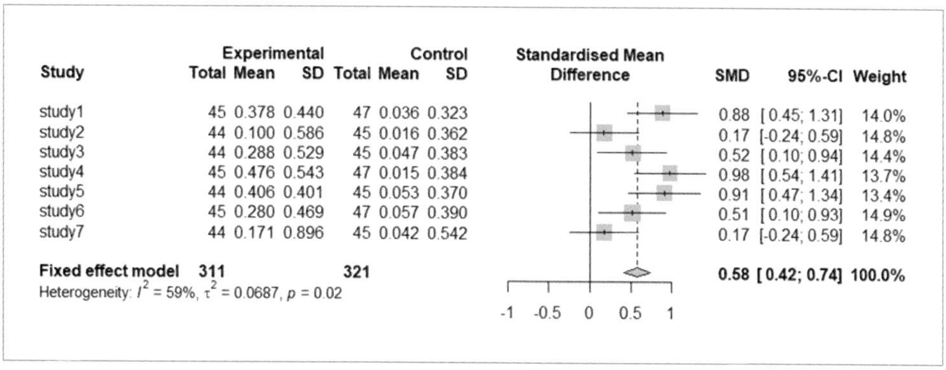

[그림 5-22] 고정효과모형으로 제시한 forest plot

> forest(meta1a, digits.mean=3, digits.sd=3, fixed=F)

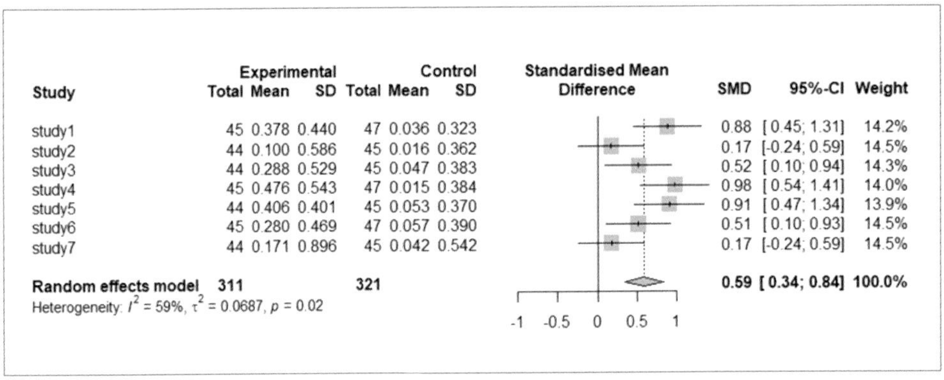

[그림 5-23] 랜덤효과모형으로 제시한 forest plot

3) 단일집단(사전-사후)

이제 단일집단(사전-사후)의 경우를 R을 통해 분석해 보자. 여기서는 앞 장에서 사용한 근거기반실천(EBP) 교육훈련프로그램의 효과 검증 데이터를 활용해 보자.

〈표 5-3〉 근거기반실천 교육프로그램의 효과 검증 데이터

study	mean_pre	sd_pre	mean_post	sd_post	pre/post correlation	N
마음재단	3.79	0.383	3.99	0.425	0.938	11
가정복지회	3.50	0.333	3.89	0.453	0.576	14
대구_1	3.60	0.387	3.91	0.420	0.760	39
대구_2	3.82	0.508	4.02	0.530	0.539	39
부산_1	3.82	0.430	3.97	0.407	0.520	50
부산_2	3.47	0.403	3.68	0.362	0.376	50
대학원	3.83	0.240	4.13	0.326	0.391	15

단일집단의 경우 두 집단의 경우와 같이 바로 분석할 수 있는 명령어가 없기 때문에 〈표 5-3〉의 데이터를 다음 계산 공식을 활용하여 Excel을 이용해 효과크기와 분산을 구한

다음에 이 데이터를 R에서 불러오는 방법을 사용한다.

ES_1-1	pre-post scores or matched groups	V
Standardized difference	$d = \dfrac{\overline{X}_{post} - \overline{X}_{pre}}{S_p}$ $\quad S_p = \dfrac{S_{diff}}{\sqrt{2(1-r)}}$	$V_d = \left(\dfrac{1}{n} + \dfrac{d^2}{2n}\right) \times 2(1-r)$ $SE_d = \sqrt{V_d}$
paired difference SD	$D = MD = \overline{X}_{post} - \overline{X}_{pre}$ $S_{diff} = \sqrt{S_1^2 + S_2^2 - (2 \times r \times S_1 \times S_2)}$	$SE_{diff} = \dfrac{S_{diff}}{\sqrt{n}}$ $J = 1 - \left(\dfrac{3}{4df - 1}\right) df = n - 1$

앞의 공식을 활용하여 효과크기와 분산을 계산하면 다음과 같다.

study	D	S_{diff}	S_p	d	V_d	J	g	V_g
마음재단	0.20	0.148	0.421	0.475	0.013	0.923	0.439	0.011
가정복지회	0.39	0.377	0.410	0.952	0.088	0.941	0.896	0.078
대구_1	0.31	0.281	0.406	0.764	0.016	0.980	0.748	0.015
대구_2	0.20	0.499	0.519	0.385	0.025	0.980	0.377	0.024
부산_1	0.15	0.411	0.419	0.358	0.020	0.985	0.352	0.020
부산_2	0.21	0.429	0.384	0.547	0.029	0.985	0.539	0.028
대학원	0.30	0.320	0.290	1.033	0.125	0.945	0.977	0.111

그리고 다음 데이터만을 one_group_pre_post.csv 파일로 저장한다.

study	g	V_g
마음재단	0.439	0.011
가정복지회	0.896	0.078
대구_1	0.748	0.015
대구_2	0.377	0.024
부산_1	0.352	0.020
부산_2	0.539	0.028
대학원	0.977	0.111

이제 R에서 앞의 데이터 파일을 불러온다.

```
> library(meta)
> setwd("D:/R")
> one_group=read.csv("one_group_pre_post.csv")
> one_group
```

```
> one_group=read.csv("one_group_pre_post.csv")
> one_group
       Study      yi      vi
1   마음재단 0.43881 0.01069
2 가정복지회 0.89598 0.07797
3     대구_1 0.74844 0.01527
4     대구_2 0.37742 0.02439
5     부산_1 0.35249 0.01981
6     부산_2 0.53887 0.02782
7     대학원 0.97682 0.11132
> |
```

[그림 5-24] 단일집단(사전-사후) 데이터를 불러온 모습

그리고 여기서는 연속형 데이터이지만 이미 효과크기 yi, 분산 vi를 계산하였기 때문에 이미 산출된 효과크기 데이터로 분석하는 메타분석(이하, 일반화된 메타분석, generic inverse variance meta-analysis) 명령어, 즉 "metagen"을 활용하게 된다.

```
> meta1b <- metagen(yi, sqrt(vi), sm="SMD", Study, data=one_group)
> meta1b
```

```
> meta1b=metagen(yi, sqrt(vi), sm="SMD", Study, data=one_group)
> meta1b
               SMD            95%-CI %W(fixed) %W(random)
마음재단    0.4388 [0.2362; 0.6415]      30.3       22.9
가정복지회  0.8960 [0.3487; 1.4433]       4.2        6.5
대구_1      0.7484 [0.5062; 0.9906]      21.2       19.6
대구_2      0.3774 [0.0713; 0.6835]      13.3       15.1
부산_1      0.3525 [0.0766; 0.6284]      16.4       17.1
부산_2      0.5389 [0.2120; 0.8658]      11.7       14.0
대학원      0.9768 [0.3229; 1.6308]       2.9        4.8

Number of studies combined: k = 7

                        SMD            95%-CI    z  p-value
Fixed effect model   0.5287 [0.4170; 0.6403] 9.28 < 0.0001
Random effects model 0.5450 [0.3916; 0.6983] 6.96 < 0.0001

Quantifying heterogeneity:
tau^2 = 0.0160; H = 1.29 [1.00; 1.99]; I^2 = 39.8% [0.0%; 74.7%]

Test of heterogeneity:
    Q d.f.  p-value
 9.96    6   0.1263

Details on meta-analytical method:
- Inverse variance method
- DerSimonian-Laird estimator for tau^2
> |
```

[그림 5-25] 단일집단 데이터의 효과크기를 분석한 결과

이어서 forest plot을 다음과 같이 각각 제시할 수 있다.

```
> forest(meta1b, digits=3)
```

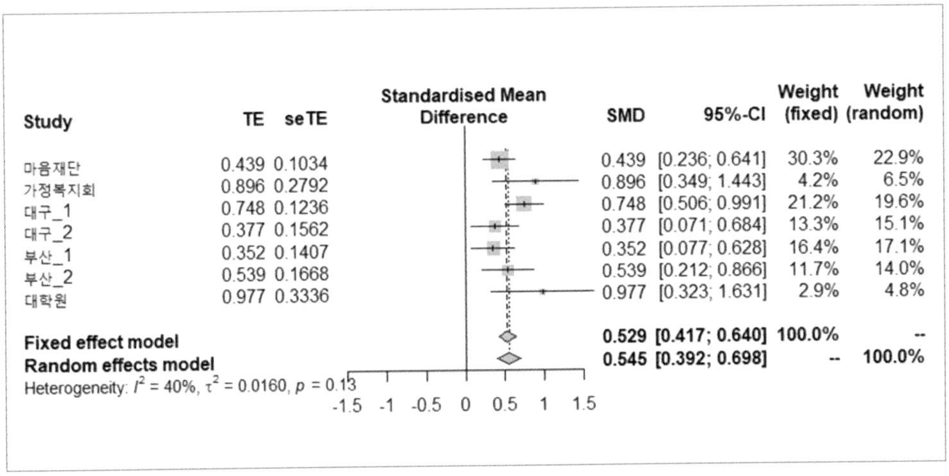

[그림 5-26] 단일집단 데이터 분석결과 forest plot

```
> forest(meta1b, random=F, digits=3)
```

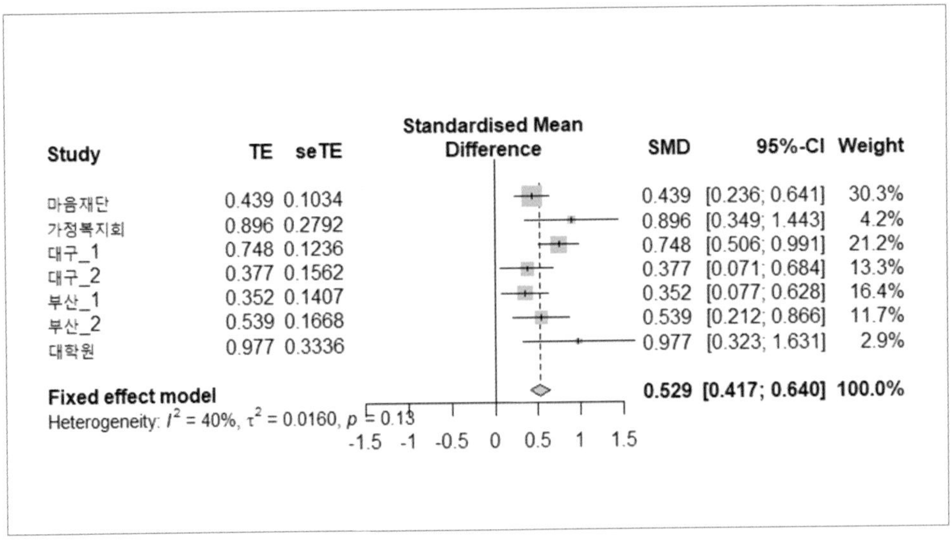

[그림 5-27] 고정효과모형으로 제시한 forest plot

```
> forest(meta1b, fixed=F, digits=3)
```

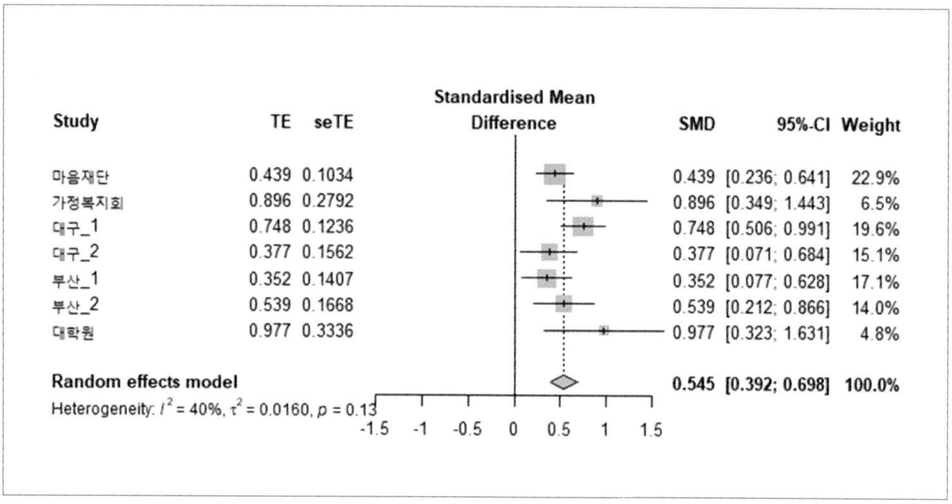

[그림 5-28] 랜덤효과모형으로 제시한 forest plot

3. 이분형 데이터

이분형 데이터에 대한 분석 과정은 연속형 데이터의 분석과 거의 동일하다. 여기서는 앞서 사용한 대학생들의 취업동아리 활동이 취업에 미치는 영향에 대한 데이터를 활용하자.

〈표 5-4〉 취업동아리 활동의 취업에 대한 효과 검증 데이터

Name	실험집단			통제집단		
	a	b	n1	c	d	n2
study_1	16	49	65	12	53	65
study_2	10	30	40	8	32	40
study_3	19	61	80	14	66	80
study_4	80	320	400	25	375	400
study_5	11	29	40	8	32	40
study_6	18	47	65	16	49	65

앞서 연속형 데이터 분석과 마찬가지로 먼저 데이터를 다음과 같이 불러온다. 여기서는 실행 디렉토리를 지정하지 않고 파일의 위치 경로(D:/R)를 명시한다.

```
> binary=read.csv("D:/R/binary.csv")
> binary
```

```
> binary
     Name  a   b  n1  c   d  n2
1 study_1 16  49  65 12  53  65
2 study_2 10  30  40  8  32  40
3 study_3 19  61  80 14  66  80
4 study_4 80 320 400 25 375 400
5 study_5 11  29  40  8  32  40
6 study_6 18  47  65 16  49  65
>
```

[그림 5-29] 이분형 데이터를 불러온 모습

이분형 데이터에서는 효과크기분석 명령어로 "metabin"을 사용하며, 효과크기의 유형으로는 이 데이터에서 Odds Ratio를 선택한다. 그리고 가중치는 분산의 역수("I")를 지정한다.

```
> meta2 <- metabin(a, n1, c, n2, sm="OR", method="I", Name, data=binary)
> meta2
```

```
> meta2=metabin(a, n1, c, n2, sm="OR", method="I", Name, data=binary)
> meta2
              OR            95%-CI %W(fixed) %W(random)
study_1 1.4422 [0.6206; 3.3515]      12.8       15.9
study_2 1.3333 [0.4644; 3.8282]       8.2       12.3
study_3 1.4684 [0.6777; 3.1814]      15.2       17.4
study_4 3.7500 [2.3363; 6.0193]      40.6       24.7
study_5 1.5172 [0.5362; 4.2933]       8.4       12.5
study_6 1.1729 [0.5359; 2.5672]      14.8       17.1

Number of studies combined: k = 6

                          OR            95%-CI    z  p-value
Fixed effect model    2.0630 [1.5259; 2.7890] 4.71 < 0.0001
Random effects model 1.7617 [1.1032; 2.8134] 2.37   0.0177

Quantifying heterogeneity:
tau^2 = 0.1729; H = 1.45 [1.00; 2.30]; I^2 = 52.6% [0.0%; 81.1%]

Test of heterogeneity:
     Q d.f.  p-value
 10.55    5   0.0610

Details on meta-analytical method:
- Inverse variance method
- DerSimonian-Laird estimator for tau^2
> |
```

[그림 5-30] 이분형 데이터의 효과크기를 분석한 결과

이제 forest plot을 다음과 같이 만든다.

```
> forest(meta2)
```

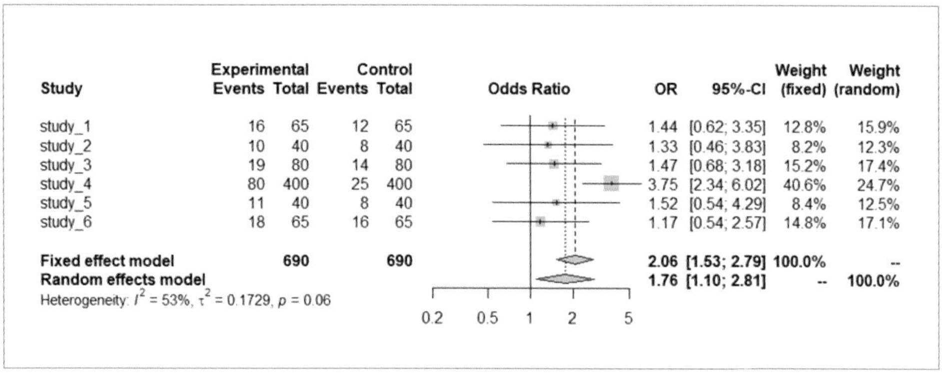

[그림 5-31] 이분형 데이터에 대한 forest plot

물론 여기서도 고정효과모형과 랜덤효과모형의 forest plot을 각각 제시할 수 있다.

```
> forest(meta2, random=F)
```

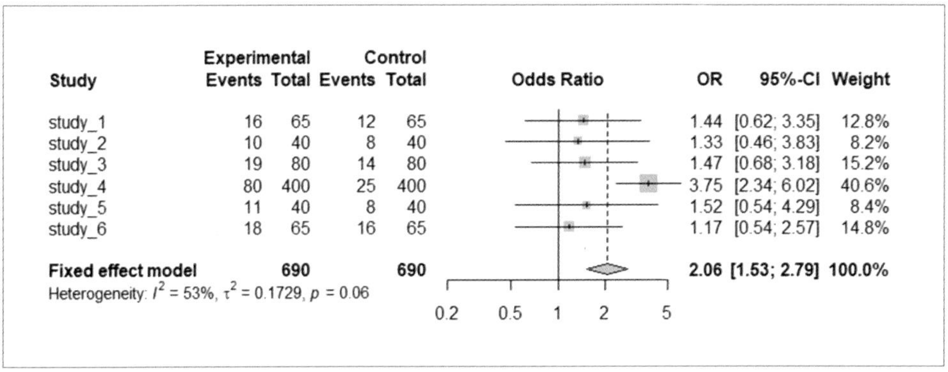

[그림 5-32] 고정효과모형으로 제시한 forest plot

```
> forest(meta2, fixed=F)
```

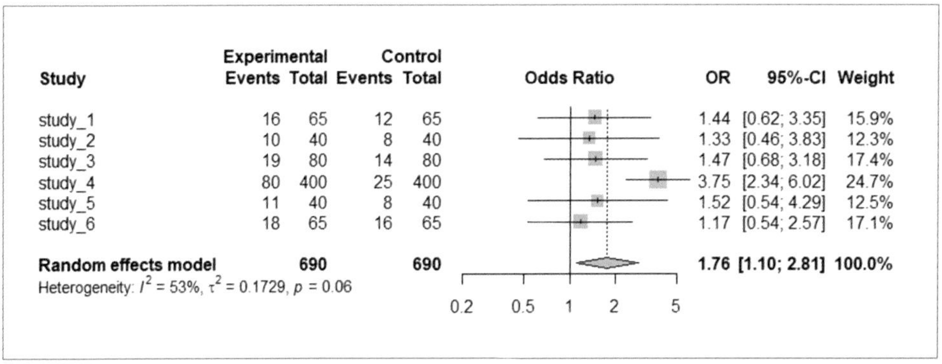

[그림 5-33] 랜덤효과모형으로 제시한 forest plot

binary data에서는 로그값을 취한 Log Odds Ratio로도 forest plot을 다음과 같이 만들 수 있다(backtransf=F).

```
> forest(meta2, random=F, digits=3, backtransf=F)
```

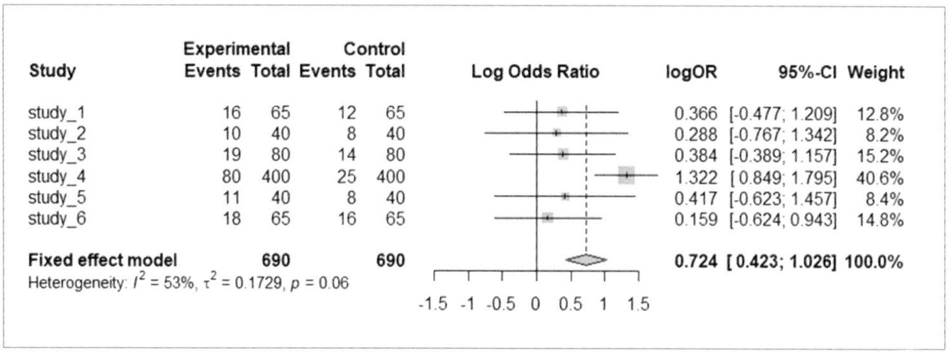

[그림 5-34] Log Odds Ratio로 제시한 forest plot

4. 상관관계 데이터

상관관계 데이터의 경우도 앞서 살펴본 연속형 데이터 및 이분형 데이터와 동일한 과정으로 분석한다. 여기서는 앞에서 이용한 학업성취도와 자기효능감과의 상관관계 데이터를 활용하도록 한다.

〈표 5-5〉 학업성취도와 자기효능감 데이터

Name	r	n
study_1	0.530	40
study_2	0.650	90
study_3	0.450	25
study_4	0.230	400
study_5	0.730	60
study_6	0.450	50

상관관계 데이터 분석에서도 앞서 본 연속형 데이터 및 이분형 데이터 분석과 마찬가지로 먼저 분석할 데이터를 다음과 같이 불러온다.

```
> correlation=read.csv("D:/R/correlation.csv")
> correlation
```

```
> correlation
     Name    r   n
1 study_1 0.53  40
2 study_2 0.65  90
3 study_3 0.45  25
4 study_4 0.23 400
5 study_5 0.73  60
6 study_6 0.45  50
>
```

[그림 5-35] 상관관계 데이터를 불러온 모습

상관관계 데이터에서 효과크기분석을 할 경우에는 Fisher's Z로 전환한 상관관계를 분석하게 되는 이 경우 명령어 "metacor"를 활용한다.

```
> meta3 <- metacor(r, n, sm="ZCOR", studlab=paste(Name), data=correlation)
> meta3
```

```
> meta3=metacor(r, n, sm="ZCOR", Name, data=correlation)
> meta3
           COR            95%-CI %W(fixed) %W(random)
study_1 0.5300 [0.2617; 0.7223]       5.7       15.6
study_2 0.6500 [0.5118; 0.7554]      13.4       17.9
study_3 0.4500 [0.0667; 0.7175]       3.4       13.6
study_4 0.2300 [0.1350; 0.3208]      61.4       19.6
study_5 0.7300 [0.5844; 0.8301]       8.8       16.9
study_6 0.4500 [0.1962; 0.6473]       7.3       16.4

Number of studies combined: k = 6

                        COR            95%-CI     z  p-value
Fixed effect model   0.3929 [0.3258; 0.4560] 10.56 < 0.0001
Random effects model 0.5222 [0.3003; 0.6905]  4.21 < 0.0001

Quantifying heterogeneity:
tau^2 = 0.0941; H = 2.86 [2.03; 4.02]; I^2 = 87.7% [75.8%; 93.8%]

Test of heterogeneity:
     Q d.f.  p-value
 40.79    5 < 0.0001

Details on meta-analytical method:
- Inverse variance method
- DerSimonian-Laird estimator for tau^2
- Fisher's z transformation of correlations
> |
```

[그림 5-36] 상관관계 데이터의 효과크기를 분석한 결과

이때 효과크기는 원래 단위였던 Pearson 상관관계 계수(correlation coefficients)로 제시된다.

그리고 forest plot을 다음과 같이 제시할 수 있다.

```
> forest(meta3)
```

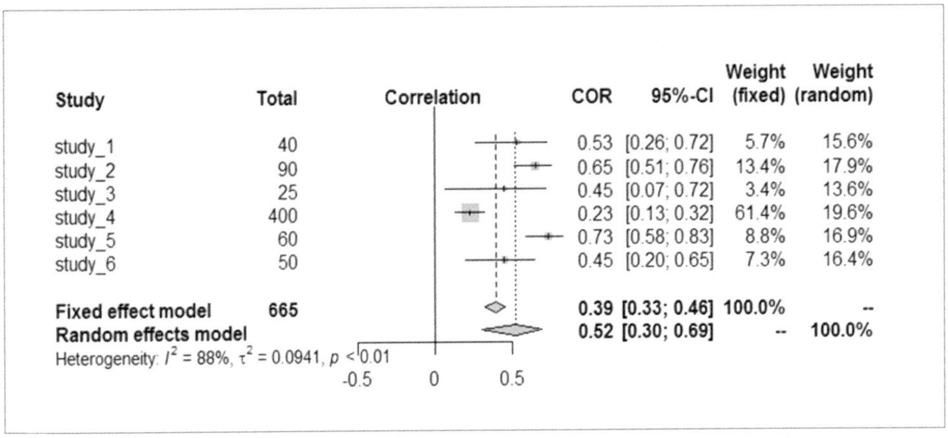

[그림 5-37] 상관관계 데이터를 분석한 forest plot

여기서도 앞서와 마찬가지로 고정효과모형과 랜덤효과모형의 forest plot을 각각 제시할 수 있다.

```
> forest(meta3, random=F)
```

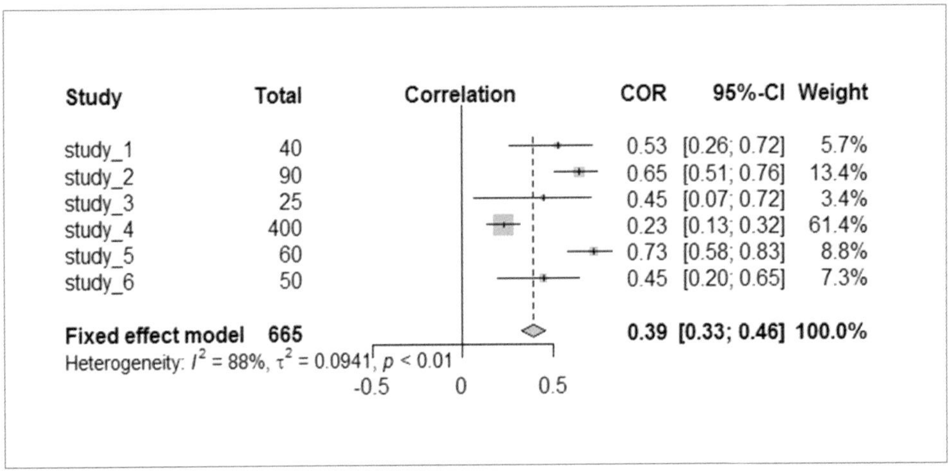

[그림 5-38] 고정효과모형으로 제시한 forest plot

```
> forest(meta3, fixed=F)
```

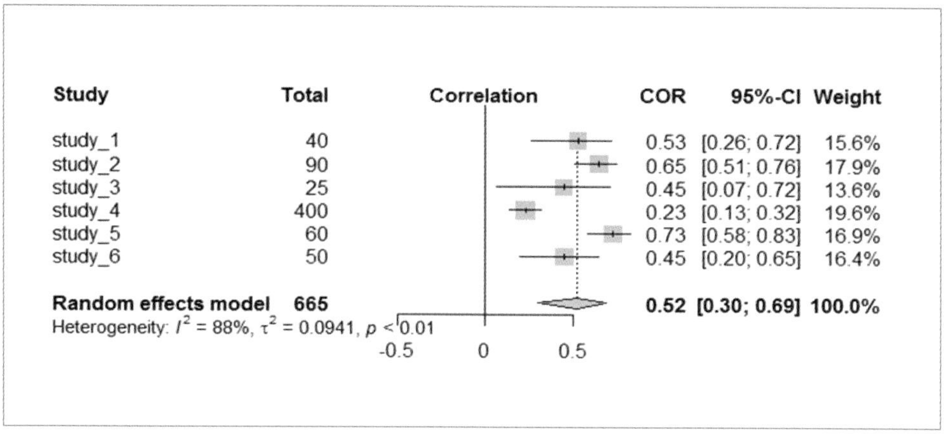

[그림 5-39] 랜덤효과모형으로 제시한 forest plot

물론 이 경우 Fisher's Z로 전환한 상관관계 계수로 forest plot을 만들 수도 있다.

```
> forest(meta3, backtransf=F)
```

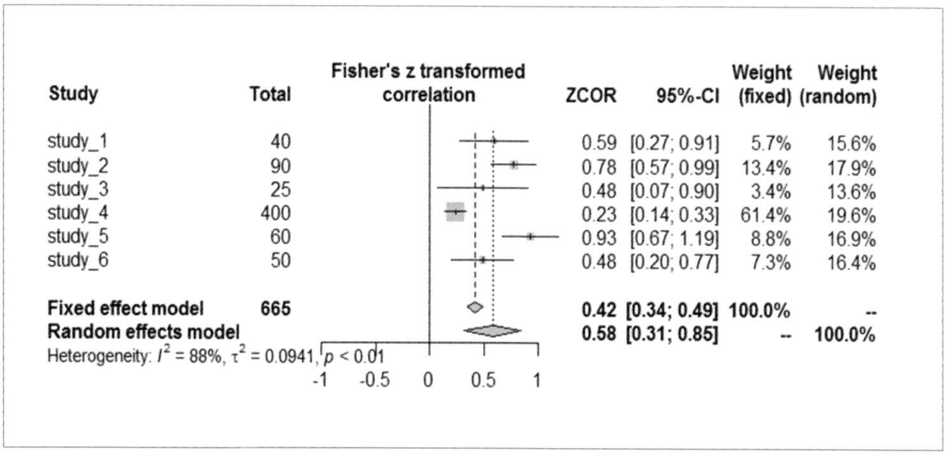

[그림 5-40] Fisher's Z로 제시한 forest plot

이제 척도의 신뢰도에 대한 메타분석(reliability generalization)을 실시해 보자. 엄격하게 말하면 척도의 신뢰도 분석은 상관관계분석과는 약간 다를 수 있지만 척도의 내적 일관성 신뢰도, 즉 알파 신뢰도(Alpha reliability)는 척도의 항목 간 상관관계라는 점에서 상관관계 데이터로 처리할 수 있다.

우선 여기서 사용할 데이터는 미국에서 간호사(RN)들의 이직의도 척도(anticipated turnover scale)의 알파 신뢰도에 대한 데이터(Barlow2010.csv)로 다음과 같다.

〈표 5-6〉 간호사들의 이직의도 척도에 대한 알파 신뢰도 데이터

Study	Year	N	Alpha	Items	Century	Pubtype	Quality
Armstrong(2004)	2004	101	0.85	12	21st	Unpub	High
Barlow(2008)	2008	123	0.91	12	21st	Unpub	High
Brady-Schwartz(2005)	2005	420	0.86	12	21st	pub	High
Cram(2002)	2002	393	0.85	12	21st	Unpub	High
Drenkard(2005)	2005	176	0.91	12	21st	Unpub	High
Hart(2005)	2005	473	0.94	12	21st	pub	Moderate
Newhouse(2007)	2007	232	0.86	12	21st	pub	High
Reineck(1990a)	1990	186	0.87	12	20st	Unpub	High
Reineck(1990b)	1990	14	0.89	12	20st	Unpub	High
Shader(2001)	2001	241	0.86	12	21st	pub	Moderate
Stichler(1990)	1990	188	0.87	12	20st	Unpub	High
Volk(1991)	1991	81	0.93	12	20st	pub	Moderate

출처: Barlow & Zangaro, 2010, p. 867.

분석을 위해 먼저 다음과 같이 데이터를 불러온다.

```
> barlow <- read.csv("E:/R/Barlow2010.csv")
> barlow
```

```
Console E:/R/
>
> library(meta)
> barlow <- read.csv("E:/R/Barlow2010.csv")
> barlow
                  Study Year   N Alpha Items Century Pubtype  Quality
1      Armstrong(2004) 2004 101  0.85    12    21st   Unpub     High
2         Barlow(2008) 2008 123  0.91    12    21st   Unpub     High
3 Brady-Schwartz(2005) 2005 420  0.86    12    21st     Pub     High
4           Cram(2002) 2002 393  0.85    12    21st   Unpub     High
5       Drenkard(2005) 2005 176  0.91    12    21st   Unpub     High
6           Hart(2005) 2005 473  0.94    12    21st     Pub Moderate
7       Newhouse(2007) 2007 232  0.86    12    21st     Pub     High
8      Reineck(1990a) 1990 186  0.87    12    20th   Unpub     High
9      Reineck(1990b) 1990  14  0.89    12    20th   Unpub     High
10        Shader(2001) 2001 241  0.86    12    21st     Pub Moderate
11      Stichler(1990) 1990 188  0.87    12    20th   Unpub     High
12          Volk(1991) 1991  81  0.93    12    20th     Pub Moderate
```

[그림 5-41] 알파 신뢰도 데이터를 불러온 모습

메타분석에 사용할 명령어는 상관관계 데이터인 경우와 마찬가지로 "metacor"를 활용하게 되며 여기서는 r값 자리에 Alpha 값이 명시된다.

> meta2 <- metacor(Alpha, N, sm="ZCOR", Study, data=barlow)
>
> meta2

그러면 다음과 같이 각 연구의 알파 신뢰도(효과크기) 및 평균 신뢰도를 구할 수 있다.

```
Console E:/R/
> meta2 <- metacor(Alpha, N, sm="ZCOR", Study, data=barlow)
> meta2
                       COR            95%-CI %W(fixed) %W(random)
Armstrong(2004)     0.8500 [0.7850; 0.8965]       3.8        7.9
Barlow(2008)        0.9100 [0.8737; 0.9362]       4.6        8.2
Brady-Schwartz(2005) 0.8600 [0.8328; 0.8830]     16.1        9.6
Cram(2002)          0.8500 [0.8200; 0.8753]      15.0        9.6
Drenkard(2005)      0.9100 [0.8806; 0.9324]       6.7        8.8
Hart(2005)          0.9400 [0.9285; 0.9497]      18.1        9.7
Newhouse(2007)      0.8600 [0.8223; 0.8902]       8.8        9.1
Reineck(1990a)      0.8700 [0.8300; 0.9011]       7.1        8.9
Reineck(1990b)      0.8900 [0.6810; 0.9649]       0.4        2.7
Shader(2001)        0.8600 [0.8231; 0.8897]       9.2        9.2
Stichler(1990)      0.8700 [0.8303; 0.9009]       7.1        8.9
Volk(1991)          0.9300 [0.8930; 0.9545]       3.0        7.4

Number of studies combined: k = 12

                       COR            95%-CI     z  p-value
Fixed effect model   0.8876 [0.8792; 0.8955] 71.82        0
Random effects model 0.8870 [0.8602; 0.9089] 24.30 < 0.0001

Quantifying heterogeneity:
tau^2 = 0.0324; H = 2.78 [2.20; 3.53]; I^2 = 87.1% [79.3%; 92.0%]

Test of heterogeneity:
     Q d.f.  p-value
 85.20   11 < 0.0001
```

[그림 5-42] 알파 신뢰도 데이터를 메타분석한 결과

이어서 분석결과를 다음과 같이 forest plot을 만들 수 있다.

```
> forest(meta2, fixed=F)
```

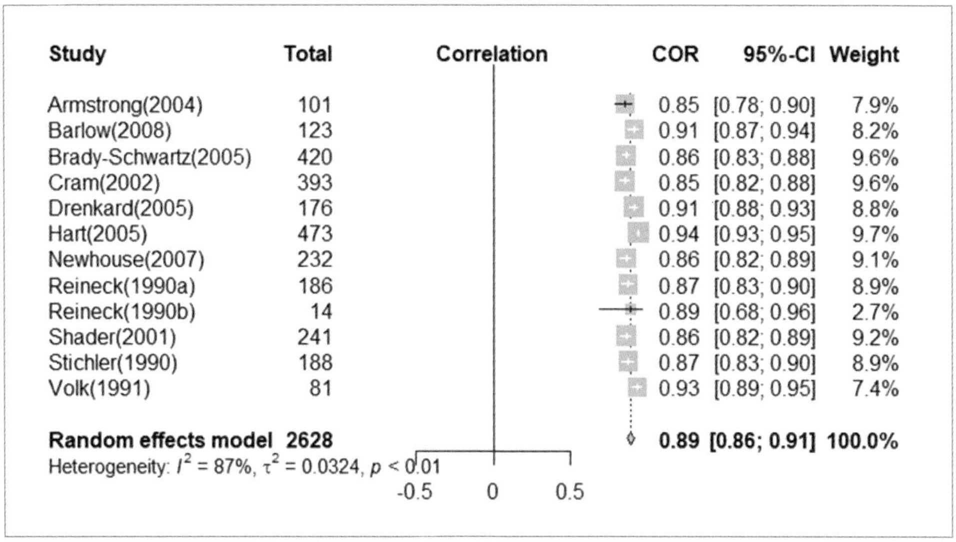

[그림 5-43] 알파 신뢰도 데이터를 분석한 forest plot

[그림 5-43]의 forest plot에서 효과크기의 이름과 X축의 경계를 약간 조정하면 다음과 같이 더 분명한 알파 신뢰도 계수에 대한 forest plot을 얻을 수 있다.

```
> forest(meta2, fixed=F, smlab="Reliability Coefficient", xlim=c(-0.5, 1),
      rightlabs=c("Alpha", "95%-CI", "Weight"), hetlab=" ", print.Q=T, print.
tau2=F)
```

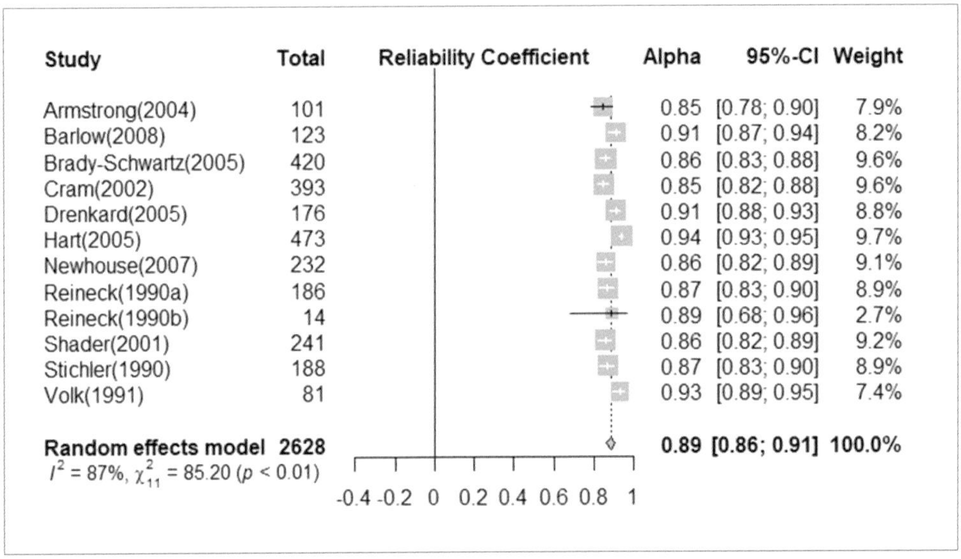

[그림 5-44] 알파 신뢰도 데이터를 분석한 조정된 forest plot

5. 일반화된 효과크기 데이터

우리가 메타분석을 하다 보면 대개의 경우 원 자료(raw data)를 구하게 되지만 가끔은 효과크기만으로 구성된 데이터(generic data)를 가지고 재분석을 해 볼 수 있다. 이 경우에도 R에서는 분석이 가능한데, 필요한 데이터는 효과크기, 분산(표준오차 또는 신뢰구간)이 있어야 한다. 여기서는 간접흡연과 폐암과의 관계를 분석한 smoking.csv 데이터를 활용해 보자.

〈표 5-7〉 간접흡연과 폐암과의 관계를 분석한 데이터

study	yi	lower	upper	vi
study01	−0.288	−0.84084	0.265475	0.079649
study02	0.728	−0.20691	1.662006	0.227305
study03	0.756	0.171673	1.340567	0.088916
study04	−0.223	−1.08347	0.637175	0.192668
study05	−0.236	−1.3769	0.905448	0.338993
study06	0.698	0.084369	1.311897	0.09806
study07	0.207	−0.21131	0.625334	0.045553
study08	0.182	−0.76119	1.125838	0.231731
study09	0.419	−0.1344	0.971824	0.079637
study10	0.03	−0.88426	0.943388	0.217377
study11	0.438	−0.10545	0.981966	0.076952
study12	0.03	−0.49453	0.553638	0.071497
study13	0.85	−0.20996	1.910264	0.292543
study14	0.501	0.147782	0.853768	0.032435
study15	0.174	−0.19933	0.547231	0.036271
study16	0.419	−0.94461	1.782026	0.483819
study17	0.77	0.080455	1.459759	0.123808
study18	0.077	−0.44558	0.599512	0.071079
study19	0.936	−0.30067	2.172861	0.398166
study20	0.482	−0.10432	1.069173	0.089616
study21	0.058	−0.30163	0.418171	0.033717
study22	−0.236	−0.48464	0.013193	0.016128
study23	−0.301	−1.13317	0.530963	0.180221
study24	0.82	−0.28397	1.92353	0.317124
study25	−0.03	−0.25	0.189074	0.012546
study26	0.47	−0.19086	1.13087	0.113687
study27	0.174	−0.41186	0.759763	0.089331
study28	0.507	−0.31538	1.32902	0.175972
study29	0.231	0.034836	0.42739	0.010028
study30	0.095	−0.48017	0.670789	0.086208
study31	0.507	0.115443	0.898192	0.039872
study32	0.148	−0.22551	0.522347	0.036397
study33	0.104	−0.40075	0.609472	0.066414
study34	0.166	−0.10305	0.434078	0.018775
study35	0.372	0.015283	0.727838	0.033042
study36	0.703	−0.73741	2.143606	0.540157
study37	0.182	−0.11094	0.475588	0.022388

출처: Hackshaw, Law, & Wald, 1997, p. 981.

먼저 다음과 같이 데이터를 불러온다.

```
> smoking=read.csv("E:/R/smoking.csv")
> head(smoking)   # 첫 6 케이스만 불러온다
```

```
> head(smoking)
    study     yi       lower     upper         vi
1 study01 -0.288 -0.84083545 0.2654748 0.07964926
2 study02  0.728 -0.20691347 1.6620057 0.22730496
3 study03  0.756  0.17167340 1.3405671 0.08891559
4 study04 -0.223 -1.08346755 0.6371745 0.19266772
5 study05 -0.236 -1.37689864 0.9054482 0.33899332
6 study06  0.698  0.08436872 1.3118967 0.09805973
> |
```

[그림 5-45] 간접흡연 데이터(smoking)를 불러온 모습

R에서는 이러한 데이터를 분석할 경우에는 분산의 역수를 활용하는 일반화된 메타분석(generic inverse variance meta-analysis) 명령어인 "metagen"을 활용한다.

```
> meta5 <- metagen(yi, sqrt(vi), sm="RR", study, data=smoking)
> summary(meta5)
```

그러면 다음과 같이 37개 연구들의 전체 효과크기, 즉 평균효과크기를 보여 준다.

```
> meta5=metagen(yi, sqrt(vi), sm="RR", study, data=smoking)
> summary(meta5)
Number of studies combined: k = 37

                        RR           95%-CI    z  p-value
Fixed effect model   1.2041 [1.1199; 1.2946] 5.02 < 0.0001
Random effects model 1.2377 [1.1294; 1.3565] 4.56 < 0.0001

Quantifying heterogeneity:
tau^2 = 0.0168; H = 1.15 [1.00; 1.41]; I^2 = 24.2% [0.0%; 49.8%]

Test of heterogeneity:
     Q d.f.  p-value
 47.51   36   0.0949

Details on meta-analytical method:
- Inverse variance method
- DerSimonian-Laird estimator for tau^2
> |
```

[그림 5-46] 간접흡연 데이터의 효과크기를 분석한 결과

이어서 forest plot을 다음과 같이 구할 수 있다.

```
> forest(meta5)
```

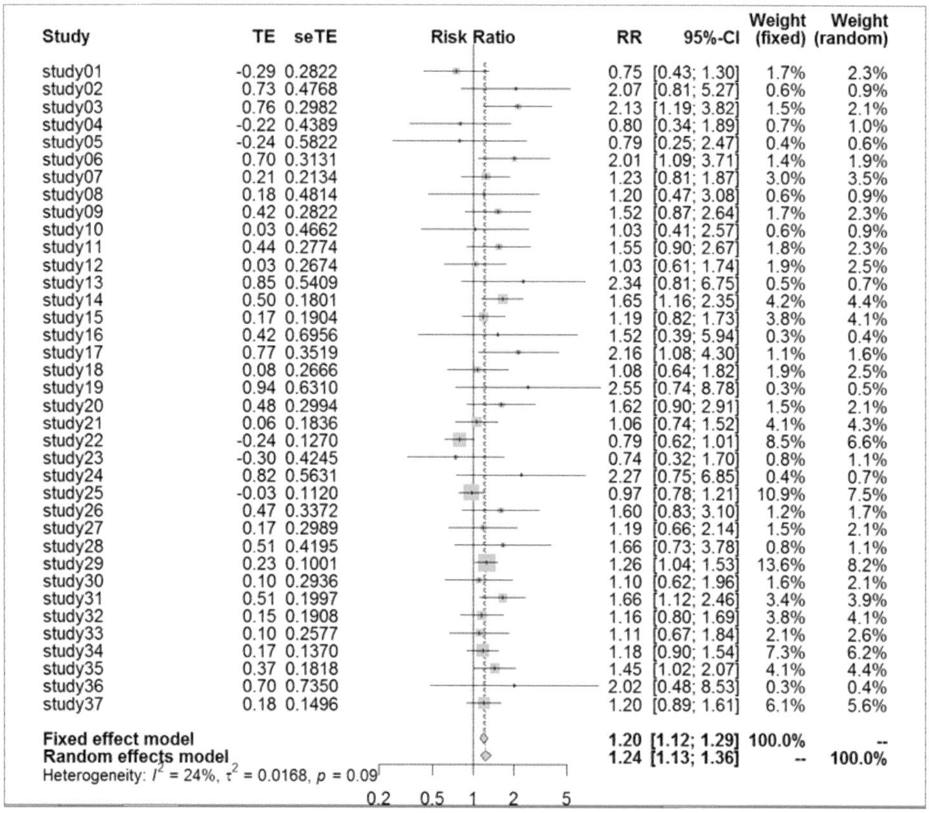

[그림 5-47] 간접흡연 데이터로 분석한 forest plot

이번에는 효과크기와 신뢰구간(하한선, 상한선)이 제시된 경우를 분석해 보자. 다음과 같이 청소년의 자아존중감에 대한 멘토링의 효과를 제시한 데이터가 있다.

〈표 5-8〉 청소년의 자아존중감에 대한 멘토링의 효과를 제시한 데이터

study	g	ll	ul	se	n
Portwood(2005)	−0.02	−0.38	0.33	0.181	208
Aseltine(2000)	0.37	0.1	0.64	0.138	505
LoSciuto(1996)	0.2	−0.01	0.4	0.105	729
Karcher(2008)	0.03	−0.16	0.21	0.094	525
Herrera(2007)	0.07	−0.05	0.19	0.061	1139
Bernstein(2009)	0.06	−0.02	0.14	0.041	2573

출처: Wood & Mayo-Wilson, 2012, p. 262.

이 경우에도 “metagen” 기능을 활용하여 다음과 같이 분석할 수 있다. 다만 여기서는 표준오차 대신 신뢰구간의 하한선(lower)과 상한선(upper)이 명시된다.

> sb <- read.csv("E:/R/sb_mentoring.csv")

> sb

> meta1 <- metagen(g, lower = ll, upper = ul, studlab=study, sm="SMD", data=sb)

> meta1

```
> sb <- read.csv("E:/R/sb_mentoring.csv")
> sb
            study     g    ll   ul    se    n
1  Portwood(2005) -0.02 -0.38 0.33 0.181  208
2  Aseltine(2000)  0.37  0.10 0.64 0.138  505
3  LoSciuto(1996)  0.20 -0.01 0.40 0.105  729
4   Karcher(2008)  0.03 -0.16 0.21 0.094  525
5   Herrera(2007)  0.07 -0.05 0.19 0.061 1139
6 Bernstein(2009)  0.06 -0.02 0.14 0.041 2573
> meta1 <- metagen(g, lower = ll, upper = ul, studlab=study, sm="SMD", data=sb)
> meta1
                    SMD             95%-CI %W(fixed) %W(random)
Portwood(2005)  -0.0200 [-0.3750; 0.3350]       2.6        4.2
Aseltine(2000)   0.3700 [ 0.1000; 0.6400]       4.6        7.0
LoSciuto(1996)   0.2000 [-0.0050; 0.4050]       7.9       11.3
Karcher(2008)    0.0300 [-0.1550; 0.2150]       9.7       13.4
Herrera(2007)    0.0700 [-0.0500; 0.1900]      23.1       25.1
Bernstein(2009)  0.0600 [-0.0200; 0.1400]      52.0       39.0

Number of studies combined: k = 6

                        SMD           95%-CI    z p-value
Fixed effect model   0.0825 [0.0248; 0.1402] 2.80  0.0051
Random effects model 0.0925 [0.0174; 0.1677] 2.41  0.0158

Quantifying heterogeneity:
tau^2 = 0.0021; H = 1.15 [1.00; 1.76]; I^2 = 24.2% [0.0%; 67.9%]
```

[그림 5-48] 청소년 멘토링 프로그램의 효과에 대한 분석결과

그리고 이어서 forest plot 역시 다음과 같이 제시할 수 있다.

```
> forest(meta1, fixed=F)
```

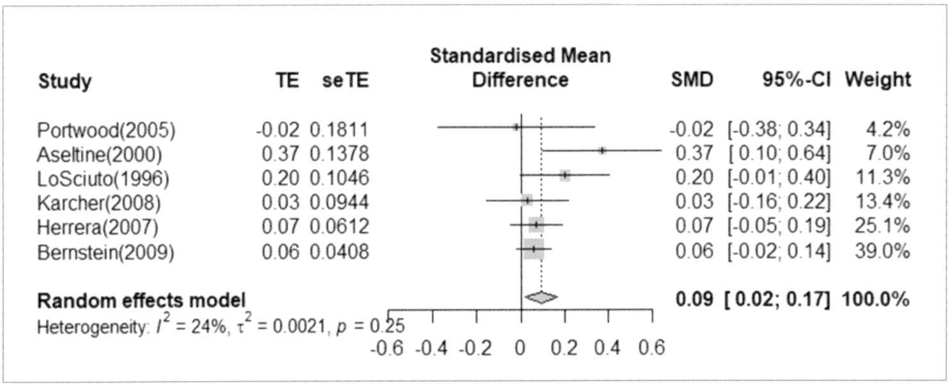

[그림 5-49] 청소년 멘토링 프로그램 효과에 대한 forest plot

요약

- R을 이용한 메타분석을 위해서는 먼저 http://www.r-project.org에서 R을 설치한 후 http://rstudio.com에서 RStudio를 설치한다.
- R을 이용한 메타분석의 명령어 구조는 대략 다음과 같다.

데이터 유형	명령어(script)
연속형 데이터	metacont(T표본, T평균, T표준편차, C표본, C평균, C표준편차, sm="SMD", data=mentoring)
이분형 데이터	metabin(T이벤트, T표본, C이벤트, C표본, sm="OR", method="I", data=binary)
상관관계 데이터	metacor(상관계수, 표본, sm="ZCOR", data=correlation)
일반화된 데이터	metagen(효과크기, 표준오차, sm="RR", data=somking)

(T: 실험집단/실험군, C: 통제집단/대조군)

- R을 이용한 메타분석의 명령어 예시는 다음과 같다.

데이터 유형(데이터)	명령어(script)
연속형 데이터(mentoring.csv)	metacont(n1, m1, s1, n2, m2, s2, sm="SMD", data=mentoring)
이분형 데이터(bonary.csv)	metabin(a, n1, C, n2, sm="OR", method="I", data=binary)
상관관계 데이터(correlation.csv)	metacor(r, n, sm="ZCOR", data=correlation)
일반화된 데이터(smoking.csv)	metagen(yi, sqrt(vi), sm="RR", data=somking)

명령어 정리

1. R 및 RStudio 설치

```
> install.packages("meta")
> install.packages("metafor")
> library(meta)
> library(metafor)

> setwd ("D:/R")
> mentoring=read.csv ("mentoring.csv")
> mentoring
```

2. 연속형 데이터

1) 두 집단(사후검사)

```
> setwd ("D:/R")
> mentoring=read.csv ("mentoring.csv")
> mentoring

> meta1 <- metacont(n1, m1, s1, n2, m2, s2, sm="SMD", study, data=mentoring)
> meta1

> forest(meta1, digits.mean=0, digits.sd=0)
> forest(meta1, digits.mean=0, digits.sd=0, digits=3)
> forest(meta1, digits.mean=0, digits.sd=0, random=FALSE)
> forest(meta1, digits.mean=0, digits.sd=0, fixed=FALSE)

> forest(meta1, digits.mean=0, digits.sd=0, fixed=FALSE, rightcols=c("effect",
"ci"))
> forest(meta1, digits.mean=0, digits.sd=0, fixed=F, leftcols="studlab",
hetstat=F, rightcols=c("effect", "ci"))
```

```
> forest(meta1, digits.mean=0, digits.sd=0, fixed=F, col.diamond="green", col.
square="pink")
> forest(meta1, digits.mean=0, digits.sd=0, fixed=F, col.diamond="green", col.
square="pink", col.square.lines="black")
```

2) 두 집단(사전-사후검사)

```
> library(meta)
> setwd("D:/R")
> two_group=read.csv("two_group_pre_post.csv")
> two_group

> meta1a <- metacont(n1, m1, s1, n2, m2, s2, sm="SMD", study, data=two_group)
> meta1a

> forest(meta1a, digits.mean=3, digits.sd=3)
> forest(meta1a, digits.mean=3, digits.sd=3, random=F)
> forest(meta1a, digits.mean=3, digits.sd=3, fixed=F)
```

3) 단일집단(사전-사후)

```
> library(meta)
> setwd("D:/R")
> one_group=read.csv("one_group_pre_post.csv")
> one_group

> meta1b <- metagen(yi, sqrt(vi), sm="SMD", Study, data=one_group)
> meta1b

> forest(meta1b, digits=3)
> forest(meta1b, random=F, digits=3)
> forest(meta1b, fixed=F, digits=3)
```

3. 이분형 데이터

```
> binary=read.csv("D:/R/binary.csv")
> binary

> meta2 <- metabin(a, n1, c, n2, sm="OR", method="I", Name, data=binary)
> meta2

> forest(meta2)
> forest(meta2, random=F)
> forest(meta2, fixed=F)
> forest(meta2, random=F, digits=3, backtransf=F)
```

4. 상관관계 데이터

```
> correlation=read.csv("D:/R/correlation.csv")
> correlation
> meta3 <- metacor(r, n, sm="ZCOR", studlab=paste(Name), data=correlation)
> meta3

> forest(meta3)
> forest(meta3, random=F)
> forest(meta3, fixed=F)
> forest(meta3, backtransf=F)

# 척도의 알파 신뢰도에 대한 메타분석
> barlow <- read.csv("E:/R/Barlow2010.csv")
> barlow
> meta2 <- metacor(Alpha, N, sm="ZCOR", Study, data=barlow)
> meta2
```

```
> forest(meta2, fixed=F)
> forest(meta2, fixed=F, smlab="Reliability Coefficient", xlim=c(-0.5, 1),
    rightlabs=c("Alpha", "95%-CI", "Weight"), hetlab=" ", print.Q=T, print.
tau2=F)
```

5. 일반화된 효과크기 데이터

```
# 효과크기와 분산이 제시된 경우
> smoking=read.csv("E:/R/smoking.csv")
> head(smoking)  # 첫 6 케이스만 불러온다
> meta5 <- metagen(yi, sqrt(vi), sm="RR", study, data=smoking)
> summary(meta5)
> forest(meta5)
```

```
# 효과크기와 상한선 및 하한선이 제시된 경우
> sb <- read.csv("E:/R/sb_mentoring.csv")
> sb
> meta1 <- metagen(g, lower = ll, upper = ul, studlab=study, sm="SMD", data=sb)
> meta1
> forest(meta1, fixed=F)
```

제 6 장

다양한 유형 및 다중결과 효과크기분석

1. 다양한 유형의 효과크기분석
2. 다중결과 효과크기분석

META-ANALYSIS USING R

이 장에서는 5장에 이어서 다양한 유형(multiple formats)의 효과크기분석과 다중결과(multiple outcomes) 효과크기에 대한 분석을 해 보자.

1. 다양한 유형의 효과크기분석

먼저 직업재활 프로그램의 효과에 대한 데이터를 수집한 결과 다음과 같이 데이터를 코딩하였다고 가정해 보자. <표 6-1>에 제시된 대로 아주 다양한 유형의 데이터, 즉 평균, 표준편차, 표본크기, t값, p값, 효과크기와 신뢰구간, 그리고 이분형 데이터 값들이 제시되어 있다.

<표 6-1> 직업재활 프로그램의 효과에 대한 코딩 데이터

Study name	Date format	m1	s1	n2	m2	s2	n2
Study_1	평균, 표준편차	55	10	100	50	11	100
Study_2	평균, 표준편차	54	11	50	46	10	50
Study name	Date format	n1	n2	t-value			
Study_3	표본, t값	150	150	2.200			
Study_4	표본, t값	100	100	1.900			
	Date format	n1	n2	p-value	방향(tails)		
Study_5	표본, p값	75	75	0.030	2		
Study_6	표본, p값	75	75	0.010	2		
	Date format	d	하한선(ll)	상한선(ul)	n1	n2	신뢰수준
Study_7	d값, 신뢰구간	0.700	0.413	0.987	100	100	0.95
Study_8	d값, 신뢰구간	0.400	0.120	0.680	100	100	0.95
	Date format	a	n1	c	n2		
Study_9	코호트 이분형	80	100	60	100		
Study_10	코호트 이분형	40	100	30	100		

이런 경우에는 4장에서 제시한 다양한 효과크기 계산 공식을 활용하여 Excel로 효과크기를 계산할 수 있으나 여기서는 R 프로그램의 패키지 'compute.es'를 활용하여 분석할 수 있다. 이 경우 다양한 효과크기를 한 가지 유형의 효과크기로 일원화한 다음 이 효과크기 데이터를 R 'meta'에 불러와서 'metagen' 기능을 활용하여 분석하는 것이 일반적이다.

그럼 먼저 'compute.es' 패키지를 설치하고 불러온 후 각 유형의 효과크기를 다음에 제시된 명령어를 활용하여 계산한다.

```
> install.packages("compute.es")
> library(compute.es)
```

```
# 소수점 자리수는 2자리 그리고 95% 신뢰수준이 디폴트(dig=2, level=95%)
# 평균, 표준편차 # mes(m1, m2, s1, s2, n1, n2) #
    > mes(55, 50, 10, 11, 100, 100, dig=5)
    > mes(54, 46, 11, 10, 50, 50, dig=5)

# t값 # tes(t-value, n1, n2) #
    > tes(2.2, 150, 150, dig=5)
    > tes(1.9, 100, 100, dig=5)

# p값 # pes(p-value, n1, n2) #
    > pes(0.03, 75, 75, dig=5)
    > pes(0.01, 75, 75, dig=5)

# d값 # des(d, n1, n2) #
    > des(0.7, 100, 100, dig=5)
    > des(0.4, 100, 100, dig=5)

# 승산비 # lores(logOR, VlogOR, n1, n2) #
    > lores(logOR, VlogOR, 100, 100, dig=5)
    > lores(logOR, VlogOR, 100, 100, dig=5)
```

먼저 study1인 경우는 다음과 같이 분석결과가 나타난다. 이 결과에서 보는 것처럼 다양한 효과크기의 값을 제시하고 있지만 효과크기분석을 위해 모든 연구의 효과크기를 Hedges' g값 및 분산으로 일원화한다. 즉, g값과 그 분산값을 Excel 시트에 다음과 같이 입력하고 이를 multiple_formats.csv로 저장한다.

```
> mes(55, 50, 10, 11, 100, 100, dig=5)
```

```
> mes(55, 50, 10, 11, 100, 100, dig=5)
Mean Differences ES:

 d [ 95 %CI] = 0.47565 [ 0.19285 , 0.75845 ]
  var(d) = 0.02057
  p-value(d) = 0.00108
  U3(d) = 68.28387 %
  CLES(d) = 63.16914 %
  Cliff's Delta = 0.26338

 g [ 95 %CI] = 0.47385 [ 0.19212 , 0.75558 ]
  var(g) = 0.02041
  p-value(g) = 0.00108
  U3(g) = 68.21957 %
  CLES(g) = 63.12104 %

 Correlation ES:

 r [ 95 %CI] = 0.23137 [ 0.09485 , 0.35935 ]
  var(r) = 0.00436
  p-value(r) = 0.00112

 z [ 95 %CI] = 0.23564 [ 0.09514 , 0.37614 ]
  var(z) = 0.00508
  p-value(z) = 0.00112

 Odds Ratio ES:

 OR [ 95 %CI] = 2.36964 [ 1.41877 , 3.95777 ]
  p-value(OR) = 0.00108
```

study	g	Vg
study_1	0.47385	0.02041
study_2		
study_3		
study_4		
study_5		
study_6		
study_7		
study_8		
study_9		
study_10		

나머지 유형의 연구들도 다음과 같이 효과크기 값(g값 및 g의 분산)을 구하여 Excel 시트에 입력한다.

> tes(2.2, 150, 150, dig=5)

```
> tes(2.2, 150, 150, dig=5)
Mean Differences ES:

 d [ 95 %CI] = 0.25403 [ 0.02588 , 0.48219 ]
  var(d) = 0.01344
  p-value(d) = 0.02921
  U3(d) = 60.02654 %
  CLES(d) = 57.12782 %
  Cliff's Delta = 0.14256

 g [ 95 %CI] = 0.25339 [ 0.02581 , 0.48097 ]
  var(g) = 0.01337
  p-value(g) = 0.02921
  U3(g) = 60.00182 %
  CLES(g) = 57.11006 %
```

> pes(0.03, 75, 75, dig=5)

```
> pes(0.03, 75, 75, dig=5)
Mean Differences ES:

 d [ 95 %CI] = 0.35782 [ 0.03255 , 0.6831 ]
  var(d) = 0.02709
  p-value(d) = 0.0313
  U3(d) = 63.97625 %
  CLES(d) = 59.98735 %
  Cliff's Delta = 0.19975

 g [ 95 %CI] = 0.35601 [ 0.03239 , 0.67963 ]
  var(g) = 0.02682
  p-value(g) = 0.0313
  U3(g) = 63.90826 %
  CLES(g) = 59.93772 %
```

> des(0.7, 100, 100, dig=5)

```
> des(0.7, 100, 100, dig=5)
Mean Differences ES:

 d [ 95 %CI] = 0.7 [ 0.4127 , 0.9873 ]
  var(d) = 0.02122
  p-value(d) = 0
  U3(d) = 75.80363 %
  CLES(d) = 68.9691 %
  Cliff's Delta = 0.37938

 g [ 95 %CI] = 0.69735 [ 0.41114 , 0.98355 ]
  var(g) = 0.02106
  p-value(g) = 0
  U3(g) = 75.72066 %
  CLES(g) = 68.90281 %
```

하지만 5번째 유형(이분형 데이터)의 경우에는 logOR 및 logOR 분산이 제시되어 있지 않으므로 R을 이용해서 다음과 같이 직접 계산한 다음 compute.es 명령어를 활용한다.

```
> a=80
> b=100-a
> c=60
> d=100-c
> OR=(a*d)/(b*c)
> logOR=log(OR)
> VlogOR=(1/a) + (1/b) + (1/c) + (1/d)
> lores(logOR, VlogOR, 100, 100, dig=5)
```

```
> a=80
> b=100-a
> c=60
> d=100-c
> OR=(a*d)/(b*c)
> OR
[1] 2.666667
> logOR=log(OR)
> logOR
[1] 0.9808293
> VlogOR=(1/a)+(1/b)+(1/c)+(1/d)
> VlogOR
[1] 0.1041667
> lores(logOR, VlogOR, 100, 100, dig=5)
Mean Differences ES:

 d [ 95 %CI] = 0.54076 [ 0.18986 , 0.89166 ]
  var(d) = 0.03166
  p-value(d) = 0.00269
  U3(d) = 70.56633 %
  CLES(d) = 64.89083 %
  Cliff's Delta = 0.29782

 g [ 95 %CI] = 0.53871 [ 0.18914 , 0.88828 ]
  var(g) = 0.03142
```

마지막 10번째 연구도 9번째 연구와 동일한 방식으로 g와 그 분산(Vg)을 계산한 후 다음과 같이 Excel 시트에 입력한다.

이와 같은 방법으로 효과크기 계산이 다 끝났으면 다음과 같이 g와 그 분산(Vg)으로 구성된 데이터가 완성되며 이를 multiple_formats.csv로 저장한다.

study	g	Vg
study_1	0.47385	0.02041
study_2	0.75520	0.04224
study_3	0.25339	0.01337
study_4	0.26768	0.02003
study_5	0.35601	0.02682
study_6	0.42396	0.02700
study_7	0.69735	0.02106
study_8	0.39848	0.02025
study_9	0.53871	0.03142
study_10	0.24267	0.02693

이제 이 데이터를 R로 불러와서 일반화된, 즉 효과크기 데이터이므로 metagen 기능을 활용하여 분석하면 된다.

```
> setwd("D:/R")
> multiple <- read.csv("multiple_formats.csv")
> multiple
```

```
> setwd("D:/R")
> multiple=read.csv("multiple_forms.csv")
> multiple
      study       g      Vg
1   study_1 0.47385 0.02041
2   study_2 0.75520 0.04224
3   study_3 0.25339 0.01337
4   study_4 0.26768 0.02003
5   study_5 0.35601 0.02682
6   study_6 0.42396 0.02700
7   study_7 0.69735 0.02106
8   study_8 0.39848 0.02025
9   study_9 0.53871 0.03142
10 study_10 0.24267 0.02693
```

> meta11 <- metagen(g, sqrt(Vg), sm="SMD", study, data=multiple)

> meta11

```
> meta11=metagen(g, sqrt(Vg), sm="SMD", study, data=multiple)
> meta11
            SMD            95%-CI %W(fixed) %W(random)
study_1  0.4738 [ 0.1938; 0.7539]      11.2       11.1
study_2  0.7552 [ 0.3524; 1.1580]       5.4        6.1
study_3  0.2534 [ 0.0268; 0.4800]      17.1       15.0
study_4  0.2677 [-0.0097; 0.5451]      11.4       11.2
study_5  0.3560 [ 0.0350; 0.6770]       8.5        8.9
study_6  0.4240 [ 0.1019; 0.7460]       8.5        8.9
study_7  0.6974 [ 0.4129; 0.9818]      10.9       10.8
study_8  0.3985 [ 0.1196; 0.6774]      11.3       11.1
study_9  0.5387 [ 0.1913; 0.8861]       7.3        7.8
study_10 0.2427 [-0.0790; 0.5643]       8.5        8.9

Number of studies combined: k = 10

                        SMD           95%-CI    z  p-value
Fixed effect model   0.4144 [0.3207; 0.5081] 8.67 < 0.0001
Random effects model 0.4200 [0.3133; 0.5267] 7.72 < 0.0001

Quantifying heterogeneity:
 tau^2 = 0.0063; H = 1.13 [1.00; 1.61]; I^2 = 21.5% [0.0%; 61.5%]

Test of heterogeneity:
     Q d.f.  p-value
```

forest plot도 다음 명령어를 사용하여 제시할 수 있다.

```
> forest(meta11, fixed=F, digits=3)
```

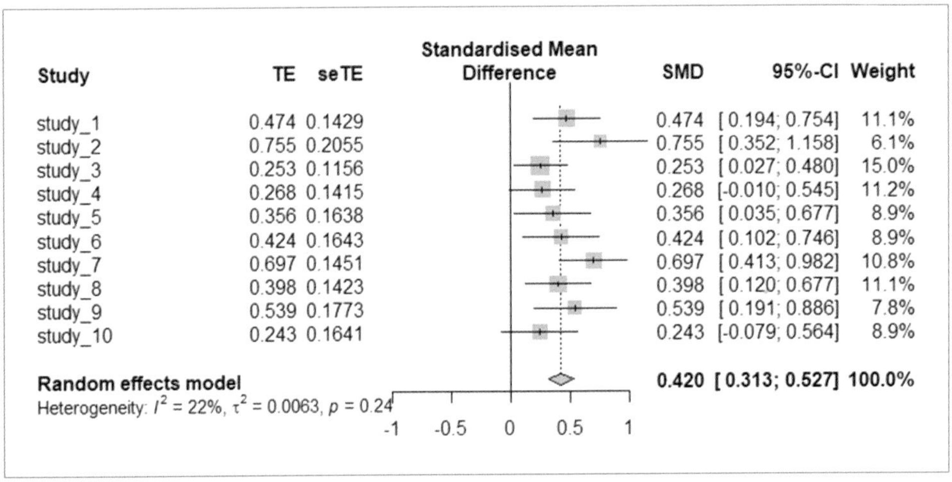


```
> forest(meta11, fixed=F, digits.I=1, digits.tau2=3, digits.pval.Q=3, fontsize=10)
```

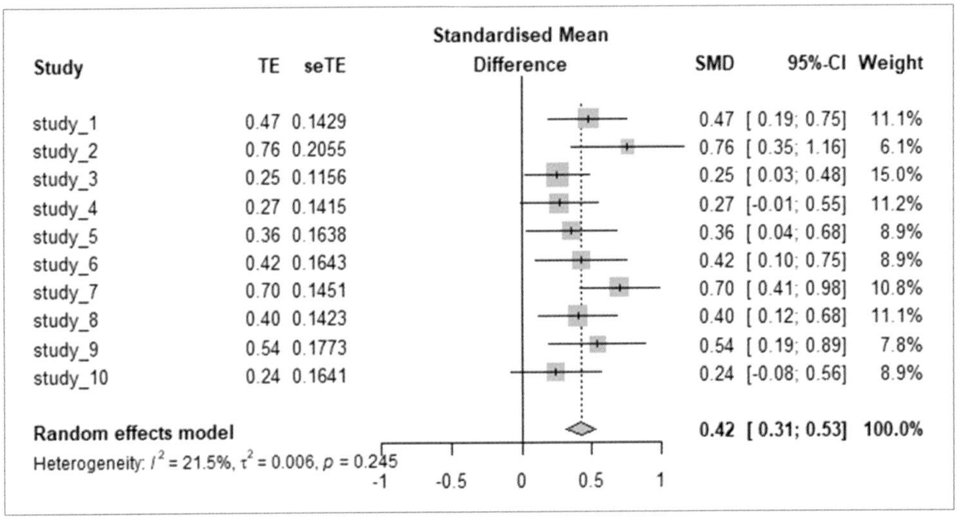

2. 다중결과 효과크기분석

이제 다중결과 분석을 해 보자. 일반적으로 프로그램의 효과를 검증하는 과정에서 결과가 한 가지만 있는 경우보다는 다양한 결과, 즉 다중결과(multiple outcomes)를 얻게 되는 경우가 많다. 〈표 6-2〉에서 보는 것처럼 ADHD 아동에 대한 치료의 결과로 주의력 결핍(attention deficit), 과잉행동(hyperactivity), 자아통제(self-control), 사회적 기술(social skill)로 구분해서 각 결과가 제시되는 경우가 많다(multiple_outcomes1.csv). 이런 경우에 어떻게 효과분석을 하는 것이 적절한지 살펴보자.

〈표 6-2〉 ADHD 아동에 대한 치료로 나타난 다중결과 데이터

Study	Outcome	Hedges's g	Variance
Study_A	Attention deficit	0.9	0.02
Study_A	Hyperactivity	0.7	0.02
Study_A	Self-control	0.5	0.02
Study_A	Social skills	0.2	0.02
Study_B	Attention deficit	1.2	0.02
Study_B	Hyperactivity	1.2	0.02
Study_B	Self-control	0.7	0.02
Study_B	Social skills	0.1	0.02
Study_C	Attention deficit	1.4	0.02
Study_C	Hyperactivity	0.9	0.02
Study_C	Self-control	0.6	0.02
Study_C	Social skills	-0.2	0.02

먼저 다음과 같이 데이터를 불러온 후 효과크기분석을 시행한다.

```
> multiple <- read.csv("E:/R/multiple_outcomes1.csv")
> multiple
```

```
> multiple <- read.csv("E:/R/multiple_outcomes1.csv")
> multiple
     study           outcome    g    v
1  Study_A Attention deficit  0.9 0.02
2  Study_A     Hyperactivity  0.7 0.02
3  Study_A      Self-control  0.5 0.02
4  Study_A     Social skills  0.2 0.02
5  Study_B Attention deficit  1.2 0.02
6  Study_B     Hyperactivity  1.2 0.02
7  Study_B      Self-control  0.7 0.02
8  Study_B     Social skills  0.1 0.02
9  Study_C Attention deficit  1.4 0.02
10 Study_C     Hyperactivity  0.9 0.02
11 Study_C      Self-control  0.6 0.02
12 Study_C     Social skills -0.2 0.02
>
```

> meta7 <- metagen(g, sqrt(v), study, sm="SMD", data=multiple)

> meta7

```
> meta7 <- metagen(g, sqrt(v), sm="SMD", study, data=multiple)
> meta7
            SMD            95%-CI %W(fixed) %W(random)
Study_A  0.9000 [ 0.6228; 1.1772]       8.3        8.3
Study_A  0.7000 [ 0.4228; 0.9772]       8.3        8.3
Study_A  0.5000 [ 0.2228; 0.7772]       8.3        8.3
Study_A  0.2000 [-0.0772; 0.4772]       8.3        8.3
Study_B  1.2000 [ 0.9228; 1.4772]       8.3        8.3
Study_B  1.2000 [ 0.9228; 1.4772]       8.3        8.3
Study_B  0.7000 [ 0.4228; 0.9772]       8.3        8.3
Study_B  0.1000 [-0.1772; 0.3772]       8.3        8.3
Study_C  1.4000 [ 1.1228; 1.6772]       8.3        8.3
Study_C  0.9000 [ 0.6228; 1.1772]       8.3        8.3
Study_C  0.6000 [ 0.3228; 0.8772]       8.3        8.3
Study_C -0.2000 [-0.4772; 0.0772]       8.3        8.3

Number of studies combined: k = 12

                        SMD            95%-CI     z  p-value
Fixed effect model   0.6833 [0.6033; 0.7633] 16.74 < 0.0001
Random effects model 0.6833 [0.4116; 0.9550]  4.93 < 0.0001

Quantifying heterogeneity:
 tau^2 = 0.2106 [0.0957; 0.6448]; tau = 0.4589 [0.3094; 0.8030];
 I^2 = 91.3% [86.8%; 94.3%]; H = 3.40 [2.75; 4.19]

Test of heterogeneity:
      Q d.f.  p-value
 126.83   11 < 0.0001
```

여기서 분석결과를 개별연구의 효과크기를 제외하고 전체 효과크기 결과만 보고자 할 때는 다음과 같이 summary 기능을 활용한다.

> summary(meta7)

```
> summary(meta7)
Number of studies combined: k = 12

                         SMD            95%-CI     z  p-value
Fixed effect model    0.6833 [0.6033; 0.7633] 16.74 < 0.0001
Random effects model 0.6833 [0.4116; 0.9550]  4.93 < 0.0001

Quantifying heterogeneity:
 tau^2 = 0.2106 [0.0957; 0.6448]; tau = 0.4589 [0.3094; 0.8030];
 I^2 = 91.3% [86.8%; 94.3%]; H = 3.40 [2.75; 4.19]

Test of heterogeneity:
      Q d.f.  p-value
 126.83   11 < 0.0001

Details on meta-analytical method:
- Inverse variance method
- DerSimonian-Laird estimator for tau^2
- Jackson method for confidence interval of tau^2 and tau
```

이어서 forest plot을 다음과 같이 제시할 수 있다.

```
> forest(meta7, fixed=F)
```

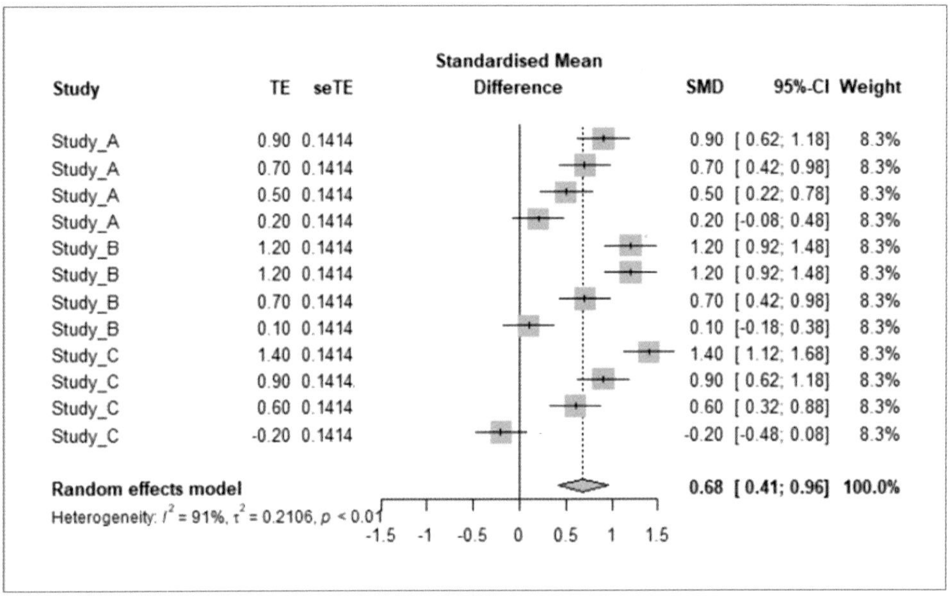

그리고 이 데이터는 각 연구당 4개의 결과가 제시되므로 이를 결과별로 다음과 같이 제시하면 더 이해하기 편리하고 적절한 분석이 된다.

> meta7a <- update(meta7, byvar=outcome)

> summary(meta7a)

```
> meta7a <- update(meta7, byvar=outcome)
> summary(meta7a)
Number of studies combined: k = 12

                        SMD            95%-CI     z  p-value
Fixed effect model   0.6833 [0.6033; 0.7633] 16.74 < 0.0001
Random effects model 0.6833 [0.4116; 0.9550]  4.93 < 0.0001

Quantifying heterogeneity:
 tau^2 = 0.2106 [0.0957; 0.6448]; tau = 0.4589 [0.3094; 0.8030];
 I^2 = 91.3% [86.8%; 94.3%]; H = 3.40 [2.75; 4.19]

Quantifying residual heterogeneity:
 I^2 = 55.6% [6.2%; 78.9%]; H = 1.50 [1.03; 2.18]

Test of heterogeneity:
      Q d.f.  p-value
 126.83   11 < 0.0001

Results for subgroups (fixed effect model):
                            k    SMD             95%-CI    Q  tau^2    tau   I^2
outcome = Attention deficit  3 1.1667 [ 1.0066; 1.3267] 6.33 0.0433 0.2082 68.4%
outcome = Hyperactivity      3 0.9333 [ 0.7733; 1.0934] 6.33 0.0433 0.2082 68.4%
outcome = Self-control       3 0.6000 [ 0.4400; 0.7600] 1.00      0      0  0.0%
outcome = Social skills      3 0.0333 [-0.1267; 0.1934] 4.33 0.0233 0.1528 53.8%

Test for subgroup differences (fixed effect model):
                    Q d.f.  p-value
Between groups 108.83    3 < 0.0001
Within groups   18.00    8   0.0212
```

```
Results for subgroups (random effects model):
                            k    SMD             95%-CI    Q  tau^2    tau   I^2
outcome = Attention deficit  3 1.1667 [ 0.8819; 1.4514] 6.33 0.0433 0.2082 68.4%
outcome = Hyperactivity      3 0.9333 [ 0.6486; 1.2181] 6.33 0.0433 0.2082 68.4%
outcome = Self-control       3 0.6000 [ 0.4400; 0.7600] 1.00      0      0  0.0%
outcome = Social skills      3 0.0333 [-0.2022; 0.2689] 4.33 0.0233 0.1528 53.8%

Test for subgroup differences (random effects model):
                    Q d.f.  p-value
Between groups   42.67    3 < 0.0001

Details on meta-analytical method:
- Inverse variance method
- DerSimonian-Laird estimator for tau^2
- Jackson method for confidence interval of tau^2 and tau
```

이제 이 분석결과를 보다 더 잘 이해하기 위해 forest plot으로 제시하면 다음과 같다.

> forest(meta7a, fixed=F, col.by="blue", resid.hetstat=F)

다음 forest plot에서 보는 것처럼 네 가지 구체적인 결과를 살펴볼 때 주의력 결핍의 효과크기가 가장 크고(g=1.17), 사회적 기술의 효과가 가장 작게(g=0.03) 나타났다. 전체적으로는 ADHD 아동에 대한 치료 효과가 g=0.68(95% CI: 0.41, 0.96)로 나타나 중간 정도의 효과크기를 보이며 통계적으로 유의하게 나타났다. 여기서는 네 가지 세부적인 결과가 모두 동일한 개념(construct)을 측정한다고 볼 수 있으므로 통합된 효과크기(combined effect)를 제시할 수 있다.

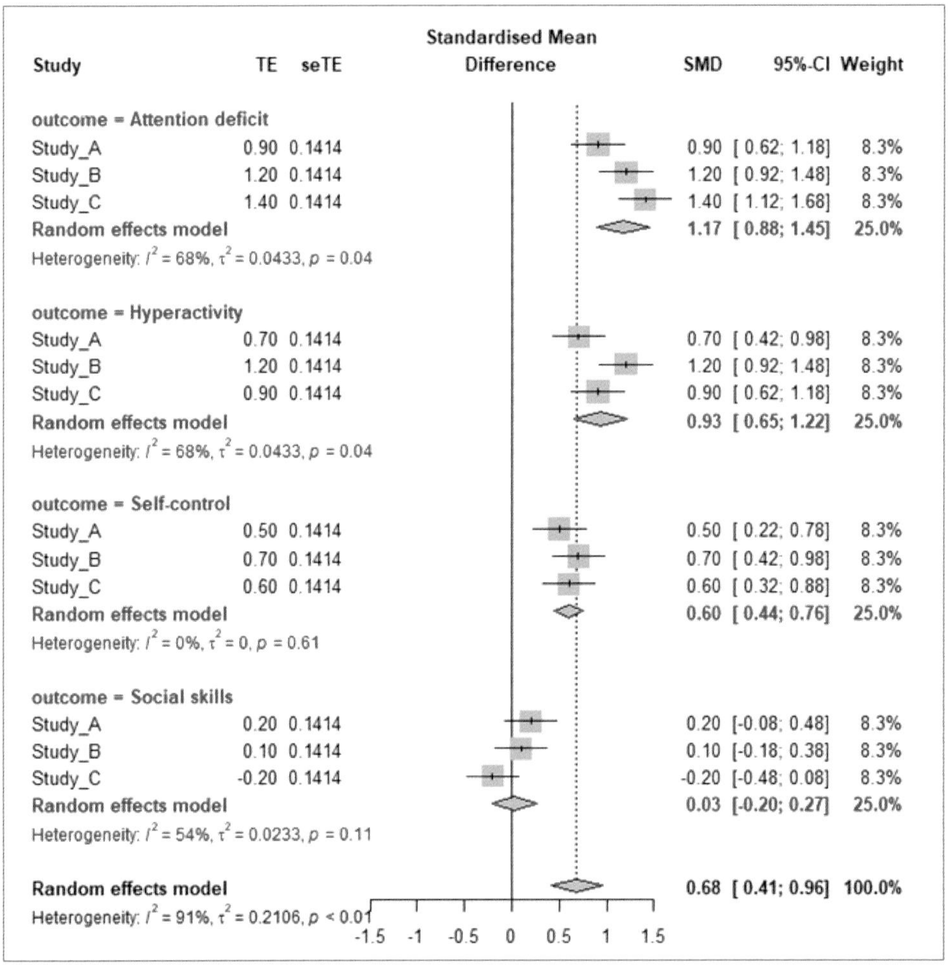

앞의 forest plot에서 개별연구들을 제외하고 각 결과별로 통합된 효과크기만 제시하고자 하면 다음과 같은 명령어를 활용할 수 있다.

```
> forest(meta7a, fixed=F, fontsize=10, col.by="blue", resid.hetstat=F,
layout="subgroup")
```

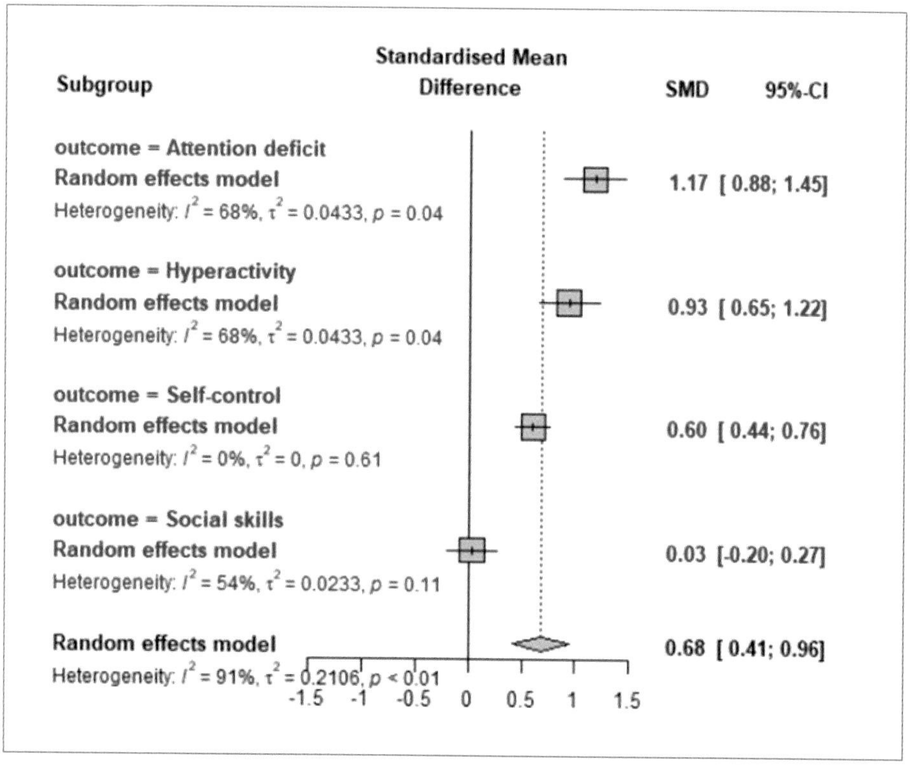

이제 또 다른 다중결과 데이터를 분석해 보자. 다음 데이터는 갱년기 여성의 아로마 치료 효과를 분석한 연구들에서 추출된 데이터이다(aroma_therapy.csv). 여기서는 아로마 치료의 결과로 세 가지 치료 효과, 즉 갱년기 증상(menopausal symptom), 스트레스(stress), 그리고 우울증상(depression)에 대한 데이터를 보고하고 있다.

〈표 6-3〉 갱년기 여성의 아로마 치료 효과에 대한 다중결과 데이터

Study	Outcome	m1	s1	n1	m2	s2	n2
Study_1	menopausal symptom	13.11	2.91	30	22.13	3.68	30
Study_1	stress	5.54	1.79	28	7.93	2.12	29
Study_1	depression	44.4	9.51	20	44.1	8.24	20
Study_2	menopausal symptom	5.54	1.79	28	9.27	1.96	30
Study_2	stress	27	5.18	26	28.62	6.03	26
Study_2	depression	36.29	6.74	31	44.54	7.59	31
Study_3	menopausal symptom	13.11	2.91	30	19.07	2.84	30
Study_3	stress	21.4	4.38	10	23.8	10.14	10
Study_3	depression	35.78	6.68	27	43.22	6.38	29

출처: 김신미 등, 2016, p. 626에서 재구성.

먼저 다음과 같이 데이터를 불러오고 데이터의 속성이 연속형 데이터이므로 metacont 기능을 활용하여 효과크기분석을 실시하였다.

```
> setwd("D:/R")
> aroma <- read.csv("aroma_therapy.csv")
> aroma
> meta7a <- metacont(n1, m1, s1, n2, m2, s2, sm="SMD", study,
data=aroma)
> meta7a
```

```
> aroma <- read.csv("aroma_therapy.csv")
> aroma
    study            outcome    m1   s1 n1    m2    s2 n2
1 study_1 menopausal symptom 13.11 2.91 30 22.13  3.68 30
2 study_1             stress  5.54 1.79 28  7.93  2.12 29
3 study_1         depression 44.40 9.51 20 44.10  8.24 20
4 study_2 menopausal symptom  5.54 1.79 28  9.27  1.96 30
5 study_2             stress 27.00 5.18 26 28.62  6.03 26
6 study_2         depression 36.29 6.74 31 44.54  7.59 31
7 study_3 menopausal symptom 13.11 2.91 30 19.07  2.84 30
8 study_3             stress 21.40 4.38 10 23.80 10.14 10
9 study_3         depression 35.78 6.68 27 43.22  6.38 29
> meta7a <- metacont(n1, m1, s1, n2, m2, s2, sm="SMD", study, data=aroma)
> meta7a
            SMD             95%-CI %W(fixed) %W(random)
study_1 -2.6837 [-3.3928; -1.9745]       8.3       10.7
study_1 -1.1997 [-1.7669; -0.6324]      13.0       11.4
study_1  0.0330 [-0.5868;  0.6529]      10.9       11.2
study_2 -1.9574 [-2.5909; -1.3239]      10.4       11.1
study_2 -0.2839 [-0.8304;  0.2627]      14.0       11.5
study_2 -1.1350 [-1.6739; -0.5960]      14.4       11.6
study_3 -2.0460 [-2.6780; -1.4139]      10.5       11.1
study_3 -0.2943 [-1.1767;  0.5881]       5.4        9.8
study_3 -1.1241 [-1.6910; -0.5572]      13.0       11.4

Number of studies combined: k = 9

                         SMD             95%-CI      z  p-value
Fixed effect model   -1.1604 [-1.3650; -0.9558] -11.11 < 0.0001
Random effects model -1.1889 [-1.7501; -0.6276]  -4.15 < 0.0001
```

그리고 다음과 같이 기본적인 forest plot을 구현하였다.

```
> forest(meta7a, fixed=F digits.sd=2)
```

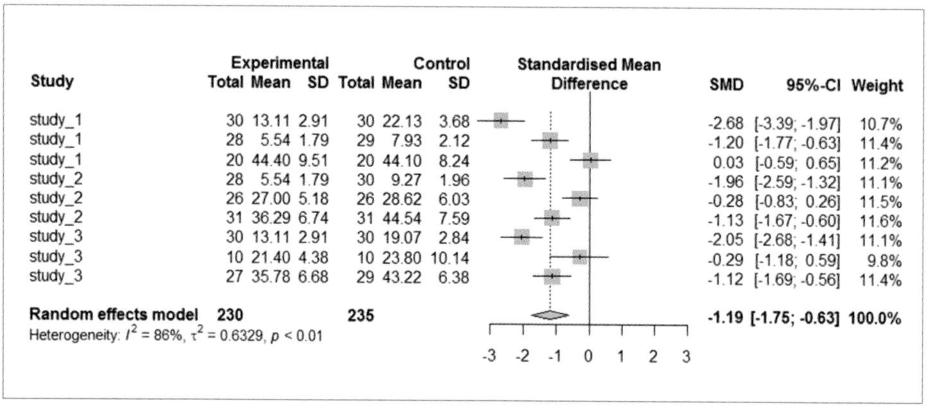

각 연구별로 세 가지 결과를 별도로 제시하기 위해 다음과 같이 outcome별로 구분하여 분석결과와 forest plot을 제시하였다.

```
> meta7b <- update(meta7a, byvar=outcome)
> meta7b
```

```
                          SMD             95%-CI      z  p-value
Fixed effect model   -1.1604 [-1.3650; -0.9558] -11.11 < 0.0001
Random effects model -1.1889 [-1.7501; -0.6276]  -4.15 < 0.0001

Quantifying heterogeneity:
 tau^2 = 0.6329; H = 2.72 [2.06; 3.60]; I^2 = 86.5% [76.4%; 92.3%]

Test of heterogeneity:
     Q d.f.  p-value
 59.21    8 < 0.0001

Results for subgroups (fixed effect model):
                               k     SMD             95%-CI    Q   tau^2   I^2
outcome = depression           3 -0.7993 [-1.1298; -0.4689] 9.68  0.3295 79.3%
outcome = menopausal symptom   3 -2.1960 [-2.5744; -1.8176] 2.58  0.0325 22.4%
outcome = stress               3 -0.6533 [-1.0128; -0.2939] 5.95  0.2131 66.4%

Test for subgroup differences (fixed effect model):
                   Q d.f.  p-value
Between groups 41.00    2 < 0.0001
Within groups  18.21    6   0.0057

Results for subgroups (random effects model):
                               k     SMD             95%-CI    Q   tau^2   I^2
outcome = depression           3 -0.7545 [-1.4841; -0.0249] 9.68  0.3295 79.3%
outcome = menopausal symptom   3 -2.2029 [-2.6332; -1.7726] 2.58  0.0325 22.4%
outcome = stress               3 -0.6215 [-1.2673;  0.0243] 5.95  0.2131 66.4%

Test for subgroup differences (random effects model):
                    Q d.f.  p-value
Between groups  21.34    2 < 0.0001
```

```
> forest(meta7b, fixed=F, digits.sd=2, col.by="blue")
```

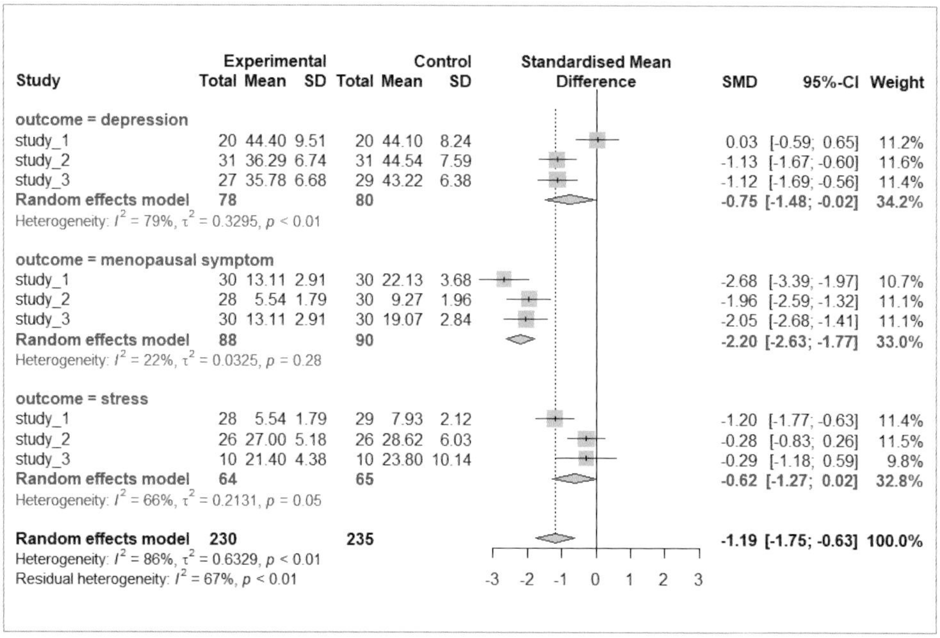


```
> forest(meta7b, fixed=F, digits.sd=2, col.by="blue", resid.hetstat=F,
    layout="subgroup", calcwidth.hetstat=T)
```

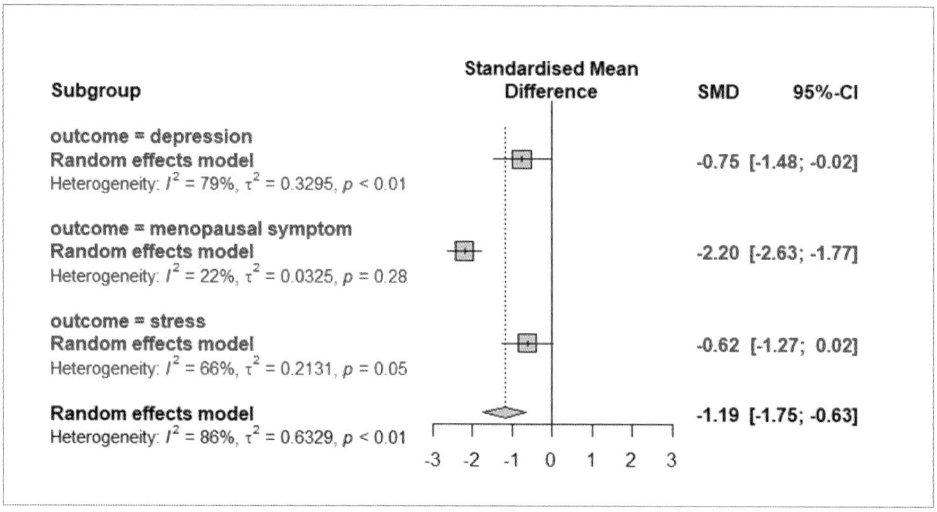

하지만 이 데이터의 경우 아로마 치료법의 결과로 나타난 하위 결과(갱년기 증상, 우울증상, 스트레스)가 모두 동일한 개념(construct)을 측정하는 것이 아니므로 전체 결과를 제시하기보다는 다음 forest plot과 같이 각 하위 결과별로 효과크기를 제시하는 것이 바람직하다고 하겠다.

```
> forest(meta7b, fixed=F, digits.sd=2, col.by="blue", resid.hetstat=F,
      layout="subgroup", calcwidth.hetstat=T, print.subgroup.name=F,
overall=F)
```

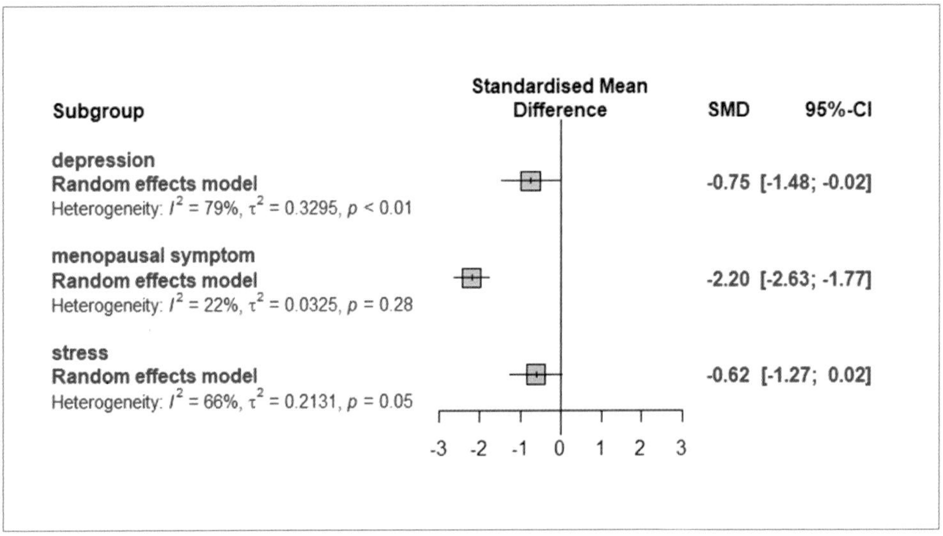

요약

- 다양한 유형의 효과크기를 분석하기 위해서는 먼저 한 가지 유형의 효과크기로 일원화한다(예를 들면, Hedges' g 또는 Odds ratio 등).
- R에서는 'compute.es' 패키지를 이용하는 방법이 흔히 사용되며, 다음과 같은 명령어를 활용한다.

데이터 유형	명령어 구조	실제 명령어
	디폴트 소수점 자리수(dig=2)	> library(compute.es) # 패키지 불러오기
study1~study2 (평균, 표준편차)	mes(m1, m2, s1, s2, n1, n2) mes2(m1, m2, s-pooled, n1, n2)	> mes(55, 50, 10, 11, 100, 100, dig=5)
study3~study4 (t값)	tes(t-value, n1, n2)	> tes(2.2, 150, 150, dig=5)
study5~study6 (p값)	pes(p-value, n1, n2)	> pes(0.03, 75, 75, dig=5)
study7~study8 (효과크기 d)	des(d, n1, n2)	> des(0.7, 100, 100, dig=5)
study9~study10 (log odds ratio)	lores(logOR, VlogOR, n1, n2)	> lores(logOR, VlogOR, 100, 100, dig=5)

- 효과크기가 다중결과(multiple outcomes)로 제시되는 경우에는 효과크기 유형별로 분석하는 것이 필요하다. 하지만 이 경우 다중결과가 모두 동일한 개념(construct)을 측정하는 것이라면 전체 효과크기를 구할 수 있지만 서로 다른 개념을 측정하는 것이라면 전체 효과크기를 제시하기보다는 개별결과(individual outcome)별로 효과크기를 통합해서 제시하는 것이 바람직하다.

명령어 정리

1. 다양한 유형의 효과크기분석

```
> install.packages("compute.es")
> library(compute.es)

# 평균, 표준편차 # mes(m1, m2, s1, s2, n1, n2) #
> mes(55, 50, 10, 11, 100, 100, dig=5)
> mes(54, 46, 11, 10, 50, 50, dig=5)

# t값 # tes(t-value, n1, n2) #
> tes(2.2, 150, 150, dig=5)
> tes(1.9, 100, 100, dig=5)

# p값 # pes(p-value, n1, n2) #
> pes(0.03, 75, 75, dig=5)
> pes(0.01, 75, 75, dig=5)

# d값 # des(d, n1, n2) #
> des(0.7, 100, 100, dig=5)
> des(0.4, 100, 100, dig=5)

# 승산비 # lores(logOR, VlogOR, n1, n2) #
> a=80
> b=100-a
> c=60
> d=100-c
> OR=(a*d)/(b*c)
> logOR=log(OR)
> VlogOR=(1/a) + (1/b) + (1/c) + (1/d)
```

```
> lores(logOR, VlogOR, 100, 100, dig=5)

> a=40
> b=100-a
> c=30
> d=100-c
> OR=(a*d)/(b*c)
> logOR=log(OR)
> VlogOR=(1/a) + (1/b) + (1/c) + (1/d)
> lores(logOR, VlogOR, 100, 100, dig=5)

> setwd("D:/R")
> multiple <- read.csv("multiple_formats.csv")
> multiple
> meta11 <- metagen(g, sqrt(Vg), sm="SMD", study, data=multiple)
> meta11
> forest(meta11, fixed=F, digits=3)
> forest(meta11, fixed=F, digits.I=1, digits.tau2=3, digits.pval.Q=3,
fontsize=10)
```

2. 다중결과 효과크기분석

```
> setwd("D:/R")
> multiple <- read.csv("multiple_outcomes1.csv")
> multiple

> meta7 <- metagen(g, sqrt(v), study, sm="SMD", data=multiple)
> meta7
> summary(meta7)
> forest(meta7, fixed=F)
```

```
> meta7a <- update(meta7, byvar=outcome)
> summary(meta7a)
> forest(meta7a, fixed=F, col.by="blue", resid.hetstat=F)
> forest(meta7a, fixed=F, fontsize=10, col.by="blue", resid.hetstat=F,
layout="subgroup")

> setwd("D:/R")
> aroma <- read.csv("aroma_therapy.csv")
> aroma
> meta7a <- metacont(n1, m1, s1, n2, m2, s2, sm="SMD", study, data=aroma)
> meta7a
> forest(meta7a, fixed=F digits.sd=2)

> meta7b <- update(meta7a, byvar=outcome)
> meta7b
> forest(meta7b, fixed=F, digits.sd=2, col.by="blue")
> forest(meta7b, fixed=F, digits.sd=2, col.by="blue", resid.hetstat=F,
    layout="subgroup", calcwidth.hetstat=T)
> forest(meta7b, fixed=F, digits.sd=2, col.by="blue", resid.hetstat=F,
      layout="subgroup", calcwidth.hetstat=T, print.subgroup.name=F,
overall=F)
```

제 7 장

고정효과모형과 랜덤효과모형

1. 고정효과모형과 랜덤효과모형의 의미
2. 고정효과모형과 랜덤효과모형의 차이
3. 고정효과모형과 랜덤효과모형의 적용 사례
4. Excel을 이용한 고정효과모형과
   랜덤효과모형 평균효과크기 계산

META-ANALYSIS USING R

1. 고정효과모형과 랜덤효과모형의 의미

메타분석에 있어서 고정효과모형과 랜덤효과모형은 평균효과크기(mean effect)를 계산하는 방식(computational model)을 의미한다. 즉, 연구자가 평균효과크기를 계산할 때 두 가지 방식 중 어떤 방식을 선택해서 계산하느냐에 따라 평균효과크기 추정이 다르다. 따라서 평균효과크기의 정밀성(precision)도 달라진다.

우선 고정효과모형과 랜덤효과모형의 의미를 비교 설명하면 〈표 7-1〉과 같이 정리할 수 있다.

〈표 7-1〉 고정효과모형과 랜덤효과모형의 의미

고정효과모형	랜덤효과모형
• 가정: 모든 연구의 모집단 효과크기는 동일하다(모집단 효과크기의 동질성). • 목적: 동일한 모집단의 효과, 즉 one true effect(common effect)를 추정한다. • 각 연구의 효과크기 차이는 표집오차(sampling error*)에 기인한다.	• 가정: 모든 연구의 모집단 효과크기는 서로 다르다. 왜냐하면 대상자, 개입방법, 기간 등이 서로 다르기 때문이다(효과크기의 이질성). • 목적: 서로 상이한 모집단의 효과크기 분포의 평균을 추정한다. • 각 연구의 효과크기 차이는 표집오차와 연구간 분산(between-study variance)으로 구성된다.
평균효과크기는 각 연구의 동일한 모집단 효과크기를 추정한 값이다.	평균효과크기는 각 연구의 서로 상이한 모집단 효과크기 분포의 추정 평균값이다.
표본 크기가 커지면 표준오차는 0에 가깝다.	표본 크기가 크고 동시에 연구의 규모도 커지게 되면 표준오차는 0에 가깝다.

* 표집오차는 random error, sampling error, chance, within-study error로 표현된다.

이상을 그림으로 설명하면 [그림 7-1], [그림 7-2]와 같이 제시할 수 있다.

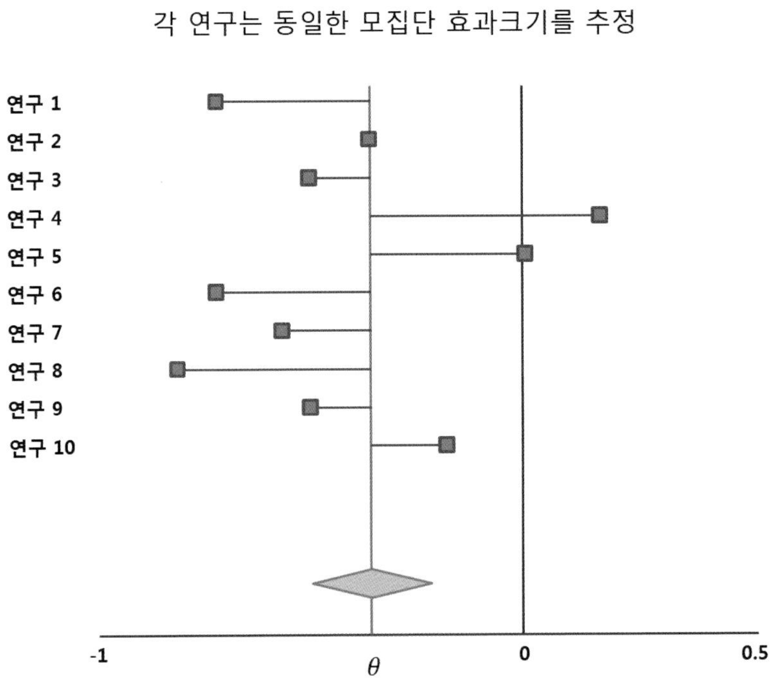

[그림 7-1] 고정효과모형(표집오차, 즉 연구 내 분산)

출처: Salanti & Chaimani, 2011에서 재구성.

[그림 7-1]에서 보는 것처럼 고정효과모형에서는 각 연구 간 관찰된 효과크기는 서로 다르지만 추정하고자 하는 모집단의 효과크기는 동일하다. 즉, 효과크기가 연구 간 서로 다른 것은 표집오차(sampling error)에 의한 것이다.

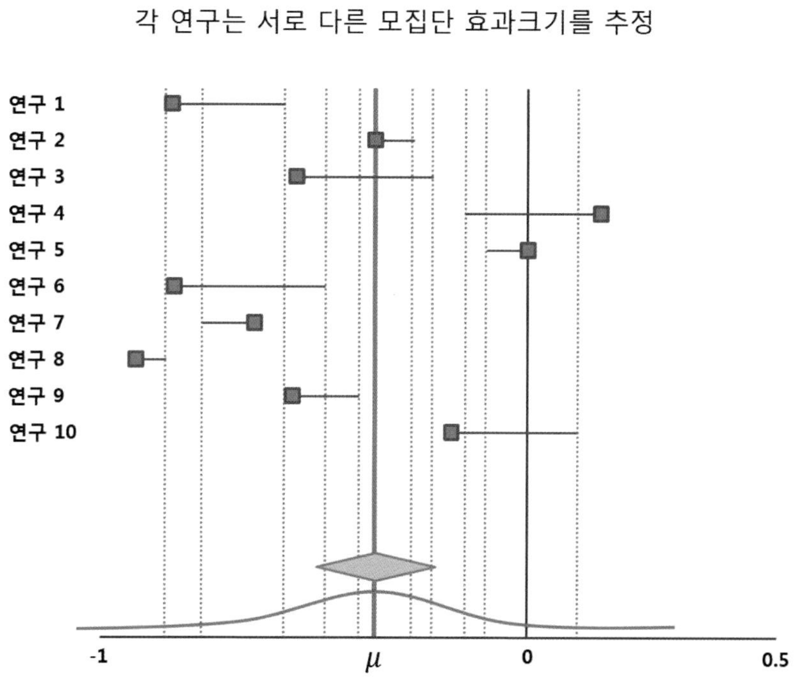

[그림 7-2] 랜덤효과모형(연구 내 분산과 연구 간 분산)

출처: Salanti & Chaimani, 2011에서 재구성.

[그림 7-2]의 랜덤효과모형에서는 각 연구 간 관찰된 효과크기가 서로 다른 것은 물론 추정하고자 하는 모집단의 효과크기도 각각 다르다. 이것은 표집오차에 의한 차이, 즉 연구 내 분산(within-study variance)뿐 아니라 연구 간 분산(between-study variance)이 존재하기 때문이다.

2. 고정효과모형과 랜덤효과모형의 차이

이제 고정효과모형과 랜덤효과모형을 보다 구체적으로 이해하기 위해 두 모형의 특성과 차이점을 설명하면 〈표 7-2〉와 같이 정리할 수 있다.

〈표 7-2〉 고정효과모형과 랜덤효과모형의 차이

고정효과모형	랜덤효과모형
• 각 연구들이 기능적으로 동일(identical)하다. • 모집단 효과크기의 동질성을 가정(homogeneity of effect)한다. • 따라서 동질성 검정 통계치가 통계적으로 유의하지 않고, 연구간 분산은 0으로 고정한다. • 각 연구의 가중치는 매우 다르다. • 기능적으로 동일한 연구이며, 연구결과의 적용을 일반화하기보다는 특정 집단에 한정하고자 하는 경우	• 연구들이 표본, 개입방법 등이 서로 다르다. • 모집단 효과크기의 이질성을 가정하고 연구간 분산을 인정(heterogeneity)한다. • 가중치가 보다 균형적이고 표준오차가 크고 따라서 신뢰구간이 더 크다. 즉, 분산이 커지고 가중치는 보다 작아진다. • 각 연구는 연구자들에 의해 각각 독립적으로 이루어진 연구들이며, 연구결과를 다른 집단에도 일반화하여 적용하고자 하는 경우

효과크기의 계산 모형(computational model)의 선택, 즉 평균효과크기를 계산할 때 고정효과모형을 선택할 것인가 아니면 랜덤효과모형을 선택할 것인가에 대한 것은 각 연구들이 동일한 모집단 효과를 가정하고 있느냐 그리고 분석의 목적이 무엇인지에 따라 결정되어야 한다.

3. 고정효과모형과 랜덤효과모형의 적용 사례

4장에서 활용한 청소년들을 위한 멘토링 프로그램이 자아존중감에 미치는 효과에 대한 데이터를 이용해서 고정효과모형과 랜덤효과모형을 적용해 보자. 다음 각 모형의 효과크기 산출 공식[3]을 활용하면 [그림 7-3]과 같은 결과가 산출된다.

3) 랜덤효과모형에 대한 효과크기 산출은 7장 4절에서 자세히 제시되므로 여기서는 먼저 차이를 비교하기 위해 공식만 제시한다.

〈공식 7-1〉

고정효과모형	랜덤효과모형
$Wi = \frac{1}{Vi}, \ M = \bar{g} = \frac{\sum wg}{\sum w} \quad V_M = \frac{1}{\sum w}$	$V^* = V + T^2 \quad W^* = \frac{1}{V^*} \quad V_{M^*} = \frac{1}{\sum W^*}$
$SE_M = \sqrt{V_M} \quad Z = \frac{M}{SE_M}$	(within – study variance + between – study variance)
$p = (1 - NORMSDIST((ABS(Z))) * 2$	$M^* = \frac{\sum W^* g}{\sum W^*} \qquad Z^* = \frac{M^*}{SE_M{}^*}$
$T^2 = \frac{Q - df}{C}$	prediction interval: $M^* \pm t\sqrt{T^2 + V_{M^*}}$
$Q = \sum wg^2 - \frac{(\sum wg)^2}{\sum w} \quad C = \sum W - \frac{\sum W^2}{\sum W}$	

〈표 7-3〉 고정효과모형과 랜덤효과모형의 분산의 차이

	Treated			Control			고정효과모형				랜덤효과모형			
Name	Mean1	SD1	N1	Mean2	SD2	N2	g	V_g	T^2	V_{total}	g	V_g	T^2	V_{total}
study_1	47	11	60	46	10	60	0.095	0.033	0.000	0.033	0.095	0.033	0.029	0.062
study_2	49	11	65	46	11	65	0.271	0.031	0.000	0.031	0.271	0.031	0.029	0.060
study_3	49	14	40	44	13	40	0.367	0.050	0.000	0.050	0.367	0.050	0.029	0.079
study_4	47	10	200	41	9	200	0.630	0.010	0.000	0.010	0.630	0.010	0.029	0.040
study_5	49	11	50	44	11	45	0.451	0.043	0.000	0.043	0.451	0.043	0.029	0.072
study_6	48	11	85	46	11	85	0.023	0.023	0.000	0.023	0.181	0.023	0.029	0.053

V_g: 연구 내 분산(within-study variance 또는 sampling variance)
T^2: 연구 간 분산(between-study variance 또는 heterogeneity)

〈표 7-3〉에서 보듯이 고정효과모형은 연구 간 분산이 0인 반면 랜덤효과모형에는 연구 간 분산이 0.29로 계산됨을 알 수 있다. 즉, 고정효과모형은 연구 간 분산=0인 랜덤효과모형의 특수한 경우(a special case)라고도 말할 수 있다.

이제 이러한 결과를 반영하여 forest plot으로 나타내면 [그림 7-3], [그림 7-4]와 같이 제시할 수 있다.

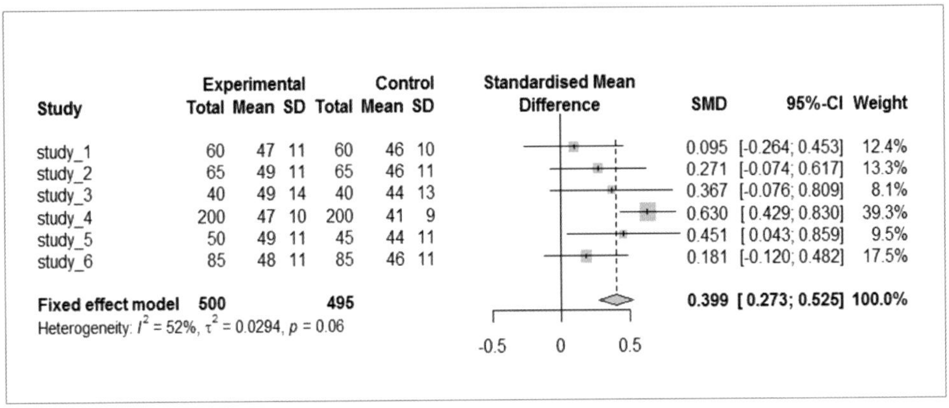

[그림 7-3] 고정효과모형을 활용한 메타분석 결과

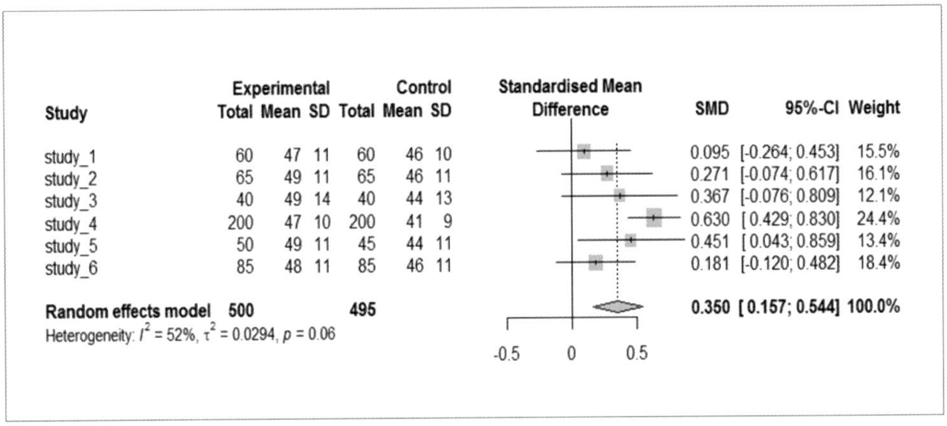

[그림 7-4] 랜덤효과모형을 활용한 메타분석 결과

이상 두 모형, 즉 고정효과모형과 랜덤효과모형의 의미와 특성을 정리하면 〈표 7-4〉와 같다.

〈표 7-4〉 고정효과모형과 랜덤효과모형의 특성 요약 비교

	모집단 효과크기 (population effect)	표집 오차 (sampling error)	연구간 분산 (heterogeneity)	전체 분산	가중치	연구결과 일반화
고정효과모형	동일	있음	없음	V	$\frac{1}{V}$	제한적
랜덤효과모형	다름	있음	있음	$V+T^2$	$\frac{1}{V+T^2}$	가능

하지만 여기서 유의할 점은 연구자가 메타분석을 할 때 고정효과모형을 사용할 것인가 아니면 랜덤효과모형을 사용할 것인가를 선택 결정해야 한다. 그러나 많은 연구자가 효과크기의 동질성 검증(test of homogeneity)을 한 결과에 기초해서 동질성 통계량(예: Q값)에 따라 모형을 선택하는데 이는 잘못된 결정이다. 왜냐하면 모형의 선택은 동질성 검증 통계량에 기초하는 것이 아니라 연구자가 데이터에 대한 이해를 할 때 연구의 특성, 즉 연구 대상, 개입 방법, 연구의 환경 등에 기초하여 모형을 선택해야 하는 것이다. 이에 대해서 Borenstein 등(2009)은 다음과 같이 명확한 입장을 밝히고 있다.

> "……어떤 연구자들은 처음에는 고정효과모형으로 계산했다가 동질성 검증의 결과 통계적으로 유의하게 나타나면 랜덤효과모형으로 전환하는 방식을 시도한다. 하지만 이러한 방식은 반드시 지양되어야 한다. 왜냐하면 랜덤효과모형을 선택하는 것은 통계적 검증의 결과에 기초해서가 아니라 메타연구에 포함된 연구들이 모두 동일한 모집단 효과크기를 공유하느냐 그렇지 않느냐하는 개념적 이해에 기초해야 하기 때문이다. 특히 동질성 검증의 통계적 분석방법은 통계적 검증력이 낮은 경우가 많다……."(p. 84)

4. Excel을 이용한 고정효과모형과 랜덤효과모형 평균효과크기 계산

이제 고정효과모형과 랜덤효과모형을 이용한 평균효과크기를 Excel을 이용하여 구해 보자. 데이터는 제4장에서 살펴본 청소년들의 자아존중감에 대한 멘토링 프로그램 효과(사후검사)의 데이터를 활용한다.

〈표 7-5〉 실험집단과 통제집단의 평균, 표준편차, 표본크기

연구 이름	실험집단			통제집단		
	M1	S1	N1	M2	S2	N2
study_1	47	11	60	46	10	60
study_2	49	11	65	46	11	65
study_3	49	14	40	44	13	40
study_4	47	10	200	41	9	200
study_5	49	11	50	44	11	45
study_6	48	11	85	46	11	85

우선 다음 공식을 활용하여 각 연구의 효과크기와 분산을 계산해 보자.

$$D = \overline{X_1} - \overline{X_2}$$

$$S_p = \sqrt{\frac{(n_1 - 1)S_1^2 + (n_2 - 1)S_2^2}{(n_1 + n_2 - 2)}}$$

$$d = \frac{\overline{X_1} - \overline{X_2}}{S_p}$$

$$V_d = \frac{1}{n_1} + \frac{1}{n_2} + \frac{d^2}{2(n_1 + n_2)}$$

$$g = J \times d \ (J : correction\ factor)$$

$$J = \left[1 - \frac{3}{4(n_1 + n_2) - 9}\right] \ or \ \left(1 - \frac{3}{4df - 1}\right)$$

$$V_g = J^2 \times Vd$$

〈표 7-6〉 효과크기와 분산의 계산

연구 이름	D	S_p	d	V_d	J	g	V_g
study_1	1	10.512	0.095	0.033	0.994	0.095	0.033
study_2	3	11.000	0.273	0.031	0.994	0.271	0.031
study_3	5	13.509	0.370	0.051	0.990	0.367	0.050
study_4	6	9.513	0.631	0.010	0.998	0.630	0.010
study_5	5	11.000	0.455	0.043	0.992	0.451	0.043
study_6	2	11.000	0.182	0.024	0.996	0.181	0.023

이어서 각 연구의 가중치와 가중효과크기를 산출해 낸다.

〈표 7-7〉 고정효과크기 계산을 위한 가중치와 가중효과크기

연구 이름	Y	V_Y	W	Wg
study_1	0.095	0.033	30.352	2.869
study_2	0.271	0.031	32.582	8.834
study_3	0.367	0.050	20.048	7.349
study_4	0.630	0.010	95.623	60.197
study_5	0.451	0.043	23.468	10.581
study_6	0.181	0.023	42.706	7.730
			244.779	97.559

$$Y = g \quad V_Y = V_g$$

$$W_i = \frac{1}{V} \quad W_i = \frac{1}{(SE)^2}$$

Y: d, OR, or Zr을 의미, 즉 universal effect size(ES)

그러면 〈표 7-8〉과 같은 고정효과모형의 평균효과크기와 표준오차를 구할 수 있다.

〈표 7-8〉 고정효과모형을 이용한 평균효과크기, 표준오차 및 95% 신뢰구간

평균효과크기	M	0.3986
분산	V_M	0.0041
표준오차	SE_M	0.0639
신뢰구간		
하한선(95%)	LL_M	0.2733
상한선(95%)	UL_M	0.5238
영가설(M=0) 검증		
Z값	Z	6.2356
유의확률(단측 검증)	p_1	0.0000
유의확률(양측 검증)	p_2	0.0000

$$M = \frac{\sum w_i g}{\sum w_i}$$

$$V_M = \frac{1}{\sum W} \quad SE_M = \sqrt{V_M}$$

$$LL_M = M - (1.96 \times SE_M)$$

$$UL_M = M + (1.96 \times SE_M)$$

$$Z = \frac{M}{SE_M}$$

$$p = (1 - NORMSDIST(ABS(Z))) * 2$$

이제 랜덤효과모형의 평균효과크기를 계산하기 위해 필요한 연구 간 분산, 즉 타우제곱을 계산해 보자.

〈표 7-9〉 랜덤효과크기 계산을 위한 타우제곱(T^2) 계산

Heterogeneity statistics		
Q statistic	Q	10.541
degrees of freedom	df	5.000
C	C	187.980
Tau-squared	T^2	0.029
I-squared	I^2	52.568

$$T^2 = \frac{Q - df}{C} \qquad df = k - 1$$

$$Q = \sum WY^2 - \frac{(\sum WY)^2}{\sum W} \qquad I^2 = \frac{Q - df}{Q} \times 100\%$$

$$C = \sum W - \frac{\sum W^2}{\sum W}$$

C: scaling factor(표준화 단위 지수: T^2를 표준화된 단위로 표시)

k: number of studies

이제 〈표 7-9〉에서 산출된 타우제곱을 이용하여 랜덤효과모형의 평균효과크기 산출을 위해 전체 분산과 가중치 및 가중효과크기를 계산한다.

〈표 7-10〉 랜덤효과크기 계산을 위한 가중치와 가중효과크기

Y	V_y	T^2	V_{total}	W*	W*Y
0.095	0.033	0.029	0.062	16.019	1.514
0.271	0.031	0.029	0.060	16.619	4.506
0.367	0.050	0.029	0.079	12.601	4.619
0.630	0.010	0.029	0.040	25.040	15.763
0.451	0.043	0.029	0.072	13.871	6.254
0.181	0.023	0.029	0.053	18.906	3.422
				103.056	36.078

$$W^* = \frac{1}{V^*} \qquad V^* = V + T^2$$

Total variance = (within-study variance) + (between-study variance)

이제 고정효과모형에서의 평균효과크기를 구한 것과 마찬가지 방식으로 랜덤효과모형에서의 평균효과크기와 표준오차를 〈표 7-11〉과 같이 산출하게 된다. 그리고 이 결과는 R을 이용하여 구한 결과와 동일함을 알 수 있다([그림 7-5] 참조).

〈표 7-11〉 랜덤효과모형을 이용한 평균효과크기, 표준오차 및 95% 신뢰구간

평균효과크기	M^*	0.3501
분산	V_{M^*}	0.0097
표준오차	SE_{M^*}	0.0985
신뢰구간		
하한선(95%)	LL_{M^*}	0.1570
상한선(95%)	UL_{M^*}	0.5432
영가설(M=0) 검증		
Z값	Z^*	3.5539
유의확률(단측 검증)	p_1^*	0.0002
유의확률(양측 검증)	p_2^*	0.0004

$$M^* = \frac{\sum W^* Y}{\sum W^*}$$

$$V_{M^*} = \frac{1}{\sum W^*} \quad SE_{M^*} = \sqrt{V_{M^*}}$$

$$LL_{M^*} = M^* - (1.96 \times SE_M)$$

$$UL_{M_*} = M^* + (1.96 \times SE_M)$$

$$Z^* = \frac{M^*}{SE_{M^*}}$$

$$p^* = (1 - NORMSDIST(ABS(Z))) * 2$$

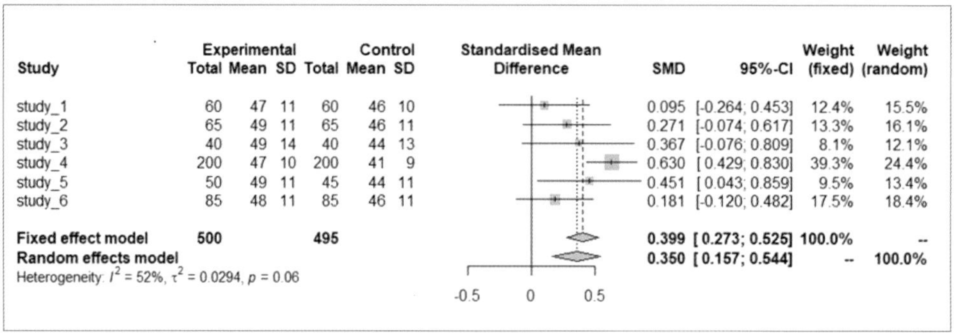

[그림 7-5] R을 이용한 고정효과모형과 랜덤효과모형의 평균효과크기

한편, 랜덤효과모형에서만 예측구간(prediction interval: PI)을 구현할 수 있는데(predizt =TRUE 추가), 이 예측구간은 향후 새로운 연구가 수행될 경우 그 연구의 효과크기 모수가 속하게 될 범위를 나타낸다([그림 7-6] 참조).

```
> library(meta)
> mentoring=read.csv ("D:/R/mentoring.csv")
> meta1 <- metacont(n1, m1, s1, n2, m2, s2, sm="SMD", study, data=mentoring)
> meta1
> forest(meta1, digits.mean=0, digits.sd=0, fixed=F, predict=TRUE, digits=3)
```

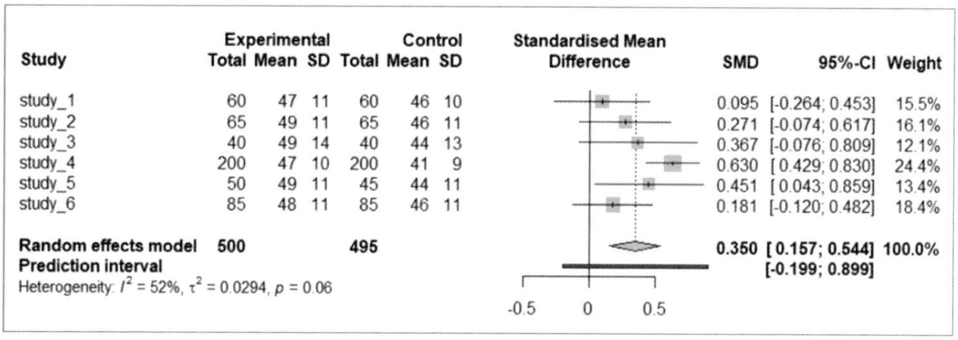

[그림 7-6] 예측구간을 제시한 forest plot

참고로 예측구간을 구하는 공식은 다음과 같다.

$$PI = M^{*} \pm t_{df}^{\alpha}\sqrt{T^{2} + V_{M^{*}}} \quad (df = k - 2)$$

요약

- 고정효과모형과 랜덤효과모형은 평균효과크기를 계산하는 방식을 의미하며, 보통 메타분석 결과를 제시할 때는 두 가지 모형 중 한 가지 모형을 선택하여 평균효과크기를 제시한다.
- 고정효과모형은 메타분석에 포함된 개별연구들이 모두 동일한 모집단 효과크기를 추정한다고 가정할 때 사용하는 모형이며, 랜덤효과모형은 개별연구들이 모두 서로 다른 모집단 효과크기를 추정한다고 가정할 때 사용하는 모형이다.
- 고정효과모형에서 각 연구의 효과크기 차이는 표집오차(sampling error)에 의해 발생한 것이며, 랜덤효과모형에서는 표집오차 외에 실제분산, 즉 연구 간 분산(between-study variance)이 존재한다.
- 고정효과모형은 연구결과의 적용이 특정 집단에 한정하는 경우에 활용하며, 랜덤효과모형은 연구결과의 적용이 다양한 집단에 적용하여 일반화할 목적으로 활용된다.
- 연구자들이 두 모형 중 어느 모형을 사용할 것인가에 대한 선택은 동질성 검증 통계량에 기초하는 것이 아니라 메타분석에 포함된 연구들이 모두 동일한 모수를 추정하느냐 그렇지 않느냐 하는 개념적 이해에 기초해야 한다.

제 8 장

효과크기의 이질성

1. 이질성의 의미
2. 이질성 통계치

META-ANALYSIS USING R

1. 이질성의 의미

메타분석의 목표는 단순히 효과크기의 평균을 도출하는 데 있지 않고 효과크기의 전체 패턴(pattern of effects sizes)을 이해하는 데 있다. 일반적으로 메타분석을 하게 되면 각 개별연구로부터 도출된 효과크기는 서로 다르게 나타나는데, 이렇게 각 연구가 추정하고자 하는 모집단 효과크기 간의 차이(differences in effect sizes)를 효과크기의 이질성(heterogeneity)이라고 부른다. 즉, 각 연구에서 나타난 효과크기의 분포(dispersion of effect sizes) 정도를 의미하는 것이며, 연구 간 효과크기가 일관되지 않은 정도를 의미 한다(inconsistency across studies).

그럼 먼저 시각적으로 다음의 forest plot을 살펴보자. 육안으로 판단해 보면 우선 [그림 8-1]은 연구 간 효과크기의 차이가 그다지 크지 않고 비교적 일관성을 보이고 있음을 알게 된다. 이어서 [그림 8-2]는 그 이질성이 상당한 수준에 있음을 알게 되고, [그림 8-3]은 효과크기 간의 이질성의 정도가 매우 커진 것을 알 수 있다.

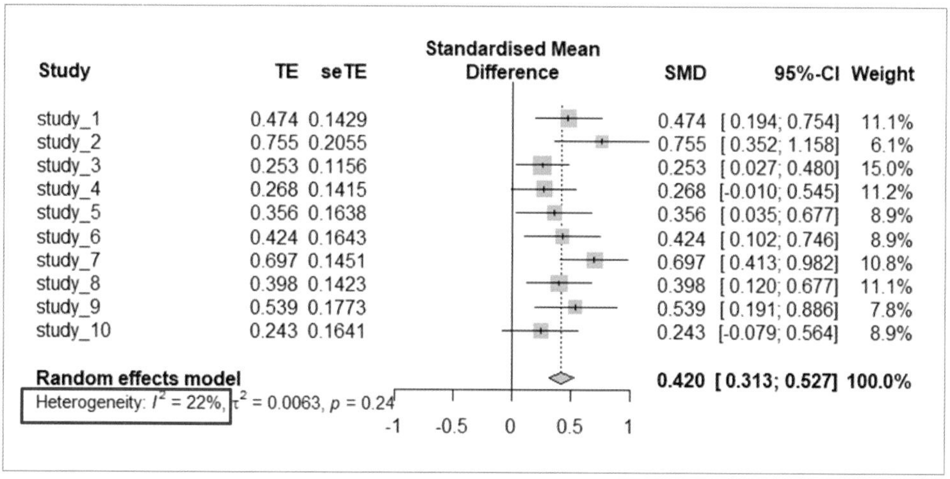

[그림 8-1] 효과크기가 비교적 일관성을 보이는 경우

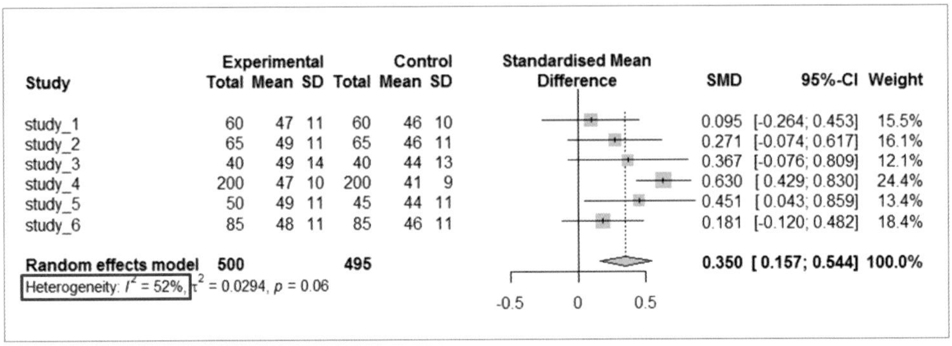

[그림 8-2] 효과크기의 이질성이 상당한 경우

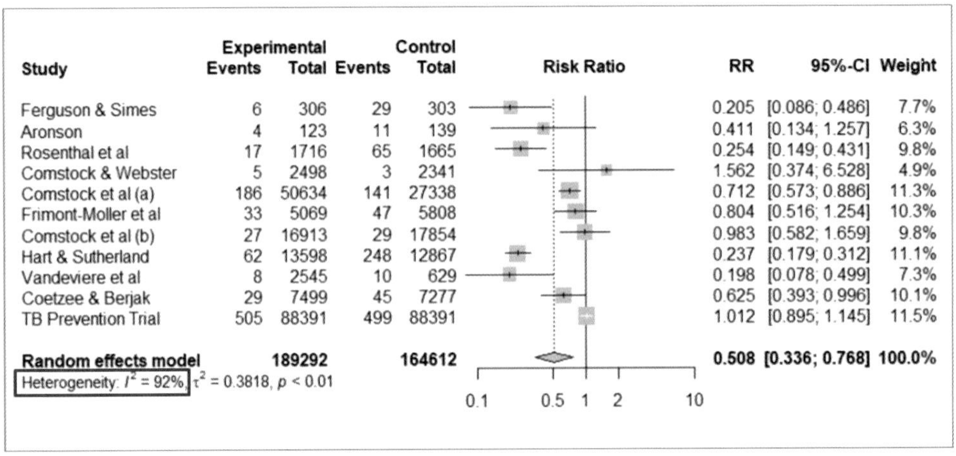

[그림 8-3] 효과크기가 매우 이질적인 경우

2. 이질성 통계치

각 연구에서 도출된 결과, 즉 효과크기의 이질성의 정도를 나타내는 통계치(heterogeneity statistics)로 활용되는 것으로 τ^2와 I^2가 있다. 이 τ^2와 I^2를 이해하고 계산하기 위해서는 먼저 효과크기의 동질성 검증(test of homogeneity)에 사용되는 Q값과 df를 먼저 이해할 필요가 있다.

먼저 Q값은 메타분석에 있어서 각 효과크기들의 관찰된 분산(observed weighted sum of squares)을 의미하며 이는 표집오차 분산(sampling error 또는 random error)과 실제 연구 간 분산(true variance)을 모두 포함하는 총 분산(total variance)을 의미한다. 이 Q 통계치는 효과크기의 동질성(homogeneity)을 검증하는 데 사용된다. 하지만 이 Q 통계치는 영가설(H_0: 연구 간 실제분산=0 또는 모든 연구의 모집단 효과크기는 동일하다)을 검증할 따름이며, 그 분포는 카이스퀘어 분포를 따른다. 따라서 Q값은 메타분석에 사용된 연구(k) 수에 많은 영향을 받는다고 하겠다.

〈표 8-1〉 Q 통계치에 대한 설명 요약

<table>
<tr><td rowspan="3">Q</td><td>관찰된 분산(전체 분산)
observed(or total) weighted sum of squares
관찰된 분산=실제분산+표집오차분산</td><td>$Q = \sum W(d - \bar{d})^2$
$Q = \sum wd^2 - \frac{(\sum wd)^2}{\sum w}$</td></tr>
<tr><td>동질성검증 통계치(statistical test of homogeneity)
영가설(H_0: true dispersion=0)을 검증하고 초과분산(excess variance)을 산출하기 위해 필요</td><td>$Q(4) = 2.58$, χ^2분포를 따름
CHIDIST(2.58, 4)=.63, 즉 p=.63</td></tr>
<tr><td colspan="2">Q-통계치와 p값은 영가설의 진위만을 검증할 뿐, 초과분산의 크기는 알 수 없다.
영가설: 포함된 모든 연구의 모집단 효과크기는 동일하다. 즉, 연구 간 분산은 제로(0)이다.</td></tr>
</table>

한편 df(자유도)는 각 연구가 추정하고자 하는 모집단의 효과크기가 모두 동일하다고 가정할 때 기대할 수 있는 기대분산(expected variation)의 값이다. 따라서 (총 분산-기대분산=실제분산)이므로 Q-df(총 분산-기대분산)은 실제 연구 간 효과크기의 차이로 인한 분산의 정도를 의미한다. 하지만 이 값은 총 분산에서 기대분산, 즉 표집오차 분산을 제외한 값으로 절대값을 나타내는 것은 아니다. 따라서 이 실제분산을 절대값으로 나타내어 메타분석의 결과를 서로 비교할 수 있어야 할 것이다. τ^2는 실제분산을 나타내는 절대값으로서 효과크기의 단위(예: 표준편차)와 같은 단위로 표현된다.

〈표 8-2〉 df 및 Q-df 통계치에 대한 설명 요약

df	각 연구의 모집단의 효과크기가 동일하다고 가정할 때, 즉 메타분석에 포함된 각 연구의 효과크기의 차이는 표집오차(sampling error within studies or within-study error)에 의한 것이라고 가정할 때의 기대분산(expected WSS)	$df = k-1$(k: 포함된 연구의 수) ($Q-df$)는 초과분산(excess variation)이며 연구 간 실제 차이(분산)를 의미한다.
Q-df	관찰된 총 분산에서 기대분산을 빼준 값, 즉 연구가 추정하고자 하는 모집단 효과크기의 실제 차이에 기초한 분산의 정도(excess variation). 만약 $Q>df$이면 각 연구의 모집단 효과크기는 서로 다르다. 하지만 $Q \leq df$이면 연구 간 분산은 0이다. 즉, 추정하고자 하는 모집단 효과크기는 모두 같다고 하겠다.	

〈표 8-3〉에서 보듯이 τ^2는 메타분석에 있어서 각 연구 간 효과크기의 실제분산을 나타내며, 효과크기와 같은 단위, 즉 표준화된 값으로 표현되기 때문에 서로 비교가 가능하다. 한편 $\tau^2=0$이 가능한데 이 경우 랜덤효과모형을 선택하여 평균효과크기를 계산했다고 하더라도 이 평균효과크기 값은 고정효과모형의 결과와 동일하다고 하겠다.

〈표 8-3〉 τ^2통계치에 대한 설명 요약

τ^2	실제 서로 다른 모집단 효과크기에 의한 분산, 즉 연구 간 분산(실제분산, between-studies variance) Tau-squared로 읽으며, 실제분산의 절대값이다.	$\tau^2 = \dfrac{Q-df}{C}$
	C: scaling factor (τ^2를 표준화된 단위로 표시하며 효과크기와 같은 단위로 만든다.) 한편, τ^2는 고정효과모형에서만 계산된다.	$C = \sum W - \dfrac{\sum W^2}{\sum W}$
τ	연구 간 효과크기의 표준편차(between-studies standard deviation)	실제 효과크기의 분포(the range of true effects)를 추정하기 위해 활용한다.
	Tau(τ)는 1차 연구(primary study)에서의 표준오차와 같은 의미로서 예측구간 계산에 사용되며, 새로운 연구의 모집단 평균효과크기가 속할 범위를 지정해 준다. 모집단 PI $= \mu \pm Z \cdot \tau$ 표본 PI $= M^* \pm t \cdot \sqrt{\tau^2 + V_M}$	

또 한 가지 효과크기의 이질성을 나타내는 지수로 I^2가 있는데 이는 총 분산에 대한 실제 분산의 비율을 나타내며, τ^2와는 달리 절대값이 아니라 비율(%)로 나타낸다. 즉, 총 분산에 대한 실제 연구 간 분산의 비율을 표현한다. 일반적으로 I^2가 25%이면 이질성이 작은 것으로 해석하며, 50%이면 중간 크기 정도, 그리고 75% 이상되면 이질성이 매우 큰 것으로 해석하게 된다. 참고로 이질성 통계치는 고정효과모형에서만 계산할 수 있는데 이는 표집오차(sampling or within-study variability)에 대한 관찰된 총 분산의 비율을 계산할 수 있는 통계치(H^2: total variability/sampling variability)가 필요하기 때문이다.

〈표 8-4〉 I^2통계치에 대한 설명 요약

<table>
<tr><td rowspan="4">I^2</td><td colspan="2">실제분산 비율
(the proportion of true variance)</td><td>$I^2 = \frac{Q-df}{Q} \times 100\%$
$\left(\frac{V_{between}}{V_{total}}\right)$</td></tr>
<tr><td rowspan="3">전체 관찰 분산 중 실제(연구 간)분산이 차지하는 비율로서 분산의 크기를 계산하지 않는 상대적 분산을 의미(relative variance)</td><td>$I^2=25\%$</td><td>작은 크기 이질성</td></tr>
<tr><td>$I^2=50\%$</td><td>중간 크기 이질성</td></tr>
<tr><td>$I^2=75\%$</td><td>큰 크기의 이질성</td></tr>
</table>

일반적으로 이질성에 대한 판단은 총 분산에 대한 실제분산의 비율(I^2)이 50% 이상이고 동질성 검증 통계치 Q값의 유의확률(p-value)이 0.10보다 작은 경우 효과크기의 이질성은 상당하다고(substantial) 판단한다(Higgins & Green, 2011).

R을 이용하여 분석하면 일반적으로 다음과 같은 forest plot을 통해 효과크기의 이질성을 알 수 있다($I^2=52\%$, $\tau^2=0.0294$).

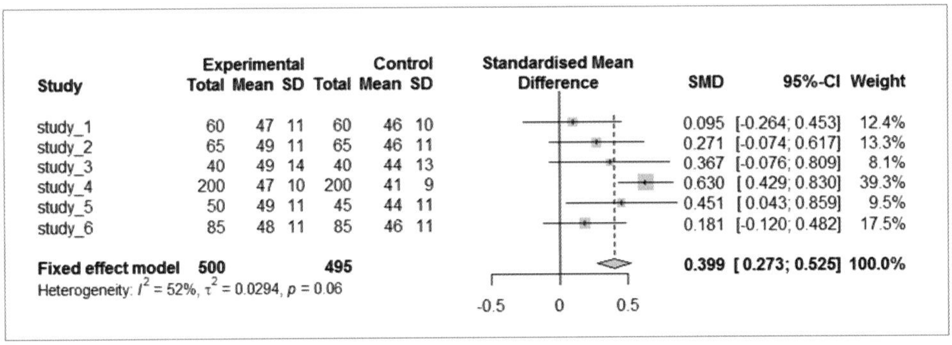

[그림 8-4] 효과크기의 이질성을 보여 주는 forest plot

[그림 8-5]를 보면 Q=10.46(df=5, p=.063)으로 나타나 Q−df>0임을 알 수 있다. 즉, 연구 간 분산이 실제 존재함을 알 수 있다.

```
> meta1 <- metacont(n1, m1, s1, n2, m2, s2, sm="SMD", study, data=mentoring)
> meta1
             SMD            95%-CI %W(fixed) %W(random)
study_1 0.0945 [-0.2635; 0.4526]      12.4       15.5
study_2 0.2711 [-0.0743; 0.6166]      13.3       16.1
study_3 0.3665 [-0.0756; 0.8087]       8.1       12.1
study_4 0.6295 [ 0.4287; 0.8304]      39.3       24.4
study_5 0.4509 [ 0.0428; 0.8589]       9.5       13.4
study_6 0.1810 [-0.1203; 0.4823]      17.5       18.4

Number of studies combined: k = 6

                         SMD           95%-CI    z  p-value
Fixed effect model    0.3992 [0.2733; 0.5251] 6.22 < 0.0001
Random effects model 0.3504 [0.1569; 0.5438] 3.55   0.0004

Quantifying heterogeneity:
 tau^2 = 0.0294 [0.0000; 0.2528]; tau = 0.1714 [0.0000; 0.5028];
 I^2 = 52.2% [0.0%; 80.9%]; H = 1.45 [1.00; 2.29]

Test of heterogeneity:
     Q d.f. p-value
 10.46    5  0.0632

Details on meta-analytical method:
- Inverse variance method
- DerSimonian-Laird estimator for tau^2
- Jackson method for confidence interval of tau^2 and tau
- Hedges' g (bias corrected standardised mean difference)
```

[그림 8-5] 메타분석 결과와 효과크기의 이질성 제시(Q값)

[그림 8-6]을 보면 $I^2=52.2\%$로 나타나 효과크기의 이질성이 상당한 수준임을 알 수 있다. 그리고 연구 간 분산, 즉 실제분산은 $\tau^2=0.0294$로 나타났다.

```
> meta1 <- metacont(n1, m1, s1, n2, m2, s2, sm="SMD", study, data=mentoring)
> meta1
           SMD            95%-CI %W(fixed) %W(random)
study_1 0.0945 [-0.2635; 0.4526]      12.4       15.5
study_2 0.2711 [-0.0743; 0.6166]      13.3       16.1
study_3 0.3665 [-0.0756; 0.8087]       8.1       12.1
study_4 0.6295 [ 0.4287; 0.8304]      39.3       24.4
study_5 0.4509 [ 0.0428; 0.8589]       9.5       13.4
study_6 0.1810 [-0.1203; 0.4823]      17.5       18.4

Number of studies combined: k = 6

                        SMD            95%-CI    z  p-value
Fixed effect model   0.3992 [0.2733; 0.5251] 6.22 < 0.0001
Random effects model 0.3504 [0.1569; 0.5438] 3.55   0.0004

Quantifying heterogeneity:
 tau^2 = 0.0294 [0.0000; 0.2528]; tau = 0.1714 [0.0000; 0.5028];
 I^2 = 52.2% [0.0%; 80.9%]; H = 1.45 [1.00; 2.29]

Test of heterogeneity:
     Q d.f. p-value
 10.46    5  0.0632

Details on meta-analytical method:
- Inverse variance method
- DerSimonian-Laird estimator for tau^2
- Jackson method for confidence interval of tau^2 and tau
- Hedges' g (bias corrected standardised mean difference)
```

[그림 8-6] 효과크기의 이질성을 보다 구체적으로 제시(I^2, τ^2)

요약

- 일반적으로 효과크기에 대한 분석을 실시했을 때 각 연구가 추정하고자 하는 모집단의 효과크기가 서로 다르게 나타나는데 이렇게 효과크기에 있어서 차이를 이질성(heterogeneity)이라고 부르며, 연구 간 효과크기가 일관되지 않은 정도(inconsistency across studies)를 의미한다.
- 효과크기의 이질성의 정도를 나타내는 통계치(heterogeneity statistics)로 활용되는 것으로 τ^2와 I^2가 있다.
- 이 τ^2와 I^2를 이해하기 위해서는 먼저 효과크기의 동질성 검증(test of homogeneity)에 사용되는 Q값과 df를 먼저 이해할 필요가 있다. Q값은 각 효과크기들에 대한 관찰된 전체 분산을 의미하고, df는 각 연구들이 동일한 모집단 효과크기를 추정한다고 가정할 때 기대할 수 있는 기대분산이다. 여기서 Q>df인 경우 표집오차 분산(sampling variance) 외 연구 간 분산(between-study variance)이 존재함을 알 수 있다.
- 이 연구 간 분산을 나타내는 통계치가 바로 τ^2이며 효과크기와 동일한 단위로 제시된다. 반면 I^2는 전체 분산 중에서 연구 간 분산이 차지하는 비중을 나타내므로 상대적인 값이며 100%에 가까울수록 연구 간 분산이 차지하는 비중이 크므로 이질성이 크다고 할 수 있다.
- 일반적으로 이질성에 대한 판단은 총 분산에 대한 실제분산의 비율(I^2)이 50% 이상이고 동질성 검증 통계치 Q값의 유의확률(p-value)이 0.10보다 작은 경우 효과크기의 이질성은 상당하다고 판단한다.

제 9 장

조절효과분석

1. 조절효과분석의 의미
2. 메타 ANOVA
3. 메타회귀분석

META-ANALYSIS USING R

1. 조절효과분석의 의미

메타분석의 목적이 단순히 개별연구들을 통합하여 전체 효과크기를 제시하는 데 있다면 그 의미는 제한적일 것이다. 하지만 메타분석에서는 이론적 토대에 기초하여 효과크기에 영향을 줄 만한 변수들을 찾아서 이 변수들이 효과크기에 미치는 영향력을 검토하는 것이 또 다른 중요한 목적이 되기 때문에 메타분석의 설명적 역할이 점차 중시되고 있다.

메타분석에 있어서 조절효과분석은 하위집단(subgroups) 간의 효과크기 차이를 보다 직접적으로 검증하며 또한 평균효과크기에 영향을 주는 변수, 즉 조절변수의 영향력을 검증할 수 있도록 한다. 조절변수(covariates or moderators)는 일반적으로 [그림 9-1]에서 보는 것처럼 독립변수와 종속변수의 관계에 영향을 주는 변수로서 메타분석에서는 연구 수준(study-level)의 변수를 말한다. 예를 들면, 연구대상자들에 대한 그룹화 방식(무작위배정 또는 비무작위배정), 프로그램의 기간, 출간 형태(학술지 논문 여부) 등이 조절변수가 된다.

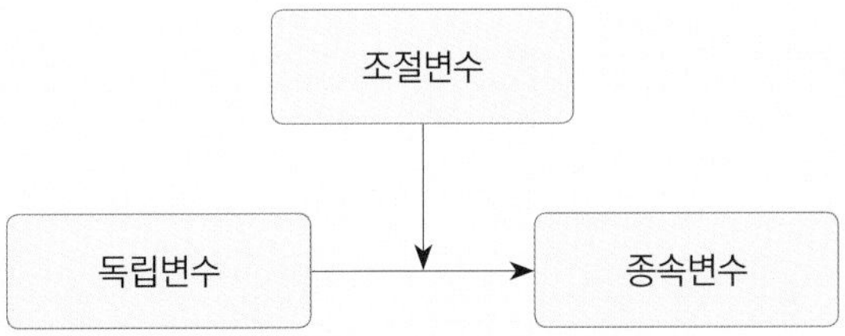

[그림 9-1] 조절변수의 의미

조절효과분석은 효과크기를 설명하는 연구 차원의 변수, 즉 조절변수(moderators)를 통해 분석하는데 일반적으로 다음과 같은 두 가지 방법이 있다.

- 조절변수가 범주형 변수일 경우: 메타 ANOVA
- 조절변수가 연속형 변수일 경우: 메타회귀분석(meta-regression)

이 두 가지 방법은 메타분석이 아닌 일차적인 연구에서 활용되는 ANOVA 및 OLS 회귀분석과 동일하지는 않다. 왜냐하면 데이터의 전체 분산을 설명하고자 하는 것이 아니라 실제분산, 즉 연구 간 분산을 설명하고자 한다. 그리고 메타회귀분석을 위해서는 최소 10개의 연구가 필요하다(Higgins & Green, 2011). 또한 조절효과분석은 비실험적(nonexperimental or observational) 분석이며, 따라서 인과관계(causal relationship)를 유추할 수 있는 것은 아니다. 이 분석은 효과크기의 차이 및 그 이질성에 대한 원인, 배경 등에 대한 가설을 만들어 내는(generating hypothesis) 역할을 하게 되는 것이 일반적이다. 즉, 효과크기의 이질성에 대한 있을 법한 원인(possible causes for heterogeneity)을 탐색적으로 설명하는 데 그 목적이 있다고 하겠다.

2. 메타 ANOVA

먼저 메타 ANOVA를 실시해 보자. 여기서는 ADHD 아동의 주의력 결핍에 대한 단기집중 인지행동치료(short-term intensive CBT)의 치료기간별(2주, 4주, 6주) 치료효과를 비교 분석해 보기로 한다. 그 데이터는 〈표 9-1〉과 같다.

〈표 9-1〉 ADHD 아동의 주의력 결핍에 대한 치료 데이터

study	m1	s1	n1	m1	s2	n2	group
Study_1	110	20	100	102	21	100	2_weeks
Study_2	112	21	50	104	18	50	2_weeks
Study_3	120	18	90	112	19	90	2_weeks
Study_4	104	24	300	100	24	300	2_weeks
Study_5	125	19	20	110	16	20	4_weeks
Study_6	118	22	200	112	19	200	4_weeks
Study_7	114	19	400	100	22	400	4_weeks
Study_8	104	20	50	92	24	50	6_weeks
Study_9	122	24	100	102	18	100	6_weeks
Study_10	118	18	100	100	20	100	6_weeks

먼저 앞의 데이터를 R에서 다음과 같이 불러온다.

```
> cbt <- read.csv("D:/R/cbt.csv")
> cbt
```

```
> cbt
      study  m1 s1  n1  m2 s2  n2   group
1   Study_1 110 20 100 102 21 100 2_weeks
2   Study_2 112 21  50 104 18  50 2_weeks
3   Study_3 120 18  90 112 19  90 2_weeks
4   Study_4 104 24 300 100 24 300 2_weeks
5   Study_5 125 19  20 110 16  20 4_weeks
6   Study_6 118 22 200 112 19 200 4_weeks
7   Study_7 114 19 400 100 22 400 4_weeks
8   Study_8 104 20  50  92 24  50 6_weeks
9   Study_9 122 24 100 102 18 100 6_weeks
10 Study_10 118 18 100 100 20 100 6_weeks
>
```

[그림 9-2] ADHD 아동에 대한 치료 데이터를 불러온 모습

이어서 다음과 같이 일단 기본적인 효과크기분석을 실행한다.

```
> meta8 <- metacont(n1, m1, s1, n2, m2, s2, sm="SMD", study, data=cbt)
> meta8
```

```
              SMD            95%-CI %W(fixed) %W(random)
Study_1  0.3886 [0.1088; 0.6685]       7.2       10.4
Study_2  0.4059 [0.0097; 0.8021]       3.6        8.5
Study_3  0.4305 [0.1348; 0.7261]       6.5       10.2
Study_4  0.1665 [0.0061; 0.3268]      22.0       12.4
Study_5  0.8370 [0.1878; 1.4862]       1.3        5.2
Study_6  0.2914 [0.0943; 0.4884]      14.6       11.8
Study_7  0.6805 [0.5379; 0.8230]      27.9       12.6
Study_8  0.5390 [0.1397; 0.9384]       3.6        8.4
Study_9  0.9392 [0.6469; 1.2316]       6.6       10.2
Study_10 0.9425 [0.6500; 1.2349]       6.6       10.2

Number of studies combined: k = 10

                        SMD            95%-CI     z  p-value
Fixed effect model   0.4947 [0.4194; 0.5700] 12.88 < 0.0001
Random effects model 0.5409 [0.3539; 0.7280]  5.67 < 0.0001

Quantifying heterogeneity:
tau^2 = 0.0668; H = 2.28 [1.70; 3.05]; I^2 = 80.7% [65.5%; 89.2%]

Test of heterogeneity:
     Q d.f.  p-value
 46.65    9 < 0.0001

Details on meta-analytical method:
- Inverse variance method
- DerSimonian-Laird estimator for tau^2
- Hedges' g (bias corrected standardised mean difference)
```

[그림 9-3] ADHD 아동 데이터의 효과크기를 분석한 결과

[그림 9-3]을 보면 $Q=46.65(p<0.001)$ 그리고 I^2가 80.7%이므로 이질성이 매우 크다는 것을 알 수 있으며 이질성에 대한 설명이 필요하다는 것을 알 수 있다. 즉, 조절효과분석이 필요하다는 것을 인지할 수 있다. 따라서 조절효과분석, 즉 메타 ANOVA를 실행해 보자.

```
> meta8a <- update(meta8, byvar=group)
> summary(meta8a)
```

그러면 [그림 9-4]와 같이 집단(치료기간) 별 효과크기를 비교할 수 있다. 2주 집단, 4주 집단, 6주 집단 중 6주 집단의 랜덤효과모형 효과크기가 g=0.84로 가장 크다는 것을 알 수 있다. 그리고 각 집단의 연구 간 분산(τ^2)이 0.0053, 0.0597, 0.0145로 각기 서로 다름을 알 수 있다.

```
Number of studies combined: k = 10

                        SMD            95%-CI     z  p-value
Fixed effect model   0.4947 [0.4194; 0.5700] 12.88 < 0.0001
Random effects model 0.5409 [0.3539; 0.7280]  5.67 < 0.0001

Quantifying heterogeneity:
tau^2 = 0.0668; H = 2.28 [1.70; 3.05]; I^2 = 80.7% [65.5%; 89.2%]

Test of heterogeneity:
     Q d.f.  p-value
 46.65    9 < 0.0001
```

```
Results for subgroups (fixed effect model):
                  k    SMD            95%-CI     Q    tau^2   I^2
group = 2_weeks   4 0.2727 [0.1528; 0.3927]  3.87   0.0053 22.6%
group = 4_weeks   3 0.5557 [0.4420; 0.6694] 10.58   0.0597 81.1%
group = 6_weeks   3 0.8559 [0.6723; 1.0395]  3.07   0.0145 34.8%

Test for subgroup differences (fixed effect model):
                   Q d.f.  p-value
Between groups 29.13    2 < 0.0001
Within groups  17.52    7   0.0143

Results for subgroups (random effects model):
                  k    SMD            95%-CI     Q    tau^2   I^2
group = 2_weeks   4 0.2959 [0.1496; 0.4422]  3.87   0.0053 22.6%
group = 4_weeks   3 0.5499 [0.2214; 0.8784] 10.58   0.0597 81.1%
group = 6_weeks   3 0.8416 [0.6109; 1.0722]  3.07   0.0145 34.8%

Test for subgroup differences (random effects model):
                   Q d.f.  p-value
Between groups   15.63    2   0.0004
```

[그림 9-4] 치료기간별로 하위집단 분석을 한 결과

이제 각 하위집단별로 효과크기를 보여 주는 forest plot을 다음과 같이 얻을 수 있다. 여기서 [그림 9-5]를 살펴보면 앞에서 본 결과와 동일함을 알 수 있다. 즉, 세 집단 중에서 6주 집단의 효과가 가장 크다는 것을 알 수 있고(g=0.84), 각 집단의 연구 간 분산은 서로 다르게 설정되어 있으며, 세 집단 간의 효과크기 차이는 통계적으로 유의하게 다름을, 즉 동일하지 않음을 알 수 있다(Q_b, 즉 카이제곱값 $\chi^2=15.63$, $p<0.01$).

```
> # 하위집단 간 효과크기 동일성에 대한 통계적 유의성 검정
> forest(meta8a, fixed=F, digits.mean=0, digits.sd=0, col.by="blue",
    resid.hetstat=F, test.subgroup.random=TRUE)
```

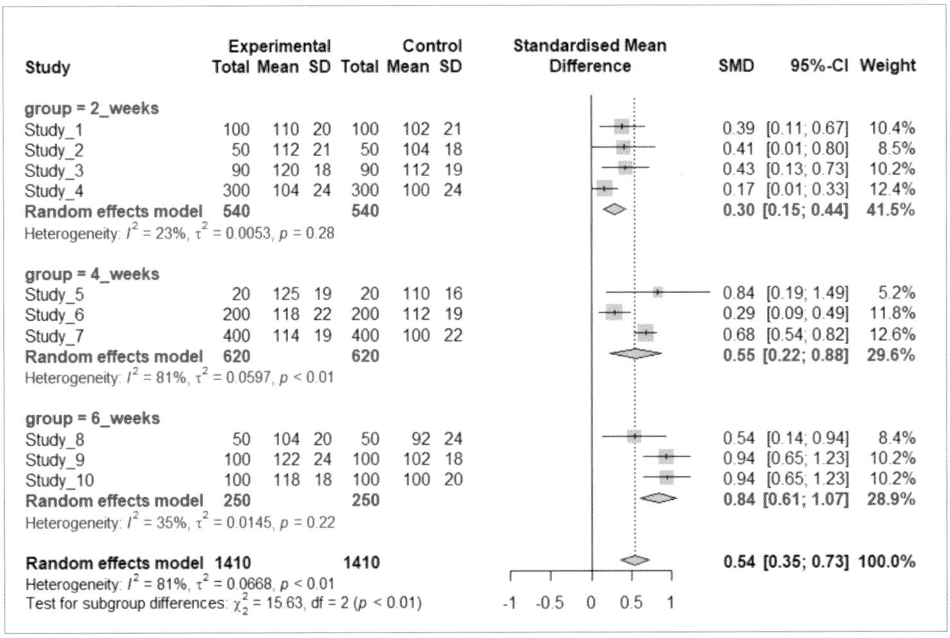

[그림 9-5] 치료기간별로 효과크기의 차이를 검정한 forest plot

이제 각 하위집단 간의 연구 간 분산이 동일하다고(tau.common=TRUE) 가정하고 분석을 하면 다음과 같은 결과를 얻을 수 있다.

```
> meta8b <- update(meta8a, tau.common=TRUE)
> summary(meta8b)
```

```
Number of studies combined: k = 10

                       SMD            95%-CI     z  p-value
Fixed effect model   0.4947 [0.4194; 0.5700] 12.88 < 0.0001
Random effects model 0.5409 [0.3539; 0.7280]  5.67 < 0.0001

Quantifying heterogeneity:
tau^2 = 0.0668; H = 2.28 [1.70; 3.05]; I^2 = 80.7% [65.5%; 89.2%]

Test of heterogeneity:
     Q d.f.  p-value
 46.65    9 < 0.0001

Results for subgroups (fixed effect model):
                  k    SMD           95%-CI     Q    tau^2   I^2
group = 2_weeks   4 0.2727 [0.1528; 0.3927]  3.87   0.0276 22.6%
group = 4_weeks   3 0.5557 [0.4420; 0.6694] 10.58   0.0276 81.1%
group = 6_weeks   3 0.8559 [0.6723; 1.0395]  3.07   0.0276 34.8%

Test for subgroup differences (fixed effect model):
                   Q d.f.  p-value
Between groups 29.13    2 < 0.0001
Within groups  17.52    7   0.0143
```

```
Results for subgroups (random effects model):
                  k    SMD           95%-CI     Q   tau^2   I^2
group = 2_weeks   4 0.3247 [0.1116; 0.5379]  3.87  0.0276 22.6%
group = 4_weeks   3 0.5375 [0.2930; 0.7819] 10.58  0.0276 81.1%
group = 6_weeks   3 0.8344 [0.5692; 1.0995]  3.07  0.0276 34.8%

Test for subgroup differences (random effects model):
                  Q d.f.  p-value
Between groups  8.63    2   0.0134
Within groups  17.52    7   0.0143
```

[그림 9-6] 각 하위집단의 연구 간 분산이 동일하다고 가정하고 분석한 결과

앞의 결과에서는 세 집단(2주, 4주, 6주 집단)의 연구 간 분산이 0.0276으로 동일함을 알 수 있다. 그리고 이어서 세 집단의 효과크기의 차이에 대한 통계적 검증 결과 집단 간 Q_b =8.63(df=2, p=0.0134)로 나타나 세 집단 간의 효과크기는 통계적으로 유의하게 다름을 알 수 있다. 이때 세 집단에서 각 두 집단의 효과크기의 95% 신뢰구간이 서로 겹치지 않는다면(nonoverlapping) 두 집단의 효과크기 차이는 유의미한 차이(meaningful difference)라고 말할 수 있다. 즉, 통계적으로 유의한 Q_b값은 샘플링 오류에 의해 우연히 발생할 수 있는 것 이상인 것이다(Lipsey & Wilson, 2001).

이어서 이를 시각적으로 확인하기 위해 forest plot으로 제시하면 다음과 같다.

```
> forest(meta8b, fixed=F, digits.mean=0, digits.sd=0, col.by="blue",
    resid.hetstat=F, test.subgroup.random=TRUE)
```

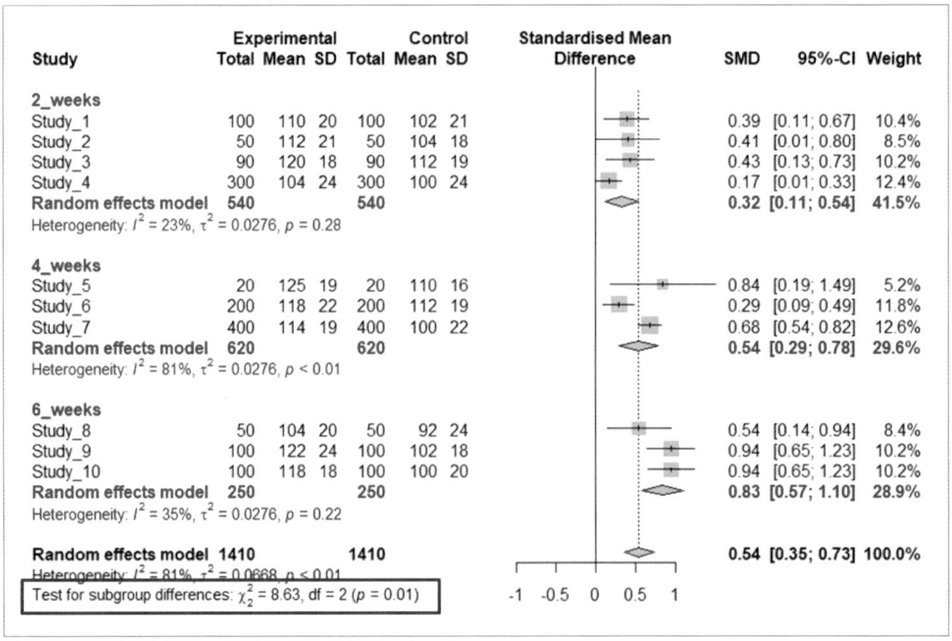

[그림 9-7] 각 하위집단의 연구 간 분산이 동일하다고 가정하고 분석한 forest plot

앞의 forest plot에서 각 연구의 효과크기는 제외하고 하위집단별 효과크기만 제시하고자 할 때(layout="subgroup")는 다음과 같이 구현할 수 있다(집단별 효과크기 차이 검정 결과를 고려한 간격 조정).

```
> forest(meta8b, digits.mean=0, digits.sd=0, fixed=F, col.by="blue", print.subgroup.name=F, test.subgroup.random=T, resid.hetstat=F, layout="subgroup", calcwidth.tests=T)
```

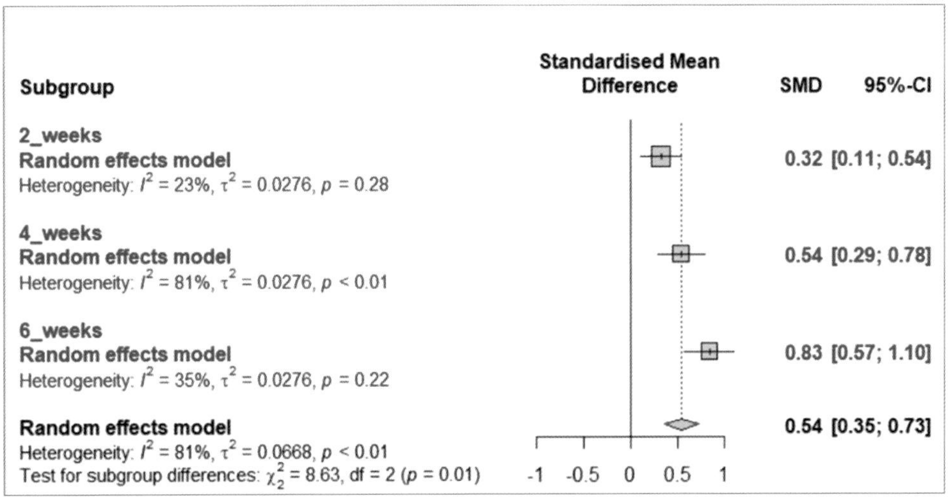

[그림 9-8] 각 하위집단별 효과크기만 제시한 forest plot

앞에서 살펴본 메타 ANOVA의 경우 [그림 9-5]에서와 같이 하위집단별 연구 간 분산이 서로 다르다고 가정할 수도 있고, 그렇지 않으면 [그림 9-7]에서 보는 것처럼 하위집단별 연구 간 분산이 서로 동일하다고 가정할 수도 있다. 일반적으로 메타분석에서는 하위집단별로 연구의 수가 많지 않기 때문에 하위집단별 연구 간 분산이 동일하다고(tau.common=TRUE) 가정하는 것이 더 실용적이라고 할 수 있다(Borenstein et al., 2009). 그리고 하위집단별로 연구 간 분산이 동일하다고 가정하는 경우에만 조절변수가 미치는 영향력, 즉 R^2를 계산할 수가 있다. 즉, [그림 9-8]에서 제시된 대로 전체 연구 간 분산=0.0668이고, 각 하위집단별 연구 간 분산=0.0276이므로 다음과 같이 R^2=0.587, 즉 조절변수인 집단

(group) 변수로 인해 전체 연구 간 분산의 58.7%가 설명됨을 알 수 있다.

$$R^2 = \left(\frac{\tau^2_{between}}{\tau^2_{total}}\right) = 1 - \left(\frac{\tau^2_{within}}{\tau^2_{total}}\right) = 1 - \left(\frac{0.0276}{0.0668}\right) = 1 - 0.413 = 0.587$$

그리고 앞서 본 세 집단의 효과크기의 통계적 검증, 즉 메타 ANOVA의 결과를 메타회귀분석을 통해 다음과 같이 확인할 수 있다. 즉, QM=8.63(df=2, p=0.0134)로 나타나 [그림 9-8]의 결과와 동일함을 알 수 있다. 그리고 조절변수인 치료집단(group) 변수에 의해 설명되는 실제분산의 설명력은 R^2=58.74%로 나타나 위 계산식의 결과와 동일함을 알 수 있다.

```
> metareg(meta8, group)
```

```
Mixed-Effects Model (k = 10; tau^2 estimator: DL)

tau^2 (estimated amount of residual heterogeneity):     0.0276 (SE = 0.0266)
tau (square root of estimated tau^2 value):             0.1660
I^2 (residual heterogeneity / unaccounted variability): 60.04%
H^2 (unaccounted variability / sampling variability):   2.50
R^2 (amount of heterogeneity accounted for):            58.74%

Test for Residual Heterogeneity:
QE(df = 7) = 17.5197, p-val = 0.0143

Test of Moderators (coefficient(s) 2,3):
QM(df = 2) = 8.6269, p-val = 0.0134

Model Results:

              estimate      se    zval    pval    ci.lb   ci.ub
intrcpt         0.3247  0.1087  2.9860  0.0028   0.1116  0.5379  **
group4_weeks    0.2128  0.1655  1.2857  0.1985  -0.1116  0.5371
group6_weeks    0.5096  0.1736  2.9359  0.0033   0.1694  0.8499  **

---
Signif. codes:  0 '***' 0.001 '**' 0.01 '*' 0.05 '.' 0.1 ' ' 1
```

[그림 9-9] 조절변수 group으로 메타회귀분석을 시행한 결과

[그림 9-9]에서 보는 것처럼 범주형 조절변수로 메타회귀분석을 실시하면 J개 집단 변수를 J-1개 더미변수로 바꾸어 준다. 즉, 절편값(intercept) 외에 회귀계수가 2개(4주, 6주)로 나타난다. 여기서는 2주가 기준(절편값)이므로 group_4weeks(4주)의 회귀계수는 2주와 비교한 결과(차이)이며 (4주−2주=0.54−0.32), group_6weeks(6주)의 회귀계수 역시 2주와 비교한 결과(차이)이다(6주−2주=0.83−0.32). 즉, 4주 및 6주 집단의 회귀계수는 기준집단인 2주 집단의 효과크기와 차이를 각각 보여 준다. 즉, 다음과 같다.

2주(intercept): 0.32, 4주: 0.32+0.21=0.54, 6주: 0.32+0.51=0.83

▩ 메타 ANOVA의 사후분석

하지만 메타회귀분석으로는 4주와 6주 집단은 비교할 수 없으므로 사후분석이 필요하다고 하겠다. 그래서 1차 연구의 사후검정(post-hoc test), 즉 다중집단 비교분석(multiple-group comparison)이 필요하므로 다음과 같이 집단을 묶은 데이터(subset)를 만든 후 집단 간 비교분석을 실시하고자 한다.

```
> cbt <- read.csv("D:/R/cbt.csv")
> meta8 <- metacont(n1, m1, s1, n2, m2, s2, sm="SMD", study, data=cbt,
byvar=group)
> meta8

# 원 데이터(cbt)에서 3개의 하위 데이터를 만든다
> cbta <- subset(cbt, group != "6_weeks")    # " !=" means not equal
> cbtb <- subset(cbt, group != "4_weeks")
> cbtc <- subset(cbt, group != "2_weeks")

# 위에서 만든 하위 데이터 세트에서 각각 비교분석을 실시한다
> meta8_a <- metacont(n1, m1, s1, n2, m2, s2, sm="SMD", study, data=cbta,
```

```
byvar=group)
> meta8_b <- metacont(n1, m1, s1, n2, m2, s2, sm="SMD", study, data=cbtb,
byvar=group)
> meta8_c <- metacont(n1, m1, s1, n2, m2, s2, sm="SMD", study, data=cbtc,
byvar=group)

> forest(meta8_a, digits.mean=0, digits.sd=0, fixed=F, col.by="blue", test.
subgroup.random=T, print.subgroup.name=F)
> forest(meta8_b, digits.mean=0, digits.sd=0, fixed=F, col.by="blue", test.
subgroup.random=T, print.subgroup.name=F)
> forest(meta8_c, digits.mean=0, digits.sd=0, fixed=F, col.by="blue", test.
subgroup.random=T, print.subgroup.name=F)
```

각 두 집단 간 비교 분석결과는 다음과 같다.

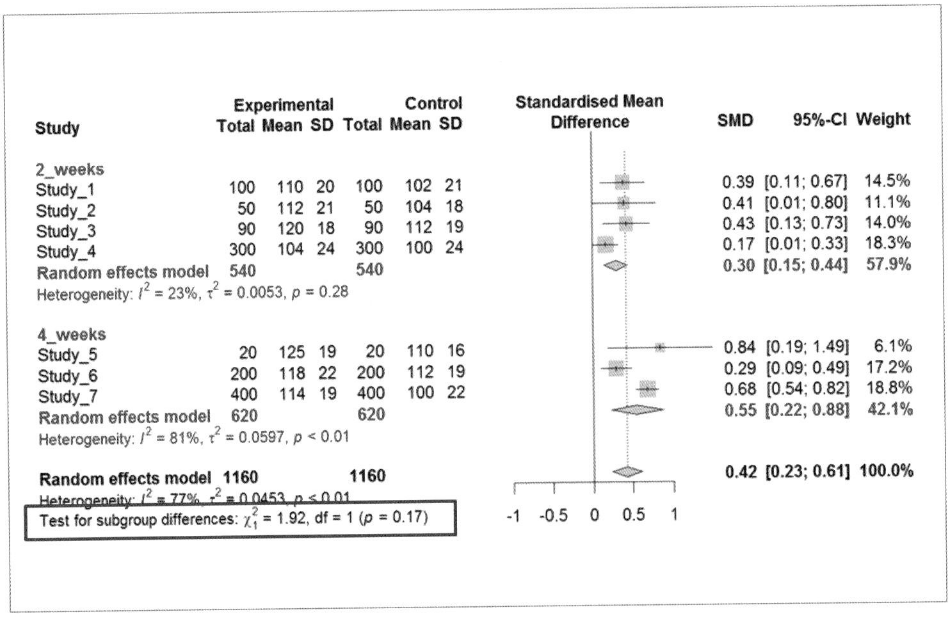

[그림 9-10] 2주 집단과 4주 집단 효과크기 차이를 검증한 forest plot

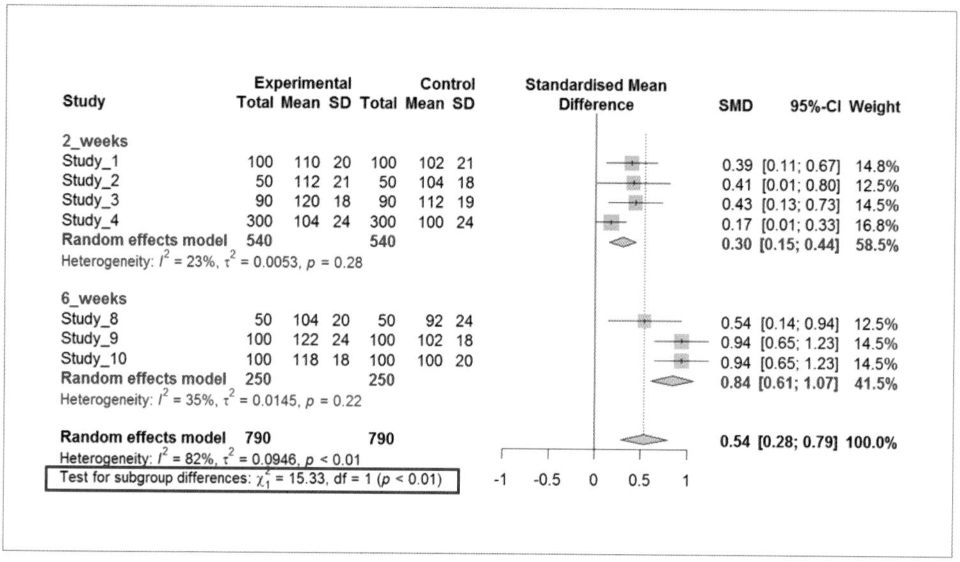

[그림 9-11] 2주 집단과 6주 집단 효과크기 차이를 검증한 forest plot

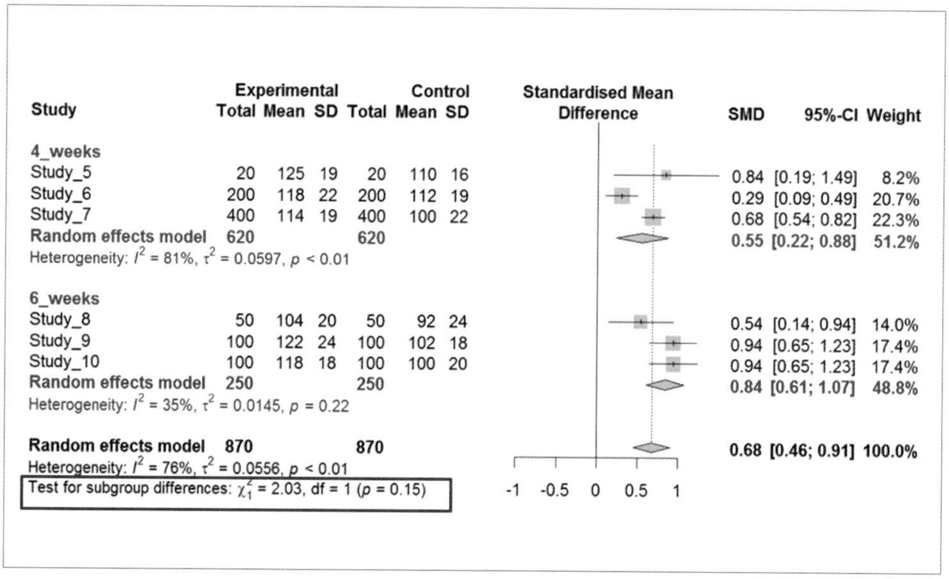

[그림 9-12] 4주 집단과 6주 집단 효과크기 차이를 검증한 forest plot

[그림 9-10]에서 [그림 9-12]까지는 2주, 4주, 6주 집단을 각 두 집단씩 비교한 결과를 제시하였다. [그림 9-11]에 제시된 2주와 6주 집단의 효과크기 차이만 통계적으로 유의함을 알 수 있다($Q_b=15.33$, $df=1$, $p<0.01$). 따라서 앞서 분석한 세 집단 간 효과크기가 유의하게 다른 결과는 결국 2주와 6주 집단의 효과크기 차이가 유의함으로써 나타난 결과라고 하겠다. 여기에 다중집단 비교분석을 수행할 가치가 있다고 할 수 있다.

이제 메타 ANOVA를 실행함에 있어 유의할 사항을 정리해 보자. 먼저 어떤 모형을 사용할 것인지에 대해 다음과 같이 그림으로 정리할 수 있겠다.

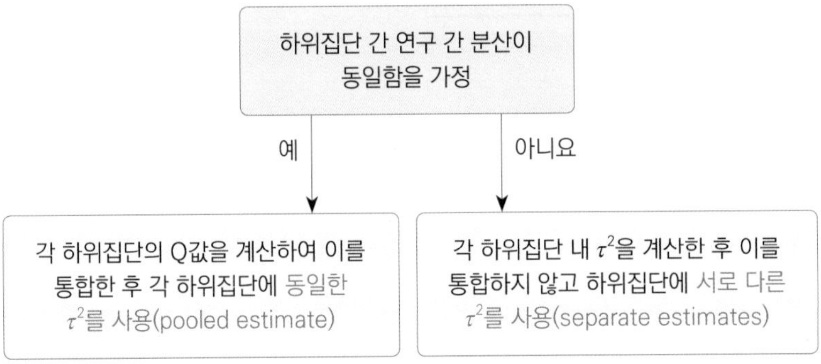
하위집단 간 연구 간 분산이 동일함을 가정
예
아니요
각 하위집단의 Q값을 계산하여 이를 통합한 후 각 하위집단에 동일한 τ²를 사용(pooled estimate)
각 하위집단 내 τ²을 계산한 후 이를 통합하지 않고 하위집단에 서로 다른 τ²를 사용(separate estimates)

[그림 9-13] 메타 ANOVA를 수행함에 있어 하위집단 간 연구 간 분산 선택 모형

출처: Borenstein et al., 2009, p. 163에서 재구성.

그리고 유의할 사항은 1차 연구와 달리 메타분석에서는 조절변수에 의해 설명되는 분산은 연구 간 분산(between-study variance)이다. 왜냐하면 조절변수는 연구 수준의 변수이므로 연구 내 분산(within-study variance)은 설명할 수 없고 연구 간 분산 중 일부를 설명할 수 있을 뿐이다. 따라서 R^2는 연구 간 분산 중에서 조절변수에 의해 설명되는 하위집단 간 분산이 차지하는 비율이라고 말할 수 있다([그림 9-14] 참조).

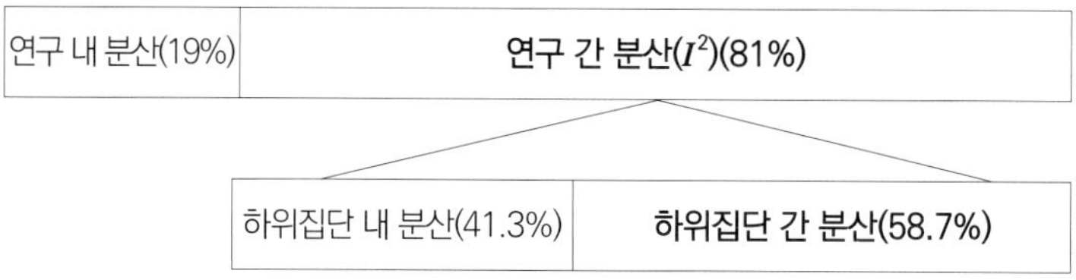

[그림 9-14] 조절변수에 의해 설명되는 분산의 비율

출처: Borenstein et al., 2009, p. 182.

또 한 가지는 메타 ANOVA를 수행할 때 연구의 수에 관한 것인데, 일반적으로 연구가 3개 이하인 경우 메타 ANOVA, 즉 효과크기와 집단변수 간의 상호작용을 분석하는 것은 적절치 않다. 그리고 연구가 10개 이하인 경우에는 2개 이상의 조절변수로 분석하는 것 역시 적절하지 않다고 할 수 있다(Schwarzer et al., 2015).

〈정리〉

1차 연구

R^2: 전체 분산 중에서 조절변수에 의해 설명되는 분산의 비율

$$R^2 = \frac{\sigma^2_{explained}}{\sigma^2_{total}} = 1 - \frac{\sigma^2_{unexplained}}{\sigma^2_{total}}$$

메타분석

연구 수준의 조절변수가 설명할 수 있는 것은 연구 간 분산, 즉 τ^2이며 연구 내 분산(v)이 아니다.

τ^2: 연구 간 분산(between-studies variance, true variance)

v: 연구 내 분산(within-study variance, random error, sampling variance)

따라서 연구 간 분산에 기초하여 R^2를 재정의하는 것이 필요
R^2: 연구 간 분산 중에서 조절변수에 의해 설명되는 분산의 비율

$$R^2 = \frac{\tau^2_{between}}{\tau^2_{total}} = 1 - \left(\frac{\tau^2_{within}}{\tau^2_{total}}\right)$$
$$= 1 - \left(\frac{between - studies\ variance\ within\ subgroups}{total\ between - studies\ variance}\right)$$

전체 연구 간 분산=하위집단 내 연구 간 분산+하위집단 간 연구 간 분산
예) 전체 연구 τ^2=0.0668
하위집단 내 τ^2=0.0276
따라서 $R^2 = 1 - \left(\frac{0.0276}{0.0668}\right)$=0.587, 즉 58.7%가 group(조절변수)에 의해 설명된다.

3. 메타회귀분석

이번에는 〈표 9-2〉에 있는 BCG 데이터를 활용하여 메타회귀분석을 실시해 보자. 이 데이터는 결핵(TB) 예방을 위해 사용한 BCG백신의 효과를 검증한 연구(Colditz et al., 1994)로서, 메타분석에 대한 책과 논문의 예제로 폭넓게 사용되고 있다(Borenstein et al., 2009, Egger et al., 2003; Viechtbauer, 2010).

〈표 9-2〉 BCG 백신의 효과를 검증한 데이터

study	a	n1	c	n2	start	latitude	country	allocation
Ferguson & Simes	6	306	29	303	1933	55	Canada	Random allocation
Aronson	4	123	11	139	1935	52	Northern USA	Random allocation
Rosenthal et al	17	1716	65	1665	1941	42	Chicago	Alternation/ systematic allocation
Comstock & Webster	5	2498	3	2341	1947	33	Georgia (Sch)	Alternation/ systematic allocation
Comstock et al (a)	186	50634	141	27338	1949	18	Puerto Rico	Alternation/ systematic allocation
Frimont-Moller et al	33	5069	47	5808	1950	13	Madanapalle	Alternation/ systematic allocation
Comstock et al (b)	27	16913	29	17854	1950	33	Georgia (Comm)	Alternation/ systematic allocation
Hart & Sutherland	62	13598	248	12867	1950	53	UK	Random allocation
Vandeviere et al	8	2545	10	629	1965	18	Haiti	Random allocation
Coetzee & Berjak	29	7499	45	7277	1965	27	South Africa	Random allocation
TB Prevention Trial	505	88391	499	88391	1968	13	Madras	Random allocation

먼저 데이터를 다음과 같이 불러온다.

```
> bcg <- read.csv("D:/R/bcg11.csv")
> bcg
```

```
> bcg
                 study   a    n1   c    n2 start latitude        country                        allocation alloc2
1      Ferguson & Simes   6   306  29   303  1933       55         Canada                 Random allocation      1
2               Aronson   4   123  11   139  1935       52   Northern USA                 Random allocation      1
3       Rosenthal et al  17  1716  65  1665  1941       42        Chicago Alternation/systematic allocation      0
4    Comstock & Webster   5  2498   3  2341  1947       33  Georgia (Sch) Alternation/systematic allocation      0
5    Comstock et al (a) 186 50634 141 27338  1949       18    Puerto Rico Alternation/systematic allocation      0
6  Frimont-Moller et al  33  5069  47  5808  1950       13     Madanapalle Alternation/systematic allocation      0
7    Comstock et al (b)  27 16913  29 17854  1950       33 Georgia (Comm) Alternation/systematic allocation      0
8     Hart & Sutherland  62 13598 248 12867  1950       53             UK                 Random allocation      1
9      Vandeviere et al   8  2545  10   629  1965       18          Haiti                 Random allocation      1
10     Coetzee & Berjak  29  7499  45  7277  1965       27   South Africa                 Random allocation      1
11  TB Prevention Trial 505 88391 499 88391  1968       13         Madras                 Random allocation      1
>
```

그리고 기본적인 효과크기분석을 다음과 같이 실시한다.

```
> meta4 <- metabin(a, n1, c, n2, sm="RR", method="I", studlab=paste(study, start), data=bcg)
> meta4
```

```
> meta4=metabin(a, n1, c, n2, sm="RR", method="I", studlab=paste(study, start), data=bcg)
> meta4
                             RR           95%-CI %W(fixed) %W(random)
Ferguson & Simes 1933     0.2049 [0.0863; 0.4864]       1.1        7.7
Aronson 1935              0.4109 [0.1343; 1.2574]       0.7        6.3
Rosenthal et al 1941      0.2538 [0.1494; 0.4310]       3.0        9.8
Comstock & Webster 1947   1.5619 [0.3737; 6.5284]       0.4        4.9
Comstock et al (a) 1949   0.7122 [0.5725; 0.8860]      17.4       11.3
Frimont-Moller et al 1950 0.8045 [0.5163; 1.2536]       4.2       10.3
Comstock et al (b) 1950   0.9828 [0.5821; 1.6593]       3.0        9.8
Hart & Sutherland 1950    0.2366 [0.1793; 0.3121]      10.8       11.1
Vandeviere et al 1965     0.1977 [0.0784; 0.4989]       1.0        7.3
Coetzee & Berjak 1965     0.6254 [0.3926; 0.9962]       3.8       10.1
TB Prevention Trial 1968  1.0120 [0.8946; 1.1449]      54.6       11.5

Number of studies combined: k = 11

                         RR           95%-CI     z  p-value
Fixed effect model   0.7305 [0.6668; 0.8002] -6.75 < 0.0001
Random effects model 0.5080 [0.3361; 0.7679] -3.21   0.0013

Quantifying heterogeneity:
tau^2 = 0.3818; H = 3.54 [2.86; 4.40]; I^2 = 92.0% [87.7%; 94.8%]

Test of heterogeneity:
      Q d.f.  p-value
 125.63   10 < 0.0001

Details on meta-analytical method:
- Inverse variance method
- DerSimonian-Laird estimator for tau^2
```

[그림 9-15] BCG 백신 데이터로 효과크기를 분석한 결과

앞의 분석결과를 forest plot으로 제시하면 [그림 9-16]과 같다.

```
> forest(meta4, fixed=FALSE)
```

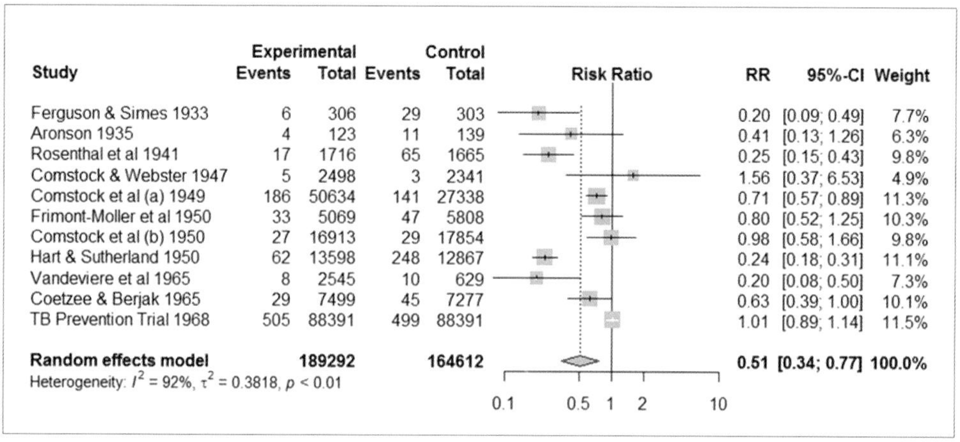

[그림 9-16] BCG 백신 데이터로 분석한 forest plot

분석결과를 보면 이질성 통계치 Q=125.6(p<0.001) 그리고 전체 분산 중 연구 간 분산이 차지하는 비율(I^2)이 92%로 나타나 연구 간 효과크기의 이질성이 매우 크다는 것을 알 수 있다. 따라서 이러한 효과크기의 이질성을 설명하기 위한 추가적인 분석이 필요함을 알 수 있다.

여기서 우리는 각 연구가 수행된 위도, 즉 latitude를 조절변수로 하여 메타회귀분석을 실시하면 [그림 9-17]과 같은 결과를 얻게 된다.

```
> metareg(meta4, latitude)
```

```
> metareg(meta4, latitude)

Mixed-Effects Model (k = 11; tau^2 estimator: DL)

tau^2 (estimated amount of residual heterogeneity):     0.0652 (SE = 0.0654)
tau (square root of estimated tau^2 value):             0.2553
I^2 (residual heterogeneity / unaccounted variability): 61.80%
H^2 (unaccounted variability / sampling variability):   2.62
R^2 (amount of heterogeneity accounted for):            82.93%

Test for Residual Heterogeneity:
QE(df = 9) = 23.5614, p-val = 0.0051

Test of Moderators (coefficient(s) 2):
QM(df = 1) = 17.7319, p-val < .0001

Model Results:

           estimate      se     zval    pval    ci.lb    ci.ub
intrcpt      0.2539  0.2333   1.0883  0.2765  -0.2034   0.7112
latitude    -0.0298  0.0071  -4.2109  <.0001  -0.0436  -0.0159  ***

---
Signif. codes:  0 '***' 0.001 '**' 0.01 '*' 0.05 '.' 0.1 ' ' 1
```

[그림 9-17] 메타회귀분석을 실시한 결과

앞의 결과를 살펴보면 먼저 회귀식의 통계적 유의성을 나타내는 Model Q=17.73(df=1, $p<0.001$)로 나타나 회귀모형이 유의함을 알 수 있다. 그리고 조절변수인 latitude의 회귀계수는 b=−0.0298(Z=−4.21, $p<0.001$)로 역시 유의하게 나타났으며, 조절변수에 의해 설명되는 연구 간 분산의 비율인 R^2=82.93%로 나타나 그 설명력이 매우 크다는 것을 알 수 있다.

앞의 결과에서 회귀식은 $\hat{Y}=0.2539-0.0298$*latitude으로 제시할 수 있다(Y: 예측 값으로 log risk ratio로 표시). 예를 들어, 첫 번째 연구(Fergusen and Simes)의 경우(Lattitude=55) 예측 값은 0.2539−(0.0298*55)=−1.384으로 산출할 수 있으며, 이 값을 risk ratio로 전환하면 exp(−1.384)=.25, 즉 TB risk가 실험집단이 통제집단에 비해 75% 낮다고 해석할 수 있다.

이제 이 회귀식에 의해 기대할 수 있는 예측값들을 구해 보자. 그러면 다음과 같은 결과가 나타나는데 앞에서 구한 첫 번째 연구의 기대값이 0.25임을 재차 확인할 수 있다.

```
> meta4a <- metareg(meta4, latitude)
> predict(meta4a)
> exp(fitted(meta4a))
```

```
> predict(meta4a)

      pred     se   ci.lb   ci.ub   cr.lb   cr.ub
1  -1.3838 0.2141 -1.8034 -0.9643 -2.0368 -0.7308
2  -1.2945 0.1962 -1.6790 -0.9099 -1.9256 -0.6634
3  -0.9967 0.1434 -1.2777 -0.7157 -1.5706 -0.4228
4  -0.7287 0.1139 -0.9519 -0.5055 -1.2766 -0.1808
5  -0.2821 0.1353 -0.5473 -0.0168 -0.8484  0.2843
6  -0.1332 0.1584 -0.4437  0.1774 -0.7221  0.4557
7  -0.7287 0.1139 -0.9519 -0.5055 -1.2766 -0.1808
8  -1.3243 0.2021 -1.7203 -0.9282 -1.9624 -0.6861
9  -0.2821 0.1353 -0.5473 -0.0168 -0.8484  0.2843
10 -0.5501 0.1114 -0.7684 -0.3317 -1.0960 -0.0041
11 -0.1332 0.1584 -0.4437  0.1774 -0.7221  0.4557

> exp(fitted(meta4a))
        1         2         3         4         5         6         7         8
0.2506208 0.2740397 0.3690918 0.4825288 0.7542315 0.8753166 0.4825288 0.2659998
        9        10        11
0.7542315 0.5769203 0.8753166
>
```

[그림 9-18] 메타회귀분석 모형에 의한 예측값

이제 회귀분석의 결과를 그림, 즉 회귀선으로 제시하면 [그림 9-19], [그림 9-20]과 같은 결과를 얻게 된다.

```
> bubble(metareg(meta4, latitude))
```

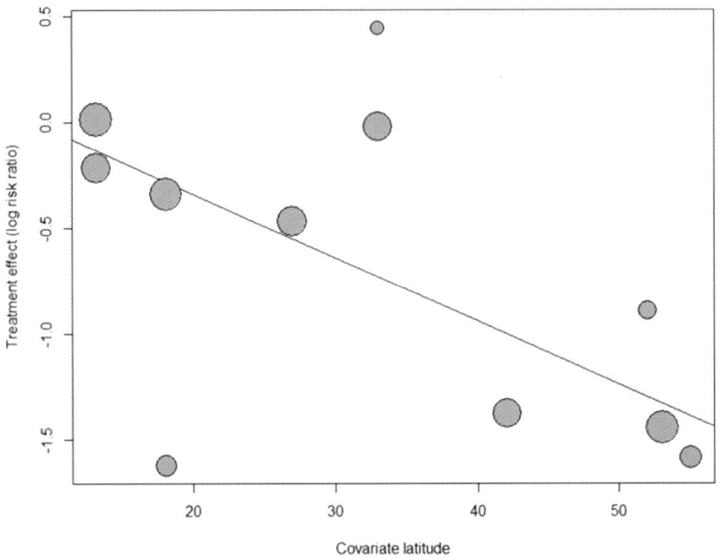

[그림 9-19] 메타회귀분석의 결과로 도출한 regression plot 1

> # 연구이름 제시와 x축 범위 조정

> bubble(metareg(meta4, latitude), col.line="blue", bg="light blue", studlab=T, xlim=c(0, 60))

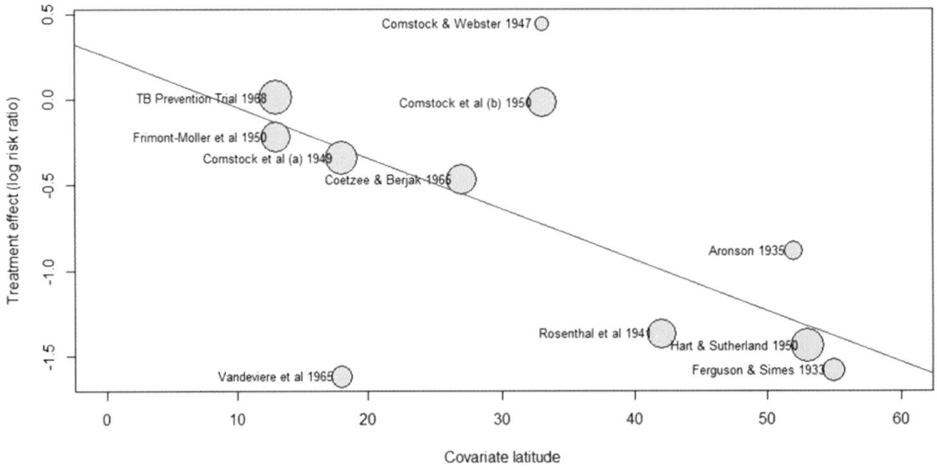

[그림 9-20] 메타회귀분석의 결과로 도출한 regression plot 2

이러한 결과는 CMA로 분석한 [그림 9-21], [그림 9-22]와 동일함을 알 수 있다.

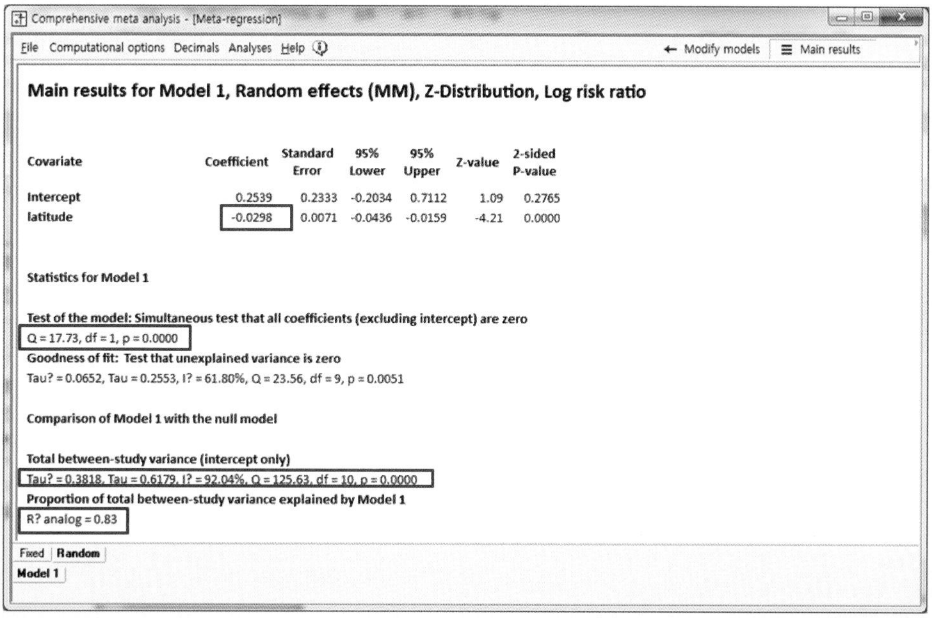

[그림 9-21] CMA로 분석한 결과 1

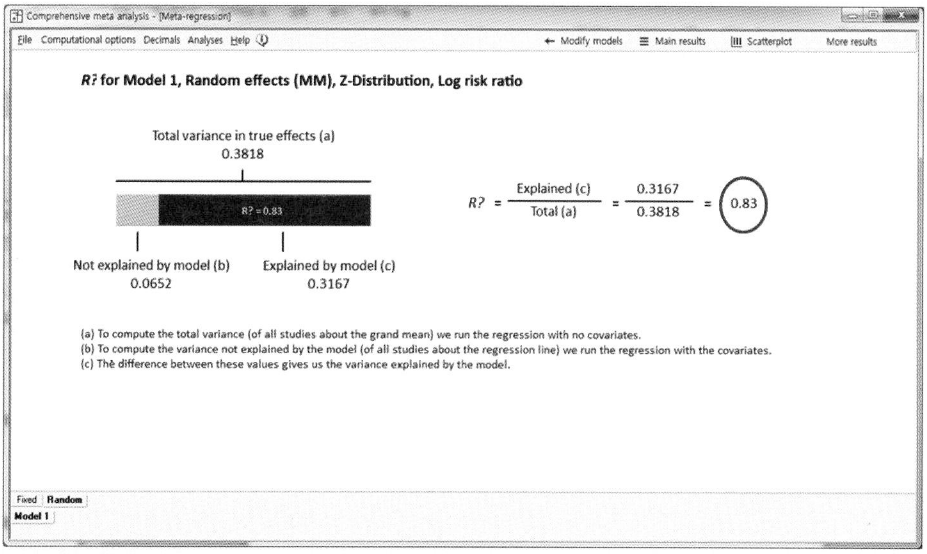

[그림 9-22] CMA로 분석한 결과 2

이번에는 연구대상자에 대한 배정을 나타내는 범주형(무작위 배정 vs. 비무작위 배정) 변수인 alloc2를 조절변수로 하여 메타회귀분석을 시행해 보자.

```
> metareg(meta1, alloc2)
```

```
> metareg(meta4, alloc2)

Mixed-Effects Model (k = 11; tau^2 estimator: DL)

tau^2 (estimated amount of residual heterogeneity):     0.5607 (SE = 0.4220)
tau (square root of estimated tau^2 value):             0.7488
I^2 (residual heterogeneity / unaccounted variability): 92.79%
H^2 (unaccounted variability / sampling variability):   13.86
R^2 (amount of heterogeneity accounted for):            0.00%

Test for Residual Heterogeneity:
QE(df = 9) = 124.7494, p-val < .0001

Test of Moderators (coefficient(s) 2):
QM(df = 1) = 1.3737, p-val = 0.2412

Model Results:

         estimate      se     zval    pval    ci.lb   ci.ub
intrcpt   -0.3664  0.3663  -1.0003  0.3172  -1.0843  0.3515
alloc2    -0.5828  0.4973  -1.1720  0.2412  -1.5574  0.3918

---
Signif. codes:  0 '***' 0.001 '**' 0.01 '*' 0.05 '.' 0.1 ' ' 1
```

[그림 9-23] 조절변수를 alloc2로 투입하여 분석한 결과

[그림 9-23] 결과를 보면 alloc2는 통계적으로 유의한 조절변수가 아닌 것으로 나타나 회귀식 자체가 유의한 모형이 아님을 알 수 있다(QM=1.38, df=1, p=0.241).

■ 다중 메타회귀분석

이번에는 조절변수를 2개를 투입하여 다중 메타회귀분석을 수행해 보자. 다중 메타회귀분석은 평균효과크기에 영향을 줄만한 2개 이상의 조절변수를 투입하여 각 조절변수의 고유한 영향력, 즉 다른 조절변수를 통제한 상태에서(holding the other moderators constant) 각 조절변수의 고유한(unique) 영향력을 검정할 수 있는 장점이 있다.

이를 위해 먼저 다음과 같이 데이터를 살펴보자. 이 데이터는 ADHD 아동을 대상으로 인지행동치료를 적용한 연구의 결과(자기통제력)로 조절변수는 개입 횟수(sessions)와 결과 측정 시 사용한 척도의 알파(alpha) 신뢰도가 있다(박완주, 박신정, 황성동, 2015).

study	g	se	n	sessions	sessiontime	grade	alpha
Bae (2013)	1.073	0.474	18	18	50	Mixed	0.84
Cho (2004)	0.7	0.472	22	8	50	Lower	0.84
Du et al. (2003)	0.627	0.457	15	9	35	Lower	0.68
Hong (2013)	1.098	0.472	18	18	50	Lower	0.87
Jang (2007)	1.235	0.476	16	18	55	Lower	0.87
Jang et al. (2008)	0.905	0.456	16	18	55	Lower	0.78
Kang (2006)	0.625	0.354	30	12	40	Lower	0.84
Kang et al. (2006)	0.813	0.426	20	12	75	Lower	0.78
Kim (2002)	1.787	0.479	20	18	40	Lower	0.84
Kim (2009)	4.47	0.771	20	20	50	Upper	0.93
Kim (2012)	0.543	0.479	12	12	40	Lower	0.84
Kim et al. (2005)	1.442	0.405	30	20	75	Upper	0.93
Lee et al. (2010)	3.356	0.789	12	30	55	Mixed	0.93
Lim (2013)	0.841	0.494	12	12	60	Mixed	0.84
Park (2005)	1.124	0.503	13	14	120	Lower	0.88
Park et al. (2010)	0.147	0.272	50	10	30	Mixed	0.84
Park et al. (2011)	0.687	0.373	26	10	60	Lower	0.78
Seo (2004)	0.655	0.413	20	10	60	Upper	0.78
Seo (2010)	0.993	0.452	17	12	60	Upper	0.82
Son et al. (2011)	1.506	0.564	10	20	90	Upper	0.92
Song (2002)	1.221	0.446	20	18	50	Upper	0.9

출처: 박완주, 박신정, 황성동, 2015에서 재구성.

먼저 다음과 같이 데이터를 불러온 후 메타분석을 실시하면 [그림 9-24]와 같다.

```
> adhd21 <- read.csv("D:/R/ADHD21.csv")
> meta9 <- metagen(g, se, sm="SMD", study, data=adhd21)
> summary(meta9)
```

```
> summary(meta9)
Number of studies combined: k = 21

                        SMD            95%-CI    z  p-value
Fixed effect model   0.9499 [0.7601; 1.1396] 9.81 < 0.0001
Random effects model 1.0832 [0.7790; 1.3875] 6.98 < 0.0001

Quantifying heterogeneity:
 tau^2 = 0.2874 [0.1764; 1.1967]; tau = 0.5361 [0.4200; 1.0939];
 I^2 = 59.1% [33.8%; 74.7%]; H = 1.56 [1.23; 1.99]

Test of heterogeneity:
     Q d.f. p-value
 48.90   20  0.0003

Details on meta-analytical method:
- Inverse variance method
- DerSimonian-Laird estimator for tau^2
- Jackson method for confidence interval of tau^2 and tau
```

[그림 9-24] 메타분석을 실시한 결과

먼저 다음과 같이 조절변수 alpha로 회귀분석을 실시하면 회귀식은 통계적으로 유의하며(QM=8.57, p=0.003), alpha의 회귀계수 역시 통계적으로 유의하게 나타났다(Z=2.93, p=0.003). 즉, alpha가 커지면 전체 효과크기도 커지는 것을 알 수 있다.

> metareg(meta9, alpha)

```
> metareg(meta9, alpha)

Mixed-Effects Model (k = 21; tau^2 estimator: DL)

tau^2 (estimated amount of residual heterogeneity):     0.1908 (SE = 0.1293)
tau (square root of estimated tau^2 value):             0.4368
I^2 (residual heterogeneity / unaccounted variability): 49.00%
H^2 (unaccounted variability / sampling variability):   1.96
R^2 (amount of heterogeneity accounted for):            33.62%

Test for Residual Heterogeneity:
QE(df = 19) = 37.2523, p-val = 0.0074

Test of Moderators (coefficient 2):
QM(df = 1) = 8.5678, p-val = 0.0034

Model Results:

         estimate      se     zval    pval    ci.lb    ci.ub
intrcpt   -4.7676  1.9955  -2.3891  0.0169  -8.6788  -0.8564   *
alpha      6.9506  2.3746   2.9271  0.0034   2.2965  11.6046  **

---
Signif. codes:  0 '***' 0.001 '**' 0.01 '*' 0.05 '.' 0.1 ' ' 1
```

[그림 9-25] 조절변수 alpha로 메타회귀분석을 실시한 결과

이번에는 다음과 같이 조절변수 sessions로 회귀분석을 실시하면 회귀식 역시 통계적으로 유의하며(QM=24.56, p<0.001), 회귀계수도 통계적으로 유의하게 나타났다(Z=4.96, p<0.001). 즉, sessions가 많아질수록 효과크기는 커지는 것을 알 수 있다.

> metareg(meta9, sessions)

```
> metareg(meta9, sessions)

Mixed-Effects Model (k = 21; tau^2 estimator: DL)

tau^2 (estimated amount of residual heterogeneity):     0.0249 (SE = 0.0728)
tau (square root of estimated tau^2 value):             0.1579
I^2 (residual heterogeneity / unaccounted variability): 11.12%
H^2 (unaccounted variability / sampling variability):   1.13
R^2 (amount of heterogeneity accounted for):            91.33%

Test for Residual Heterogeneity:
QE(df = 19) = 21.3772, p-val = 0.3163

Test of Moderators (coefficient 2):
QM(df = 1) = 24.5574, p-val < .0001

Model Results:

          estimate      se     zval    pval    ci.lb   ci.ub
intrcpt    -0.6497  0.3443  -1.8870  0.0592  -1.3245  0.0251   .
sessions    0.1158  0.0234   4.9555  <.0001   0.0700  0.1616  ***

---
Signif. codes:  0 '***' 0.001 '**' 0.01 '*' 0.05 '.' 0.1 ' ' 1
```

[그림 9-26] 조절변수 sessions로 메타회귀분석을 실시한 결과

이어서 조절변수로 sessions(개입횟수) 및 alpha(척도의 신뢰도)를 동시에 투입하면 각 조절변수의 고유한 영향력을 파악할 수 있다. [그림 9-27]에서 분석결과를 보면 먼저 회귀식은 통계적으로 유의함을 알 수 있으며(QM=23.43, p<0.0001), 종속변수의 연구 간 분산의 86.9%를 설명하는 것을 알 수 있다. 그리고 alpha를 통제한 상태에서 sessions가 미치는 영향력은 0.11로 통계적으로 유의하며(Z=3.54, p=0.0004) 개입횟수가 한 세션 증가할수록 전체 효과크기는 0.11만큼 커짐을 알 수 있다. 그러나 sessions를 통제한 상태에서 alpha가 미치는 영향력은 통계적으로 유의하지 않은 것으로 나타났다(Z=0.179, p=0.858). 즉, 앞서 시행한 단순회귀분석에서는 alpha가 통계적으로 유의한 조절변수였지만 sessions를 통제한 상태, 즉 다중회귀분석에서는 더 이상 유의하지 않은 것으로 나타났음을 알 수 있다. 따라서 조절변수의 고유한 영향력을 살펴보기 위해서는 다중회귀분석이 필요함을 확인할 수 있다.

> metareg(meta9, sessions + alpha)

```
> metareg(meta9, sessions+alpha)

Mixed-Effects Model (k = 21; tau^2 estimator: DL)

tau^2 (estimated amount of residual heterogeneity):     0.0376 (SE = 0.0795)
tau (square root of estimated tau^2 value):             0.1939
I^2 (residual heterogeneity / unaccounted variability): 15.79%
H^2 (unaccounted variability / sampling variability):   1.19
R^2 (amount of heterogeneity accounted for):            86.92%

Test for Residual Heterogeneity:
QE(df = 18) = 21.3753, p-val = 0.2609

Test of Moderators (coefficients 2:3):
QM(df = 2) = 23.4329, p-val < .0001

Model Results:

          estimate      se     zval    pval    ci.lb   ci.ub
intrcpt    -0.9675  1.8162  -0.5327  0.5943  -4.5272  2.5922
sessions    0.1123  0.0317   3.5453  0.0004   0.0502  0.1744  ***
alpha       0.4439  2.4784   0.1791  0.8579  -4.4137  5.3015

---
Signif. codes:  0 ‘***’ 0.001 ‘**’ 0.01 ‘*’ 0.05 ‘.’ 0.1 ‘ ’ 1

>
```

[그림 9-27] 조절변수 sesssions 및 alpha로 다중 메타회귀분석을 실시한 결과

Point 1차 연구(primary studies)에서 회귀분석

$y = a + bx$

$b = r^{*}(y\_sd/x\_sd)$

$a = y\_mean - (b^{*}x\_mean)$

$$b = \frac{S_{xy}}{S_x^2} = \frac{xy\text{공분산}}{x\text{분산}} \qquad \beta = b\frac{S_x}{S_y} \qquad F = \frac{SSR/k}{SSE/(n-k-1)}$$

$$R^2 = \frac{explained\ variance\ with\ a\ covariate}{total\ variance}$$

$$R^2 = \frac{\sigma^2_{explained}}{\sigma^2_{total}} = \frac{SSR}{SST} = 1 - \left(\frac{\sigma^2_{unexplained}}{\sigma^2_{total}}\right) = 1 - \frac{SSE}{SST}$$

$$R^2 = \frac{\text{회귀분산}}{\text{총 분산}} = 1 - \left(\frac{\text{오차 제곱합}}{\text{총 분산}}\right)$$

메타연구에서의 회귀분석

$y = a + bx$

메타분석에서 전체 분산=연구 내 분산+연구 간 분산

조절변수/공변수(covariates)**는 연구 수준의 변수**(variables at study level)**이므로 연구 간 분산**(between-study variance or true variance)**만 설명할 수 있다.** 따라서 전체분산 대신 연구 간 분산에 대한 설명을 하게 된다.

$$R^2 = \frac{between\text{-}study\ variance\ explained}{total\ between\text{-}study\ variance} = \frac{\text{설명된 연구 간 분산}}{\text{전체 연구 간 분산}} = 1 - \left(\frac{\text{설명 안 된 연구 간 분산}}{\text{전체 연구 간 분산}}\right)$$

$$R^2 = \frac{\tau^2_{explained}}{\tau^2_{total}} = 1 - \left(\frac{\tau^2_{unexplained}}{\tau^2_{total}}\right) = 1 - \left(\frac{\tau^2_{residual}}{\tau^2_{total}}\right)$$

참고) 메타 ANOVA에서 R^2는 집단 구분 변수에 의해 설명되는 정도

$$\text{즉 } R^2 = \frac{\tau^2_{between}}{\tau^2_{total}} = 1 - \left(\frac{\tau^2_{within}}{\tau^2_{total}}\right) = 1 - \left(\frac{\text{집단을 구분하였을 경우 집단 내 분산}}{\text{집단을 구분하지 않았을 경우 전체 분산}}\right)$$

요약

- 메타분석에 있어서 조절효과분석은 하위집단(subgroups) 간의 효과크기 차이를 보다 직접적으로 검증하며 또한 평균효과크기에 영향을 주는 변수, 즉 조절변수의 영향력을 검증할 수 있도록 한다.
- 조절효과분석은 효과크기를 설명하는 연구 차원의 변수, 즉 조절변수(moderators)를 통해 분석하는데 일반적으로 다음 두 가지 방법이 있다. 즉, 조절변수가 범주형 변수일 경우 메타 ANOVA를, 조절변수가 연속형 변수일 경우 메타회귀분석(meta-regression)을 활용한다.
- 이 두 가지 방법은 메타분석이 아닌 일차적인 연구에서 활용되는 ANOVA 및 OLS 회귀분석과 동일하지는 않다. 즉, 데이터의 전체 분산을 설명하는 것이 아니라 실제분산, 즉 연구 간 분산을 설명하고자 하며, 메타회귀분석을 위해서는 최소 10개의 연구가 필요하다.
- 조절효과분석은 실험적 분석이 아니므로 인과관계(causal relationship)를 유추할 수 있는 것은 아니다. 따라서 이 분석은 효과크기의 차이 및 그 이질성에 대한 원인, 배경 등에 대한 탐색적 설명을 하는 데 그 목적이 있다고 하겠다.

명령어 정리

2. 메타 ANOVA

```
> cbt <- read.csv("D:/R/cbt.csv")
> cbt
> meta8 <- metacont(n1, m1, s1, n2, m2, s2, sm="SMD", study, data=cbt)
> meta8
> meta8a <- update(meta8, byvar=group)
> summary(meta8a)
> forest(meta8a, fixed=F, digits.mean=0, digits.sd=0, col.by="blue",
    resid.hetstat=F, test.subgroup.random=TRUE)

> meta8b <- update(meta8a, tau.common=TRUE)
> summary(meta8b)
> forest(meta8b, fixed=F, digits.mean=0, digits.sd=0, col.by="blue",
    resid.hetstat=F, test.subgroup.random=TRUE)
> forest(meta8b, digits.mean=0, digits.sd=0, fixed=F, col.by="blue", print.
subgroup.name=F, test.subgroup.random=T, resid.hetstat=F, layout="subgroup",
 calcwidth.tests=T)
> metareg(meta8, group)
```

사후분석

```
> cbt <- read.csv("D:/R/cbt.csv")
> meta8 <- metacont(n1, m1, s1, n2, m2, s2, sm="SMD", study, data=cbt, byvar=group)
> meta8
```

원 데이터(cbt)에서 3개의 하위 데이터를 만든다

```
> cbta <- subset(cbt, group != "6_weeks")     # " !=" means not equal
> cbtb <- subset(cbt, group != "4_weeks")
> cbtc <- subset(cbt, group != "2_weeks")
```

```
# 앞에서 만든 하위 데이터 세트에서 각각 비교분석을 실시한다
> meta8_a <- metacont(n1, m1, s1, n2, m2, s2, sm="SMD", study, data=cbta, byvar=group)
> meta8_b <- metacont(n1, m1, s1, n2, m2, s2, sm="SMD", study, data=cbtb, byvar=group)
> meta8_c <- metacont(n1, m1, s1, n2, m2, s2, sm="SMD", study, data=cbtc, byvar=group)

> forest(meta8_a, digits.mean=0, digits.sd=0, fixed=F, col.by="blue", test.subgroup.random=T, print.subgroup.name=F)
> forest(meta8_b, digits.mean=0, digits.sd=0, fixed=F, col.by="blue", test.subgroup.random=T, print.subgroup.name=F)
> forest(meta8_c, digits.mean=0, digits.sd=0, fixed=F, col.by="blue", test.subgroup.random=T, print.subgroup.name=F)
```

3. 메타회귀분석

```
> bcg <- read.csv("D:/R/bcg11.csv")
> bcg

> meta4 <- metabin(a, n1, c, n2, sm="RR" method="I", studlab=paste(study, start), data=bcg)
> meta4
> forest(meta4, fixed=FALSE)

> metareg(meta4, latitude)

> meta4a <- metareg(meta4, latitude)
> predict(meta4a)
> exp(fitted(meta4a))
```

```
> bubble(metareg(meta4, latitude))
> bubble(metareg(meta4, latitude), col.line="blue", bg="light blue", studlab=T,
xlim=c(0, 60))

> metareg(meta1, alloc2)
```

\# 다중 메타회귀분석

```
> adhd21 <- read.csv("D:/R/ADHD21.csv")
> meta9 <- metagen(g, se, sm="SMD", study, data=adhd21)
> summary(meta9)

> metareg(meta9, alpha)
> metareg(meta9, sessions)
> metareg(meta9, sessions + alpha)
```

제 10 장

출간오류분석

1. 출간오류의 의미

2. 출간오류의 분석 과정

META-ANALYSIS USING R

일반적으로 다른 연구에서와 마찬가지로 메타분석에서도 여러 가지 오류(bias)가 존재할 수 있는데 그 유형으로는 언어적 오류, 접근성 오류, 친숙도 오류, 결과보고 오류, 비용 오류 등이 있다. 이를 정리하면 〈표 10-1〉과 같다.

〈표 10-1〉 메타분석에서의 오류(bias) 유형

오류 유형	내용
언어적 오류 (language bias)	영어로 출간된 연구결과를 선별적으로 포함시킴으로써 발생하는 오류
접근성 오류 (availability bias)	연구자가 접근하기 쉬운 연구결과를 선별적으로 포함시키는 오류
친숙도 오류 (familiarity bias)	자신의 학문 분야의 연구결과만을 선별적으로 포함시키는 오류
결과보고 오류(outcome-reporting bias)	연구자가 연구결과를 선별적으로 보고하는 경우, 즉 일반적으로 통계적으로 유의한 연구결과는 그렇지 않은 연구결과보다 더 잘 보고되는 경향이 있음으로 발생하는 오류
비용 오류 (cost bias)	무료 또는 저비용으로 이용 가능한 연구를 선별적으로 포함하는 경우에 생기는 오류

이 모든 오류(bias)는 연구에 포함된 연구가 전체 연구(the population of completed studies)를 대표하지 못하는 오류, 즉 '비대표성(unrepresentativeness)'과 관련되어 있다. 따라서 이 모든 오류를 보통 '배포오류(dissemination bias)'라는 포괄적 용어로 지칭하기도 한다. 하지만 이와 유사한 용어로 출간오류(publication bias)라는 용어가 이미 학계에 정착되어 있어 출간오류(publication bias)라는 용어를 계속 사용하기로 한다. 한편 Cochrane에서는 이를 '보고오류(reporting bias)'라고 부르기도 한다.

Point 배포오류와 출간오류

배포오류(dissemination bias)

통계적으로 유의한 연구결과는 동일한 과학성을 갖추고 있지만 통계적으로 유의하지 않은 결과를 도출한 연구들보다 찾기가 더 수월하고 영어라는 언어로 출간되었을 경우 더 쉽게 접근할 수 있다. 즉, 이 오류는 연구결과의 언어, 익숙함, 이용가능성, 비용 등과 관련되어 있다.

출간오류(publication bias)

긍정적이고 통계적으로 유의미한 결과를 도출한 연구는 그렇지 않은 결과를 도출한 연구보다 더 쉽게 출간되는 경향이 있다. 따라서 출간된 연구라고 해서 모두가 높은 수준의 질을 보여 주는 연구라고 할 수 없지만 통계적으로 유의한 결과를 보여 주는 연구일 가능성이 높다.

1. 출간오류의 의미

출간오류의 일반적인 의미는 연구결과의 속성이나 방향에 따라 연구결과가 출간되거나 출간되지 못하는 오류(bias)를 의미한다(Higgins & Green, 2011). 하지만 메타분석에서 "출간(publication)이 의미하는 바는 체계적 리뷰에 포함될 연구를 선정하는 전체 과정(the whole process)을 의미한다"(Copas & Shi, 2000, p. 418)라는 주장이 있다. 따라서 출간오류는 단순히 출간 여부를 의미한다기보다는 더 큰 의미로(예: 연구선정 과정에 있어서 오류, 메타분석에 포함된 데이터 오류 등) 해석하는 것이 필요하다.

현재 메타분석에 포함된 연구에서 나타난 분석결과가 분석에 포함되어야 할 연구들이 모두 포함되었을 때 나타나는 분석결과와 체계적으로 다르다면 출간오류가 존재한다고 하겠다. 즉, 출간된 연구의 결과가 모든 (수행된) 연구의 결과를 대표하지 못할 때 출간오류는 발생하는 것이다. 그리고 메타분석에 포함된 연구가 관련된 모든 연구들의 왜곡된 표본(biased sample)이라면 그 결과, 즉 메타분석의 결과로 나타난 전체 효과크기는 왜곡된—일반적으로 과대추정(overestimated)된—결과인 것이다(Borenstein et al., 2009).

Point 누락된 연구 문제와 표본추출오류

누락된 연구 문제(missing studies)

긍정적인 결과 그리고 통계적으로 유의미한 결과를 보여 주는 연구는 그렇지 않은 연구보다 출간될 가능성이 높다. 그리고 출간된 연구는 메타분석에 포함될 가능성이 높다. 따라서 통계적으로 유의하지 않거나 긍정적인 결과를 도출하지 못한 연구는 출간되지 않아서 메타분석에 포함되지 않았을 가능성이 높다.

표본추출오류(sampling bias)

문헌에는 출간된 문헌뿐만 아니라 출간되지 않은 회색문헌(grey literature)도 존재하며 이는 다음과 같은 것들이다: technical reports, governmental reports, thesis/dissertation, conference papers. 만약 이러한 회색문헌이 메타분석에 포함되지 않았다면 메타분석은 표본추출오류로부터 자유로울 수 없다.

■ small-study effects(표본크기가 작은 연구로 인한 영향)

'small-study effects'는 출간오류로 인해 나타난 하나의 결과 및 현상으로 메타분석에 포함된 연구들에 있어서 표본크기(sample size)가 작은 연구들이 상대적으로 큰 효과크기를 보이는 경향을 의미하며(Sterne, Gavaghan, & Egger, 2000), 이에 대한 논리는 다음과 같다.

- 통계적 유의성에 상관없이 표본이 큰 연구는 출간될 가능성이 높다.
- 표본이 중간 크기인 경우 출간되지 않을 가능성이 있다.
- 표본이 작은 연구는 출간되지 않을 가능성(missing)이 가장 높다. 하지만 효과크기가 크다면 출간될 가능성이 있다.

즉, 메타분석에 포함된 연구 중 표본크기가 작은 연구는 효과크기가 상대적으로 큰 연구일 가능성이 높다고 할 수 있다. 따라서 'small-study effects'에 대한 이러한 가설을 검정하기 위해 표본크기와 효과크기의 관계를 고찰할 필요가 있다. 만약 이 양자 간에 어떤 의미 있는 관계가 존재한다면 'small-study effects'에 대한 가설은 사실(true)이라고 볼 수 있다. 즉, 메타분석에 포함된 연구들 중에서 표본크기가 작은 연구들의 효과크기가 상대적으로 크다면 이것은 'small-study effects', 즉 출간오류(publication bias)가 존재하는 근거로 볼 수 있다.

Tip

출간오류는 'small-study effects'의 여러 원인 중 한 가지로 보는 것이 타당하다. 왜냐하면 'small-study effects'의 원인으로 출간오류 외에 연구 디자인의 문제 또는 연구 실행상의 문제(예: poor quality design, lack of control, or more strict program implementation 등)가 있기 때문이다.

2. 출간오류의 분석 과정

출간오류(publication bias)에 대한 분석 과정은 일반적으로 다음과 같다.

- 우선 데이터에 대한 검토
- 오류가 있는지 그 근거를 확인
- 오류의 정도 파악
- 오류가 미치는 영향을 고려(오류에 대한 조정)

그리고 이러한 과정을 거치게 되는 출간오류분석의 목표는 다음 결론 중 한 가지로 볼 수 있다.

- 오류의 영향력(the impact of bias)이 미미하다.
- 오류의 영향력이 미미하지는 않지만 결과에 영향을 줄 정도는 아니다.
- 오류가 심각해서 연구결과가 의심스럽다.

사례

Hackshaw 등(1997)은 간접흡연과 폐암과의 관계에 대한 37개의 연구결과에 대해 메타분석을 실시하였으며, 분석결과 간접흡연으로 인해 흡연 배우자를 둔 비흡연 배우자의 폐암 발생률이 24% 더 높은 것으로 밝혀졌다.

하지만 본 연구결과에 대해 의문이 제기되었는데 그 이유는 효과크기가 큰 연구들은 작은 연구에 비해 출간될 가능성이 높고 따라서 연구에 포함될 가능성이 높다. 하지만 효과크기가 작거나 효과가 없는 연구는 출간될 가능성이 낮아서 연구에 포함되지 못했기 때문에 이러한 결과가 도출되었다고 이의를 제기하였다.

〈표 10-2〉는 간접흡연과 배우자의 폐암 발생률에 대한 데이터로서 효과크기(yi)는 log Risk Ratio로 분산(vi) 역시 log Risk Ratio의 분산으로 제시되어 있다.

〈표 10-2〉 간접흡연과 폐암과의 관련성에 대한 데이터

study	yi	lower	upper	vi
study01	−0.288	−0.84084	0.265475	0.079649
study02	0.728	−0.20691	1.662006	0.227305
study03	0.756	0.171673	1.340567	0.088916
study04	−0.223	−1.08347	0.637175	0.192668
study05	−0.236	−1.3769	0.905448	0.338993
study06	0.698	0.084369	1.311897	0.09806
study07	0.207	−0.21131	0.625334	0.045553
study08	0.182	−0.76119	1.125838	0.231731
study09	0.419	−0.1344	0.971824	0.079637
study10	0.03	−0.88426	0.943388	0.217377
study11	0.438	−0.10545	0.981966	0.076952
study12	0.03	−0.49453	0.553638	0.071497
study13	0.85	−0.20996	1.910264	0.292543
study14	0.501	0.147782	0.853768	0.032435
study15	0.174	−0.19933	0.547231	0.036271
study16	0.419	−0.94461	1.782026	0.483819
study17	0.77	0.080455	1.459759	0.123808
study18	0.077	−0.44558	0.599512	0.071079
study19	0.936	−0.30067	2.172861	0.398166
study20	0.482	−0.10432	1.069173	0.089616
study21	0.058	−0.30163	0.418171	0.033717
study22	−0.236	0.48464	0.013193	0.016128
study23	−0.301	−1.13317	0.530963	0.180221
study24	0.82	−0.28397	1.92353	0.317124
study25	−0.03	−0.25	0.189074	0.012546
study26	0.47	−0.19086	1.13087	0.113687
study27	0.174	−0.41186	0.759763	0.089331
study28	0.507	−0.31538	1.32902	0.175972
study29	0.231	0.034836	0.42739	0.010028
study30	0.095	−0.48017	0.670789	0.086208
study31	0.507	0.115443	0.898192	0.039872
study32	0.148	−0.22551	0.522347	0.036397
study33	0.104	−0.40075	0.609472	0.066414
study34	0.166	−0.10305	0.434078	0.018775
study35	0.372	0.015283	0.727838	0.033042
study36	0.703	−0.73741	2.143606	0.540157
study37	0.182	−0.11094	0.475588	0.022388

출처: Hackshaw et al., 1997, p. 981.

1) 데이터에 대한 검토

먼저 오류(bias)가 존재하는지 살펴보는 가장 좋은 출발점은 메타분석 데이터를 검토해 보는 것이다. 여기에는 forest plot이 적합하다고 하겠으며, [그림 10-1]과 같이 각 연구의 표준오차별로 오름차순으로 정리하여 표본이 큰 연구 순으로 정리한 결과를 얻을 수 있다.

```
> smoking <- read.csv("C:/R/smoking.csv")
> meta5 <- metagen(yi, sqrt(vi), sm="RR", study, data=smoking)
> summary(meta5)
> forest(meta5, random=F, sortvar=seTE)
```

```
> meta5=metagen(yi, sqrt(vi), sm="RR", study, data=smoking)
> summary(meta5)
Number of studies combined: k = 37

                         RR           95%-CI    z  p-value
Fixed effect model   1.2041 [1.1199; 1.2946] 5.02 < 0.0001
Random effects model 1.2377 [1.1294; 1.3565] 4.56 < 0.0001

Quantifying heterogeneity:
tau^2 = 0.0168; H = 1.15 [1.00; 1.41]; I^2 = 24.2% [0.0%; 49.8%]

Test of heterogeneity:
     Q d.f.  p-value
 47.51   36   0.0949

Details on meta-analytical method:
- Inverse variance method
- DerSimonian-Laird estimator for tau^2
>
```

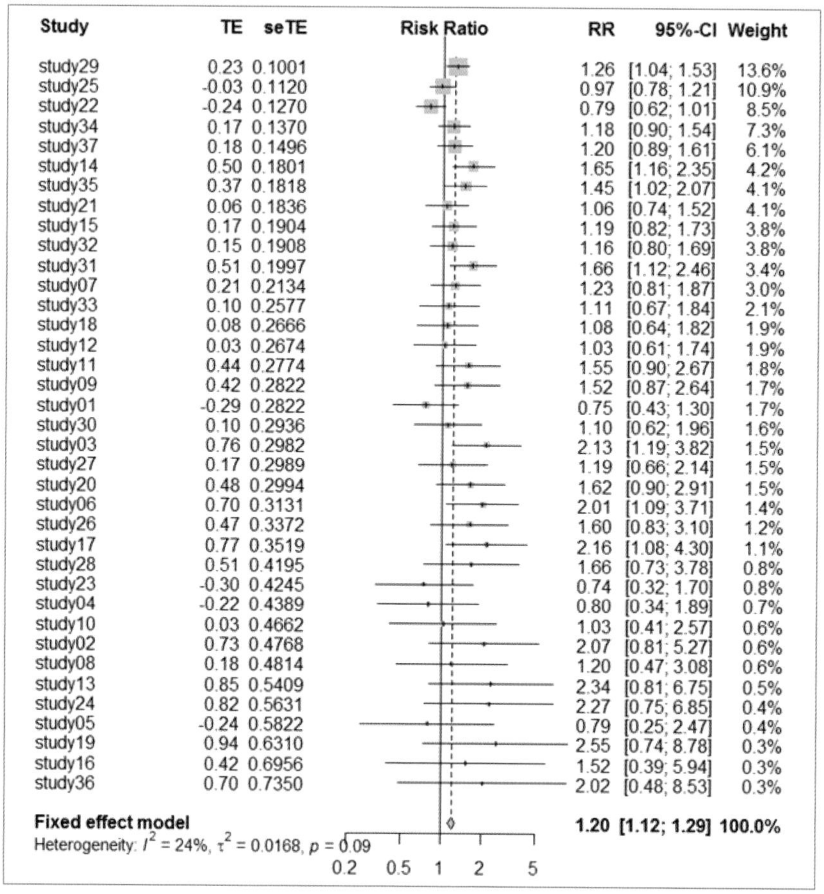

[그림 10-1] 간접흡연과 폐암과의 관련성(forest plot)

[그림 10-1]의 forest plot은 메타분석 결과 그 부분과 전체를 보여 준다. 즉, 각 개별연구들의 결과(효과크기 및 통계적 유의성)와 패턴 그리고 전체 연구결과의 모습(평균효과크기 및 통계적 유의성)을 보여 준다. 분석결과를 살펴보면 그림의 아래쪽에 있는 가중치가 작은 연구들, 즉 표본의 크기가 작은 연구들이 대체로 효과크기가 큰 것으로 나타났음을 알 수 있다. 즉, 'small-study effects' 가능성이 있는 것으로 볼 수 있다.

2) 오류의 존재 유무에 대한 확인

메타분석에서 표본의 크기와 효과크기의 관계를 보여 주는 방법은 funnel plot을 통해서이다. 깔때기 모양을 하고 있다고 해서 이름이 붙여진 funnel plot은 수평축에 효과크기를, 수직축에는 표준오차(standard error)로 구성된다. 일반적으로 표본이 큰 연구들은 그래프의 상단에 위치하며 가운데 직선, 즉 평균효과크기 주변에 몰려 있다. 하지만 표본크기가 작은 연구들은 그래프의 하단에 위치하며 상대적으로 폭넓게 분포되어 있다([그림 10-2] 참조). 왜냐하면 표본크기가 작은 연구들은 효과크기와 표준오차가 더 크기 때문이다. 여기서 대각선은 각 효과크기의 95% 신뢰구간을 나타낸다.

```
> funnel(meta5, random=FALSE)
```

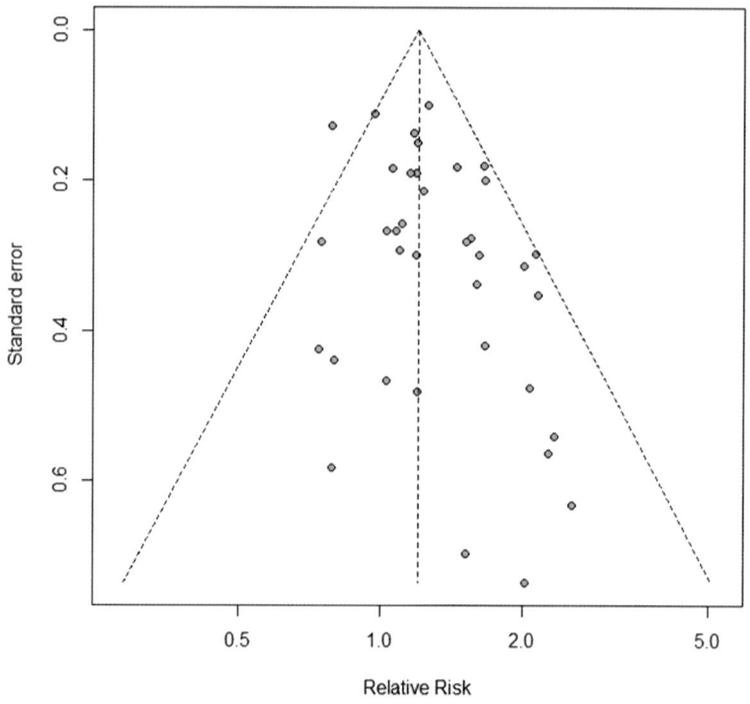

[그림 10-2] 간접흡연과 폐암과의 관계에 대한 funnel plot

이 funnel plot에서 (효과크기)데이터들이 오류가 없다면 좌우대칭(symmetry)의 모습을 보일 것이지만 만약 비대칭(asymmetry)의 모습을 보인다면 이것은 데이터에 오류가 있음(biased)을 보여 주는 것이다. 그리고 이 비대칭을 파악하는 것은 시각적으로 확인하는 방법과 통계적으로 검증하는 방법 두 가지가 있다.

(1) 비대칭에 대한 시각적 분석

[그림 10-2]에서 보듯이 X축에는 효과크기(relative risk), Y축에는 표준오차(standard error)를 사용하여 그래프 하단에 표본크기가 작은 연구들이 보다 폭넓게 위치할 수 있다. 그리고 risk ratio=1.0을 기준으로 주로 오른쪽에 위치하고 있어 육안으로 비대칭(asymmetry)임을 쉽게 확인할 수 있다([그림 10-3] 참조).

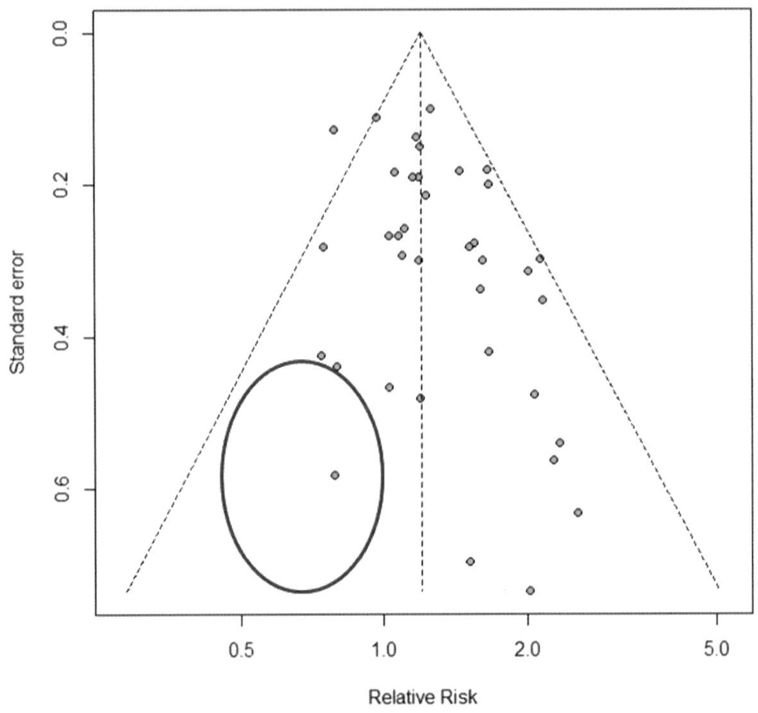

[그림 10-3] 비대칭을 보이는 간접흡연과 폐암과의 관계 funnel plot

Point

funnel plot은 오류에 대한 증명이 아니라 오류의 가능성(the possibility of bias)을 제기하기 위한 도구이며, 'small-study effects'를 검토하기 위한 하나의 일반적인 수단(a generic means)이라고 보는 것이 타당하다(Sterne, Egger, & Mohr, 2010).

(2) 비대칭에 대한 통계적 분석

앞의 funnel plot을 보면 효과크기의 분포가 비대칭임을 쉽게 인지할 수 있다. 즉, 대다수의 작은 연구들은 funnel plot의 하단 오른쪽에 몰려 있다. 하지만 보다 합리적인 분석기법으로 funnel plot의 비대칭에 대한 통계적 분석으로 가장 많이 활용되는 방법은 Egger's regression test가 있다.

Egger 등(1997)은 각 연구의 효과크기와 표준오차와의 관계를 회귀식으로 설명하고 있다. 즉, Egger's regression test에 의하면 [그림 10-4]에서 보는 것처럼 bias의 p-value가 통계적으로 유의함(t=2.37, df=35, p=.024)을 알 수 있다. 즉, 효과크기와 표준오차와의 관계가 없다는 영가설(bias=0, 즉 funnel plot의 대칭)을 기각하게 되어 효과크기와 표준오차의 관계는 통계적으로 유의한 관계가 있다고 말할 수 있다.

> metabias(meta5)

```
> metabias(meta5)

        Linear regression test of funnel plot asymmetry

data:  meta5
t = 2.3674, df = 35, p-value = 0.02357
alternative hypothesis: asymmetry in funnel plot
sample estimates:
       bias     se.bias       slope
0.892026897 0.376794281 0.008837408

>
```

[그림 10-4] funnel plot의 대칭을 검정하기 위한 Egger의 회귀분석결과

다음 결과 [그림 10-5]는 Stata로 분석한 Egger의 회귀분석결과이다. 앞서 살펴본 R의 분석결과와 동일함을 알 수 있다. 특히 [그림 10-6]에서 bias(여기서는 절편값 β_0)의 신뢰구간이 0을 포함하고 있지 않아 통계적으로 유의함을 증명하고 있다. 그리고 Egger와 그 동료들은 다음 두 (방정식 10-1)과 (방정식 10-2)는 동일하다고 주장하고 있다(Sterne, Becker, & Egger, 2005). 즉, 정밀성(precision, 즉 $P_i=1/S_i$)을 독립변수로 하고 표준화된 효과크기(standardized effect)를 종속변수로 한 회귀식의 좌변 및 우변에 표준오차(S_i)로 나누어 주면 표준오차를 독립변수로 하고 관찰된 효과크기(observed effect)를 종속변수로 하는 회귀식을 얻을 수 있기 때문이다. 즉, $Z_i=\theta_i/S_i$이므로 표준화된 효과크기는 관찰된 비표준화된 효과크기로 전환된다. 따라서 [그림 10-5], [그림 10-6]의 결과에서 보듯이 표준오차와 효과크기와는 유의미한 관계가 있는 것으로 나타났기 때문에 (t=2.37, p=0.024) 효

과크기와 표본크기는 통계적으로 유의한 관계가 있다고 하겠다.

$$E(Z_i)=\beta_0+\beta_1P_i \quad \text{(방정식 10-1)}$$

$$E(\theta_i)=\beta_1+\beta_0S_i \quad \text{(방정식 10-2)}$$

$$E(\theta_i)=0.009+0.8923S_i \quad \text{(방정식 10-3)}$$

즉, 표준오차(S_i)가 한 단위 커지게 되면 효과크기는 0.892만큼 커진다. 즉, 표본크기가 작아지면 효과크기는 더 커진다는 것을 알 수 있다(방정식 10-3).

Egger's test

Std_Eff	Coef.	Std. Err.	t	P>|t|	[95% Conf.	Interval]
slope	.0087534	.0847357	0.10	0.918	-.1632692	.180776
bias	.8922971	.3767187	2.37	0.024	.1275175	1.657077

[그림 10-5] Stata로 분석한 Egger의 회귀분석결과 1

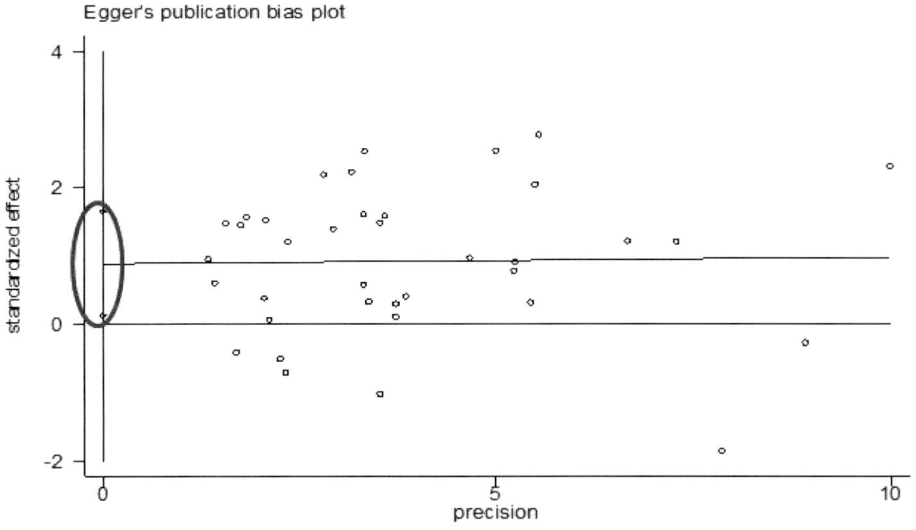

[그림 10-6] Stata로 분석한 Egger의 회귀분석결과 2

이를 종합하면 전반적으로 표본의 크기가 작은 연구는 큰 연구보다 간접흡연과 폐암 사이의 관계, 즉 효과크기가 크다는 것을 보여 주고 있기 때문에 통계적으로도 funnel plot의 비대칭을 증명할 수 있었다.

Point

funnel plot의 비대칭을 검증하기 위한 또 다른 방법으로 Begg과 Mazumdar(1994)의 서열상관관계 검정(rank correlation test)를 이용하기도 한다. 하지만 이 분석방법은 표준화된 효과크기와 연구 내 분산과의 서열상관관계를 검증하기 때문에 Egger의 regression test보다 검증력이 약한 것으로 평가된다(Schwarzer et al., 2015).

3) 오류의 정도에 대한 분석

오류가 있다고 판단되면 그 다음 단계는 그럼 오류(bias)가 어느 정도인가, 즉 전반적으로 연구결과가 얼마나 신빙성이 있는가를 살펴보는 것이다. 여기에는 지금까지 일반적으로 fail-safe N(안전성 계수) 방법을 활용해 왔다.

이 안전성 계수 분석방법은 원래 Rosenthal(1979)에 의해 'file drawer analysis'라고 알려졌는데 이는 통계적으로 유의하지 않은 연구결과는 출간되지 못하고 파일 캐비닛 안에 보관되어 있던 것에서 유래하여, 출간되지 못해 메타분석에서 누락된 연구의 수를 계산하는 것을 의미하였다. 이는 나중에 Harris Cooper(2010)에 의해 'fail-safe N'으로 명명되었다(Borenstein et al., 2009).

즉, 안정성 계수는 메타분석의 결과가 유의하지 않게, 즉 $p > 0.05$가 되도록 하는데 필요한(통계적으로 유의하지 않은) 누락된 연구의 수를 의미한다. 이 누락된 연구 수가 충분히 크다면 출간오류의 가능성은 작다고 할 수 있다.

먼저, 전통적인 fail-safe N 분석으로 Rosenthal 계산방식이 있는데, 다음 결과에서 보는 것처럼 전체 효과가 유의하지 않게($p > alpha$) 되려면 398개의 추가 연구가 필요함을 보여 준다(fail-safe N 분석은 "metafor" 패키지에서 가능하다).

```
> library(metafor)
> fsn(yi, vi, data=smoking)
> fsn(yi, vi, data=smoking, type="Orwin")
> fsn(yi, vi, data=smoking, type="Rosenberg")
```

```
Fail-safe N Calculation Using the Rosenthal Approach

Observed Significance Level: <.0001
Target Significance Level:   0.05

Fail-safe N: 398

> fsn(yi, vi, data=smoking, type="Orwin")

Fail-safe N Calculation Using the Orwin Approach

Average Effect Size: 0.2951
Target Effect Size:  0.1476

Fail-safe N: 37

> fsn(yi, vi, data=smoking, type="Rosenberg")

Fail-safe N Calculation Using the Rosenberg Approach

Average Effect Size:         0.1857
Observed Significance Level: <.0001
Target Significance Level:   0.05

Fail-safe N: 206
```

[그림 10-7] 다양한 Fail-safe N 분석결과

Rosenthal(1979)은 이 수치(N)가 비록 충분히 크지는 않다 하더라도 어느 정도만 되면 대체로 신빙성 있는 결과라고 주장하였으며, 이 N의 기준은 5k+10으로 제시하였다(k: 연구 수). 즉, 5*(37)+10=195, 따라서 Fail-safe N이 195개보다 더 많으면 본 연구결과는 신빙성이 있다고 주장한다.

두 번째 방법은 Orwin(1983)의 방법으로, 전체 연구결과가 유의하지 않도록 그 기준(criterion for a "trivial" risk ratio) 값을 정한 후 누락된 데이터가 얼마나 되는지 계산하는데 이 방식으로 계산한 결과는 37개가 누락되었다고 보여 준다. 그리고 마지막으로 Rosenberg의 방식으로 구하게 되면 Fail-safe N은 206개가 산출되었다.

결론적으로 누락된 연구의 수가 충분히 크다면 출간오류(publication bias)는 그다지 크지 않다고 판단할 수 있다.

Point fail-safe N의 일반적인 계산 공식

$N_{fs}=k(d-d_e)/d_e$

k: 평균효과크기 산출에 이용된 연구의 수(예: 37)
d: 평균효과크기(예: 1.204)
d_e: 누락된 연구들이 추가될 때 기준 효과크기(예: 1.050)

예) 앞의 Orwin 연구결과에서 log(1.204)=0.186, log(1.050)=0.049

따라서 $N_{fs}=\dfrac{37(0.186-0.049)}{0.049}=103.45$, 즉 fail-safe N=104

출처: Dension & Seltzer, 2011; Orwin, 1983.

■ 안전성 계수(fail-safe N)에 대한 비판

그동안 메타분석 연구에서 제시되어 온 안전성 계수는 최근 들어 많은 비판을 받고 있는데 이를 정리하면 다음과 같다.

일반적으로 의학 연구 특히 체계적 연구결과 분석에서는 특정한 유의확률(p-value)보다는 효과크기의 신뢰구간에 더 초점을 두는 것이 일반적이다. 따라서 Cochrane에서는 유의확률에 의존하는 안전성 계수를 사용하는 것을 권장하지 않는다(Higgins & Green, 2011).

이 계산 방법은 누락된 연구의 평균효과크기에 달려 있다. 즉, 누락된 연구의 평균효과

크기의 기준에 따라 안전성 계수에 대한 추정이 매우 다양하게 산출된다. 그리고 fail-safe N을 추정하는 공식은 여러 가지이며 공식에 따라 결과가 매우 다르게 나타나서 결론도 달라진다(즉, Rosenthal 방식, Orwin 방식, Rosenberg 방식). 특히 안전성 계수 산출에 있어서는 각 연구의 표본크기 또는 그 이질성(heterogeneity)을 고려하지 않으며, 아울러 효과크기의 규모(magnitude)에 대한 문제의식이 없고 fail-safe N의 해석에 대한 통계적 기준이 없다(Becker, 2005). 따라서 Becker는 "failsafe N은 다른 더 나은 분석방법이 있다면 폐기되어야 한다"고 주장하고 있다(2005, p. 124).

안전성 계수는 실질적인 유의성(substantial significance)에 초점을 두는 것이 아니라 통계적 유의성(statistical significance)에 초점을 두고 있다. 또한 누락된 연구의 효과크기를 0(zero)라고 가정하고 있다(Borenstein et al., 2009).

이상의 비판을 통합하면 안전성 계수는 출간오류를 검증함에 있어 많은 문제가 있다고 하겠다. 따라서 Littell과 그 동료들은 다음과 같이 결론을 내리고 있다. 즉, "연구자들은 fail-safe N 방법을 이용하지 않아야 한다"(Littell et al., 2008, p. 131). 그리고 더 나아가 "fail-safe N은 메타분석 연구자들에 의해 폐기되었다"라고 주장하고 있다(Littell, 2013, p. 294). 따라서 메타분석 연구자들은 더 이상 fail-safe N 방법을 사용하지 않고 대신 funnel plot, Egger의 회귀분석, 그리고 trim-and-fill 분석방법을 활용하고 있는 것으로 나타났다.

4) 오류가 미치는 영향(오류에 대한 조정)

다음 단계는 만약 오류(bias)가 있는 것으로 밝혀졌다면 그 오류는 연구결과에 어느 정도 영향을 주는가 하는 것이다. 본 연구는 간접흡연이 폐암발생률을 24% 증가시키는 것으로 결론을 내리고 있다. 여기서 Duval and Tweedie(2000)가 개발한 trim-and-fill 기법을 이용하여 누락되었다고 가정된 연구들을 포함시키면(여기서는 7개 투입, [그림 10-8] 참조), 즉 원래 funnel plot의 비대칭을 대칭으로 조정하게 되면 risk ratio는 약간 바뀌는 것을 알 수 있다([그림 10-9], [그림 10-10] 참조).

> trimfill(meta5, fixed=TRUE)

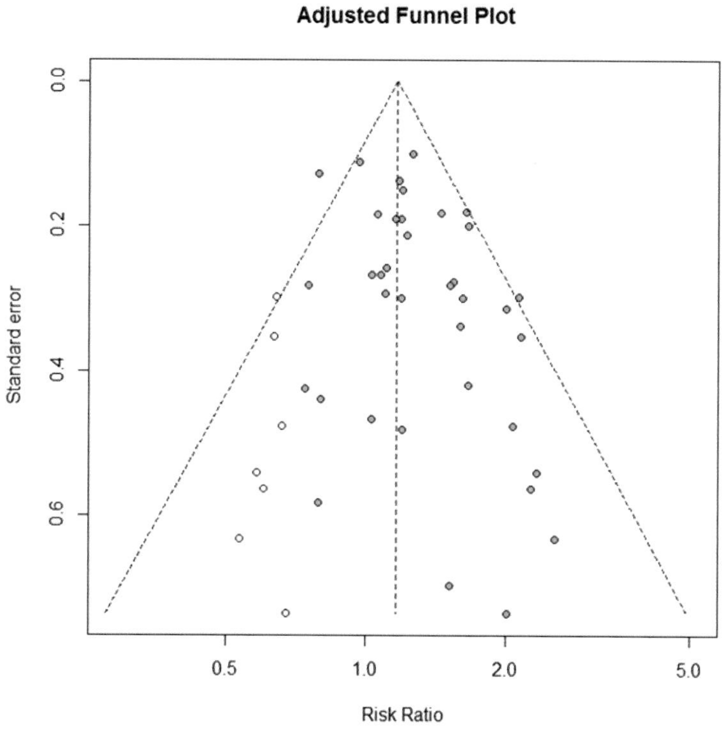

[그림 10-8] Trim-and-Fill 방법으로 만든 투입한 후 Funnel Plot

> summary(meta5)

```
> summary(meta5)
Number of studies combined: k = 37

                        RR           95%-CI    z  p-value
Fixed effect model   1.2041 [1.1199; 1.2946] 5.02 < 0.0001
Random effects model 1.2377 [1.1294; 1.3565] 4.56 < 0.0001

Quantifying heterogeneity:
tau^2 = 0.0168; H = 1.15 [1.00; 1.41]; I^2 = 24.2% [0.0%; 49.8%]

Test of heterogeneity:
     Q d.f.  p-value
 47.51   36   0.0949
```

[그림 10-9] Trim-and-Fill 방법으로 투입하기 이전 평균효과크기

> meta5a <- trimfill(meta5)

> summary(meta5a)

```
> summary(meta5a)
Number of studies combined: k=44 (with 7 added studies)

                         RR           95%-CI      z  p-value
Random effects model 1.1886 [1.0802; 1.3079] 3.5419   0.0004

Quantifying heterogeneity:
tau^2 = 0.0260; H = 1.2 [1; 1.45]; I^2 = 30.4% [0%; 52.2%]

Test of heterogeneity:
    Q d.f.  p-value
 61.8   43   0.0315

Details on meta-analytical method:
- Inverse variance method
- DerSimonian-Laird estimator for tau^2
- Trim-and-fill method to adjust for funnel plot asymmetry
```

[그림 10-10] Trim-and-Fill 방법으로 투입한 이후 평균효과크기의 변화

일반적으로 trim-and-fill 방법은 다음과 같이 진행한다.

- trim: 효과크기가 먼저 대칭이 되도록 대칭이 되지 않는 연구들을 제외한다.
- and: 그러고 나서 효과크기 평균을 다시 구한다.
- fill: 이번에는 새로운 평균을 중심으로 하여 제외한 연구들을 복원시켜 놓고 이에 대칭이 되도록 누락된 연구들을 채운다.

이와 같은 방법을 활용하여 비대칭(asymmetry)을 대칭(symmetry)으로 전환하기 위해 [그림 10-8]에서와 같이 7개의 연구를 투입했을 때 Risk는 19% 증가하는(즉, adjusted RR =1.19) 것으로 나타났으며 여전히 통계적으로 유의한 것으로 나타났다($p<0.001$). 한편, trim-and-fill 이전에는 24% 증가, 즉 RR=1.24로 나타났기 때문에 본 연구의 결과에 그다지 큰 영향을 주지는 않는 것으로 결론 내릴 수 있다([그림 10-9], [그림 10-10] 참조).

Tip trim-and-fill 방법의 한계

이 방법은 데이터가 서로 이질적인(heterogeneous) 경우에 진짜 결측 연구(missing studies)가 아닌 다른 연구들로 채워 넣을 수(impute) 있다는 한계가 있다. 즉, 개별연구 차원의 특성(study-related factors)이 funnel plot의 모양을 왜곡시킬 수 있다는 점이다(Duval, 2005; Richardson & Rothstein, 2008, p. 87 재인용). 따라서 이러한 경우 하위집단별로 trim-and-fill 분석을 해보는 것이 필요하다. 예를 들면, 배우자의 흡연량, 비흡연 배우자의 건강상태, 결혼기간, 즉 노출기간별로 분석할 수 있다.

그리고 trim-and-fill 방법의 주된 목적은 민감성분석(sensitivity analysis)의 한 가지 방법으로 사용하는 것이 적절하다고 하겠다. 즉, 전체 효과에 대한 결측 데이터의 영향을 분석, 확인하는 것이지 최종 결과, 즉 평균효과크기를 실제로 수정하는 데 있는 것이 아니라고 하겠다(Richardson & Rothstein, 2008, pp. 87-88). 따라서 trim-and-fill 방법은 일종의 민감성분석(sensitivity analysis) 방법으로 이해하는 것이 필요하다고 하겠다. 즉, 출간오류에 대해 원래 분석결과가 얼마나 적합하느냐(robust)를 해석의 기준으로 삼는 것이 적절하다(Duval, 2005).

5) 결론

결론적으로 표본의 크기가 작은 연구가 효과크기가 크다는 근거는 있지만 본 연구의 전체 결과의 타당성을 의심할만한 근거는 없다. 따라서 간접흡연은 임상적으로 폐암발생을 (24%) 증가시키는 중요한 요인이 된다고 결론 내릴 수 있다.

Point 연구결과의 진실성

메타분석에서는 항상 출간오류(publication bias)에 대한 분석을 하는 것이 중요하다. 이는 메타분석의 결과가 신빙성이 있는 것인지 아니면 의심스러운지 독자들이 판단할 수 있는 중요한 근거를 제공한다. 아울러 메타분석에 대한 결과보고기준(PRISMA) 및 평가기준(AMSTAR)에 의하면 이 출간오류분석을 명시하고 있다(Mohr et al., 2009; Shea et al., 2009). 따라서 개별 메타분석 연구뿐만 아니라 메타분석이라는 연구방법 및 연구 분야 자체의 진실성(integrity)을 위한 기준이 된다고 하겠다.

요약

- 출간오류의 일반적인 의미는 연구결과의 속성이나 방향에 따라 연구결과가 출간되거나 출간되지 못하는 오류(bias)를 의미한다. 하지만 메타분석에서 이 오류는 단순히 출간 여부보다는 메타분석에 포함될 연구를 선정하는 전체 과정을 의미한다고 해석하는 것이 더 정확하다.
- 현재 메타분석에 포함된 연구로부터 나타난 분석결과가 분석에 포함되어야 할 연구들이 모두 포함되었을 때 나타나는 분석결과와 체계적으로 다르다면 출간오류가 존재한다고 하겠다. 즉, 출간된 연구의 결과가 모든 (수행된) 연구의 결과를 대표하지 못할 때 출간오류는 발생하는 것이다.
- ‘small-study effects’는 출간오류로 인해 나타난 결과 및 현상으로 메타분석에 포함된 연구들에 있어서 표본크기(sample size)가 작은 연구들이 상대적으로 큰 효과크기를 보이는 경향을 의미한다. 따라서 ‘small-study effects’에 대한 이러한 가설을 검정하기 위해 표본크기와 효과크기의 관계를 고찰할 필요가 있다. 만약 이 양자 간에 어떤 의미 있는 관계가 존재한다면 ‘small-study effects’에 대한 가설은 사실(true)이라고 볼 수 있다. 즉, 출간오류가 존재하는 근거로 볼 수 있다.

- 출간오류(publication bias)에 대한 분석 과정은 일반적으로 우선 데이터에 대한 검토를 한 후 오류가 있는지 그 근거를 확인한 후 오류가 미치는 영향을 고려한다. 즉, forest plot을 통해 메타분석 데이터를 검토한 후 funnel plot을 통해 효과크기의 비대칭 여부를 시각적으로 먼저 판단한다. 그리고 funnel plot의 비대칭 여부를 효과크기와 표준오차의 관계를 회귀분석으로 검증하여 통계적으로 효과크기의 비대칭 여부를 평가한다. 만약 비대칭으로 밝혀졌다면 trim-and-fill 분석을 통해 비대칭을 조정한 평균효과크기를 산출하여 원래 평균효과크기와 비교한다. 이를 통해 오류가 미치는 영향력을 평가하게 된다.
- 이러한 과정을 거쳐 출간오류분석을 하게 되면 다음과 같은 결론을 내리게 된다. 첫째, 오류의 영향력이 미미한 것인지, 둘째, 오류의 영향력이 미미하지는 않지만 전체 결과에 영향을 줄 정도는 아닌지 아니면 셋째, 오류가 심각해서 전체 결과가 의심스러운지 판단하게 된다.

명령어 정리

```
> smoking <- read.csv("C:/R/smoking.csv")
> meta5 <- metagen(yi, sqrt(vi), sm="RR", study, data=smoking)
> summary(meta5)
> forest(meta5, random=F, sortvar=seTE)

# funnel plot 만들기
> funnel(meta5, random=FALSE)

# funnel plot 비대칭에 대한 회귀분석
> metabias(meta5)

# fail-safe N 분석
> library(metafor)
> fsn(yi, vi, data=smoking)
> fsn(yi, vi, data=smoking, type="Orwin")
> fsn(yi, vi, data=smoking, type="Rosenberg")
```

```
# trim-and-fill 분석
> trimfill(meta5, fixed=TRUE)
> summary(meta5)
> meta5a <- trimfill(meta5)
> summary(meta5a)
```

제 11 장

누적메타분석과 민감성분석

1. 누적메타분석

2. 민감성분석

META-ANALYSIS USING R

출간오류분석과 더불어 메타분석에서 많이 활용되는 전체 결과의 오류에 대한 분석방법으로 누적메타분석과 민감성분석이 있다.

1. 누적메타분석

누적메타분석(cumulative meta-analysis)은 시간의 흐름에 따라 연구결과 및 트렌드가 어떻게 달라지는가를 추적하는 분석방법이다. 즉, 출간연도별로 정렬하여 시간이 경과함에 따라 효과크기가 어떻게 변화하는지 분석할 수 있다. 또 다른 방법은 연구의 정밀성, 즉 표본이 큰 연구들부터 차례로 투입하여 효과크기가 어떻게 달라지는지를 분석할 수도 있다.

1) 시간적 순서에 따른 누적메타분석

먼저 시간적 순서에 따른 누적메타분석을 위해 일차 진료기관에서 우울증에 대한 전통적인 치료방법과 여러 전문가를 참여시킨 연합적 치료방법(collaborative care)의 치료효과를 비교한 35개 연구를 누적메타분석 데이터로 사용하기로 한다(Gilbody, Bower, Fletcher, Richards, & Sutton, 2006). 여기서 효과크기는 표준화된 평균차이(SMD)이다.

〈표 11-1〉 우울증에 대한 연합치료의 효과를 분석한 데이터

study	yi	vi	setting	year
Adler (2004)	0.190	0.010	1	2004
Akerblad (2003)	0.260	0.009	0	2003
Araya (2003)	1.130	0.030	0	2003
Blanchard (1995)	0.430	0.050	0	1995
Brook (2003)	0.000	0.030	0	2003
Bruce (2004)	0.300	0.013	1	2004
Callahan (1994)	0.050	0.073	1	1994
Cappocia (2004)	0.170	0.079	1	2004
Coleman (1999)	−0.140	0.040	1	1999
Datto (2003)	0.420	0.082	1	2003
Dietrich (2004)	0.160	0.014	1	2004
Finley (2000)	−0.300	0.075	1	2000
Hunkeler (2000)	0.280	0.016	1	2000
Jarjoura (2004)	0.420	0.044	1	2004
Katon (2001)	0.110	0.011	1	2001
Katon (2004)	0.240	0.019	1	2004
Katon (1995)	0.190	0.024	1	1995
Katon (1996)	0.490	0.034	1	1996
Katon (1999)	0.310	0.023	1	1999
Katzelnick (2000)	0.430	0.011	1	2000
Mann (1998)	−0.080	0.011	0	1998
Oslin (2003)	0.610	0.072	1	2003
Peyeler (1999)	0.210	0.027	0	1999
Rickles (2004)	0.250	0.100	1	2004
Roxt (2001a)	0.200	0.023	1	2001
Roxt (2001b)	0.290	0.029	1	2001
Simon (2004)	0.300	0.013	1	2000
Simon (2004a)	0.180	0.021	1	2004
Simon (2004b)	0.330	0.021	1	2004
Swindle (2003)	0.180	0.060	1	2003
Unutzer (2001)	0.405	0.002	1	2001
Wells (2000 medication)	0.220	0.015	1	2000
Wells (2000 therapy)	0.220	0.014	1	2000
Whooley (2000)	0.160	0.036	1	2000
Willkinson (1990)	−0.290	0.066	0	1993

출처: Gilbody et al., 2006, p. 2316.

먼저 다음과 같이 데이터를 불러오고 기본적인 메타분석을 실시한 후 'metacum' 기능을 활용하여 연도순으로 누적메타분석을 실행한다.

```
> Gilbody <- read.csv("C:/R/Gilbody2.csv")
> meta6 <- metagen(yi, sqrt(vi), sm="SMD", study, data=Gilbody)
> meta6b <- metacum(meta6, sortvar=year)
> meta6b
```

```
Cumulative meta-analysis (Fixed effect model)

                                          SMD            95%-CI  p-value   tau^2    I^2
Adding Wilkinson (1993) (k=1)         -0.2900 [-0.7935; 0.2135]   0.2590  0.0000
Adding Callahan (1994) (k=2)          -0.1286 [-0.4935; 0.2363]   0.4899  0.0000   0.0%
Adding Blanchard (1995) (k=3)          0.1001 [-0.1803; 0.3805]   0.4841  0.0784  55.7%
Adding Katon (1995) (k=4)              0.1415 [-0.0645; 0.3475]   0.1782  0.0273  36.1%
Adding Katon (1996) (k=5)              0.2270 [ 0.0480; 0.4059]   0.0129  0.0371  45.9%
Adding Mann (1998) (k=6)               0.0946 [-0.0404; 0.2296]   0.1695  0.0468  59.2%
Adding Coleman (1999) (k=7)            0.0697 [-0.0579; 0.1974]   0.2842  0.0408  55.5%
Adding Katon (1999) (k=8)              0.1071 [-0.0101; 0.2244]   0.0734  0.0377  55.2%
Adding Peyeler (1999) (k=9)            0.1192 [ 0.0090; 0.2294]   0.0340  0.0298  49.9%
Adding Finley (2000) (k=10)            0.1022 [-0.0057; 0.2102]   0.0634  0.0327  50.6%
Adding Hunkeler (2000) (k=11)          0.1306 [ 0.0316; 0.2295]   0.0097  0.0289  49.7%
Adding Katzelnick (2000) (k=12)        0.1869 [ 0.0977; 0.2761] < 0.0001  0.0364  58.5%
Adding Simon (2000) (k=13)             0.2024 [ 0.1196; 0.2853] < 0.0001  0.0307  56.1%
Adding Wells (2000 medication) (k=14)  0.2043 [ 0.1260; 0.2826] < 0.0001  0.0254  52.5%
Adding Wells (2000 therapy) (k=15)     0.2059 [ 0.1317; 0.2801] < 0.0001  0.0210  48.9%
Adding Whooley (2000) (k=16)           0.2042 [ 0.1314; 0.2769] < 0.0001  0.0187  45.3%
Adding Katon (2001) (k=17)             0.1937 [ 0.1251; 0.2623] < 0.0001  0.0161  43.1%
Adding Rost (2001a) (k=18)             0.1940 [ 0.1272; 0.2608] < 0.0001  0.0140  39.6%
Adding Rost (2001b) (k=19)             0.1977 [ 0.1322; 0.2632] < 0.0001  0.0126  36.7%
Adding Unutzer (2001) (k=20)           0.2720 [ 0.2195; 0.3245] < 0.0001  0.0198  55.0%
Adding Akerblad (2003) (k=21)          0.2711 [ 0.2206; 0.3216] < 0.0001  0.0172  52.7%
Adding Araya (2003) (k=22)             0.2897 [ 0.2398; 0.3397] < 0.0001  0.0340  68.3%
Adding Brook (2003) (k=23)             0.2836 [ 0.2342; 0.3330] < 0.0001  0.0344  68.1%
Adding Datto (2003) (k=24)             0.2846 [ 0.2354; 0.3339] < 0.0001  0.0335  66.8%
Adding Oslin (2003) (k=25)             0.2875 [ 0.2384; 0.3365] < 0.0001  0.0334  66.1%
Adding Swindle (2003) (k=26)           0.2864 [ 0.2376; 0.3351] < 0.0001  0.0324  64.7%
Adding Adler (2004) (k=27)             0.2807 [ 0.2334; 0.3281] < 0.0001  0.0301  63.8%
Adding Bruce (2004) (k=28)             0.2816 [ 0.2353; 0.3279] < 0.0001  0.0279  62.4%
Adding Cappocia (2004) (k=29)          0.2808 [ 0.2346; 0.3269] < 0.0001  0.0272  61.1%
Adding Dietrich (2004) (k=30)          0.2762 [ 0.2309; 0.3214] < 0.0001  0.0260  60.3%
Adding Jarjoura (2004) (k=31)          0.2779 [ 0.2329; 0.3229] < 0.0001  0.0253  59.2%
Adding Katon (2004) (k=32)             0.2769 [ 0.2325; 0.3212] < 0.0001  0.0240  57.8%
Adding Rickles (2004) (k=33)           0.2767 [ 0.2325; 0.3210] < 0.0001  0.0233  56.5%
Adding Simon (2004a) (k=34)            0.2745 [ 0.2307; 0.3182] < 0.0001  0.0223  55.4%
Adding Simon (2004b) (k=35)            0.2757 [ 0.2325; 0.3190] < 0.0001  0.0213  54.1%

Pooled estimate                        0.2757 [ 0.2325; 0.3190] < 0.0001  0.0213  54.1%
```

[그림 11-1] 우울증에 대한 연합치료의 효과에 대한 누적메타분석 결과

[그림 11-1]을 살펴보면 연구가 하나씩 더하여지면서 전체 효과크기가 어떻게 달라지는지를 보여 준다. 이를 보다 시각적으로 이해하기 위해 forest plot으로 제시하면 다음과 같다.

```
> forest(meta6b)
```

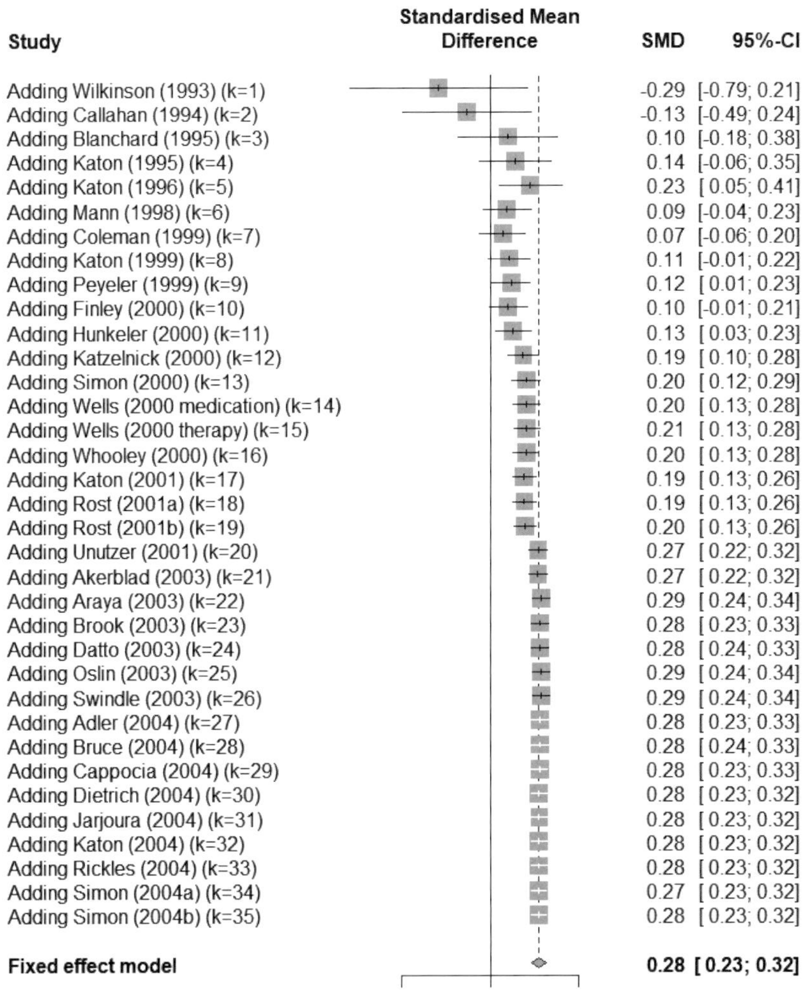

[그림 11-2] 누적메타분석 결과(출간연도 순)

[그림 11-2] 누적분석 결과를 보면 1990년대 중반 이후 특히 2000년대에 들어서면서 연합적 치료방법의 효과가 전통적인 치료방법에 비해 긍정적이면서 안정적인 결과(0.20~0.28)를 보여 주고 있음을 알 수 있다.

2) 표본크기에 따른 누적메타분석

이번에는 표본크기의 영향을 살펴보기 위해 표본이 큰 연구로부터 작은 연구의 순서(즉, most precise to least precise)로 정렬하여 누적된 효과크기를 검토해 볼 필요가 있다. 여기서는 앞장에서 사용한 간접흡연과 폐암과의 관계를 분석한 smoking.csv 데이터를 활용하여 연구를 하나씩 더하면서 평균효과크기의 변화를 살펴보는 누적메타분석의 방법을 실행한다.

앞에서 언급한 것처럼 원래 누적분석은 시간의 흐름에 따라 결과가 어떻게 축적되어 나타나는지를 검증하는 방법으로 고안되었다. [그림 11-1], [그림 11-2]에서와 같이 출간연도별로 정렬하여 시간이 경과함에 따라 효과크기가 어떻게 변화하는지를 분석할 수 있다.

여기서는 표본크기가 큰 연구들부터 차례로 투입하여 효과크기가 어느 정도 안정화(stabilized)되면, 작은 연구들을 더 투입해도 효과크기에 큰 변화가 나타나지 않게 되는지를 확인한다. 그렇게 되면 작은 연구들이 오류(bias)를 일으킨다고 보기 어렵다.

```
> smoking <- read.csv("C:/R/smoking.csv")
> meta5 <- metagen(yi, sqrt(vi), sm="RR", study, data=smoking)
> metacum(meta5, sortvar=seTE)
```

```
Cumulative meta-analysis (Fixed effect model)

                          RR          95%-CI  p-value   tau^2     I^2
Adding study29 (k=1)  1.2599 [1.0353; 1.5331]  0.0211  0.0000
Adding study25 (k=2)  1.1219 [0.9692; 1.2987]  0.1233  0.0228   66.9%
Adding study22 (k=3)  1.0252 [0.9037; 1.1630]  0.6989  0.0424   77.0%
Adding study34 (k=4)  1.0517 [0.9382; 1.1789]  0.3869  0.0303   68.6%
Adding study37 (k=5)  1.0701 [0.9621; 1.1902]  0.2122  0.0235   60.9%
Adding study14 (k=6)  1.1094 [1.0019; 1.2284]  0.0458  0.0351   67.8%
Adding study35 (k=7)  1.1321 [1.0265; 1.2486]  0.0130  0.0347   65.8%
Adding study21 (k=8)  1.1270 [1.0253; 1.2387]  0.0132  0.0292   60.4%
Adding study15 (k=9)  1.1307 [1.0317; 1.2391]  0.0086  0.0247   54.9%
Adding study32 (k=10) 1.1323 [1.0359; 1.2376]  0.0062  0.0206   49.3%
Adding study31 (k=11) 1.1538 [1.0579; 1.2584]  0.0012  0.0249   53.0%
Adding study07 (k=12) 1.1568 [1.0626; 1.2594]  0.0008  0.0218   48.5%
Adding study33 (k=13) 1.1555 [1.0626; 1.2565]  0.0007  0.0191   43.9%
Adding study18 (k=14) 1.1535 [1.0620; 1.2530]  0.0007  0.0167   39.4%
Adding study12 (k=15) 1.1504 [1.0601; 1.2483]  0.0008  0.0146   35.2%
Adding study11 (k=16) 1.1580 [1.0681; 1.2554]  0.0004  0.0145   34.0%
Adding study09 (k=17) 1.1646 [1.0751; 1.2615]  0.0002  0.0139   32.3%
Adding study01 (k=18) 1.1541 [1.0663; 1.2492]  0.0004  0.0161   34.7%
Adding study30 (k=19) 1.1531 [1.0662; 1.2471]  0.0004  0.0140   30.9%
Adding study03 (k=20) 1.1657 [1.0785; 1.2599]  0.0001  0.0191   37.1%
Adding study27 (k=21) 1.1661 [1.0796; 1.2595] < 0.0001  0.0171   33.8%
Adding study20 (k=22) 1.1726 [1.0864; 1.2657] < 0.0001  0.0171   33.1%
Adding study06 (k=23) 1.1823 [1.0960; 1.2754] < 0.0001  0.0198   35.9%
Adding study26 (k=24) 1.1869 [1.1008; 1.2797] < 0.0001  0.0192   34.5%
Adding study17 (k=25) 1.1953 [1.1091; 1.2882] < 0.0001  0.0219   36.8%
Adding study28 (k=26) 1.1986 [1.1125; 1.2913] < 0.0001  0.0211   35.2%
Adding study23 (k=27) 1.1940 [1.1085; 1.2860] < 0.0001  0.0213   34.8%
Adding study04 (k=28) 1.1904 [1.1056; 1.2818] < 0.0001  0.0209   33.6%
Adding study10 (k=29) 1.1893 [1.1048; 1.2803] < 0.0001  0.0193   31.4%
Adding study02 (k=30) 1.1934 [1.1088; 1.2844] < 0.0001  0.0197   31.2%
Adding study08 (k=31) 1.1934 [1.1091; 1.2842] < 0.0001  0.0181   28.8%
Adding study13 (k=32) 1.1973 [1.1129; 1.2881] < 0.0001  0.0188   29.0%
Adding study24 (k=33) 1.2006 [1.1162; 1.2915] < 0.0001  0.0191   28.8%
Adding study05 (k=34) 1.1986 [1.1144; 1.2891] < 0.0001  0.0183   27.4%
Adding study19 (k=35) 1.2017 [1.1175; 1.2923] < 0.0001  0.0189   27.5%
Adding study16 (k=36) 1.2025 [1.1183; 1.2930] < 0.0001  0.0175   25.6%
Adding study36 (k=37) 1.2041 [1.1199; 1.2946] < 0.0001  0.0168   24.2%

Pooled estimate       1.2041 [1.1199; 1.2946] < 0.0001  0.0168   24.2%
```

[그림 11-3] 간접흡연과 폐암과의 관련성에 대한 누적메타분석 결과(표본크기 순)

이와 같은 결과를 보다 시각적으로 편리하도록 제시하기 위해 forrest plot을 만들어 보자.

```
> meta5b <- metacum(meta5)
> forest(meta5b)
```

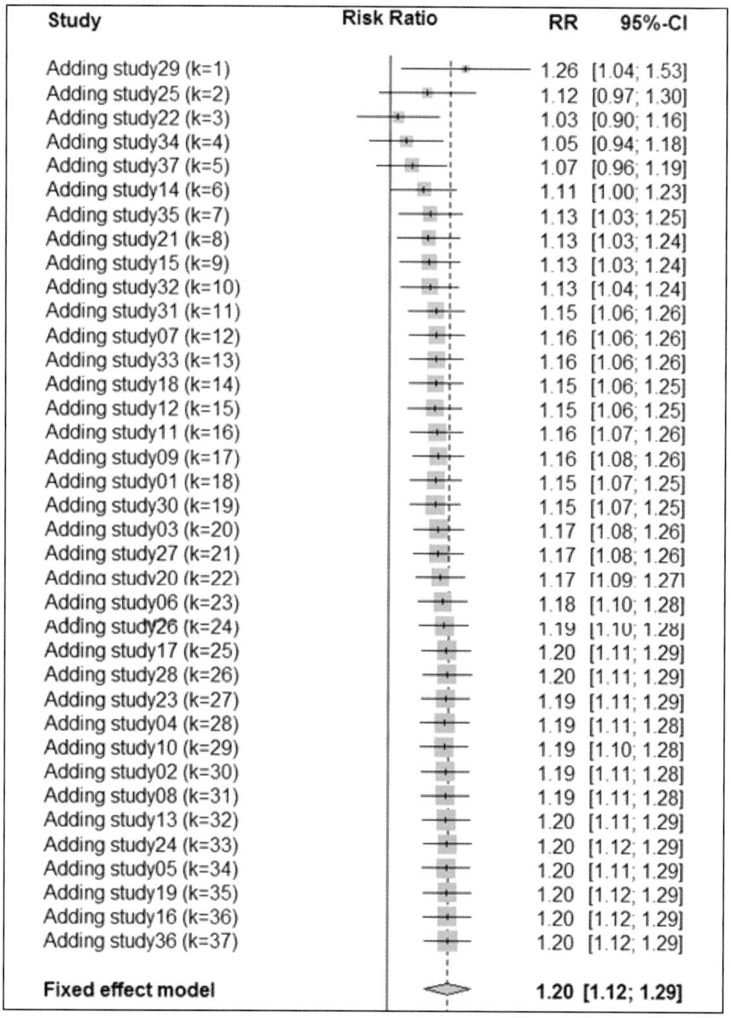

[그림 11-4] 간접흡연과 폐암과의 관련성에 대한 누적메타분석 plot(표본크기 순)

[그림 11-4]에서 보는 것처럼 연구의 크기 순으로 23개(Study06까지) 연구를 투입했을 때 전체 효과크기는 1.18로 나타났다. 그리고 나머지 14개의 상대적으로 작은 연구들을 투입하게 되면 전체 효과크기는 1.20로 증가해 전체 결과에 큰 영향을 미치지는 못하는 것으로 나타났다. 따라서 효과의 크기가 큰 것으로 나타난 작은 표본의 연구들이 전체 결과에 영향을 주는, 즉 오류(bias)를 일으키는 원인이라고 말할 수 없다고 하겠다. 이는 효과크기가(유의하고) 큰 연구들만 메타분석에 포함해서 분석했기 때문에 효과크기가 과장되

었다는 주장을 반박할 수 있다.

요약하면 누적메타분석은 각 연구들이 하나씩 더해지면서 평균효과크기와 신뢰구간이 어떻게 달라지는지를 보여 준다. 그리고 누적분석은 민감성분석(sensitivity analysis)의 한 부분으로도 활용될 수 있다. 즉, 새로운 연구들이 추가되면서 연구결과(결론)가 어떻게 민감하게 달라지는지 또는 변함이 없는지를 보여 준다(stability in mean effect sizes).

2. 민감성분석

민감성분석(sensitivity analysis)은 분석의 기준이나 내용에 따라 그 결과가 얼마나 민감하게 변화하는지를 검토하는 분석방법이며, 그 기준은 〈표 11-2〉와 같이 정리할 수 있다.

〈표 11-2〉 민감성분석을 위한 기준과 내용

기준	내용
연구 포함 기준	기준에 따라 어떤 특정한 연구나 몇몇 연구가 누락하게 되면 전체적인 결론이 크게 다르게 나타나는가를 검증(예: 이상치 검증)
통계적 방법	• 효과크기의 유형(risk ratio 또는 odds ratio) 선택 • 효과크기의 산출 모형(고정효과모형 또는 랜덤효과모형)
누락된 데이터 처리 방법	누락되었다고 가정된 연구를 포함시켰을 때 결과가 어느 정도 달라지는가를 검증(예: trim-and-fill)

민감성분석은 서로 다른 조건(가정)하에서 도출된 분석결과가 일관성을 보이는지 검증하는 방법이라고 할 수 있다. 즉, 메타분석 과정에서 이루어진 여러 가지 결정의 영향력을 검증하기 위해 그리고 누락된 데이터의 영향을 탐색하기 위해 사용되기도 한다.

여기서는 민감성분석 사례로 ADHD아동에 대한 인지행동치료(CBT)의 효과를 연구한 데이터를 활용해 보자(박완주, 박신정, 황성동, 2015).

〈표 11-3〉 민감성분석을 위한 데이터

study	g	se	n	sessions	sessiontime	grade	alpha
Bae (2013)	1.073	0.474	18	18	50	Mixed	0.84
Cho (2004)	0.7	0.472	22	8	50	Lower	0.84
Du et al. (2003)	0.627	0.457	15	9	35	Lower	0.68
Hong (2013)	1.098	0.472	18	18	50	Lower	0.87
Jang (2007)	1.235	0.476	16	18	55	Lower	0.87
Jang et al. (2008)	0.905	0.456	16	18	55	Lower	0.78
Kang (2006)	0.625	0.354	30	12	40	Lower	0.84
Kang et al. (2006)	0.813	0.426	20	12	75	Lower	0.78
Kim (2002)	1.787	0.479	20	18	40	Lower	0.84
Kim (2009)	4.47	0.771	20	20	50	Upper	0.93
Kim (2012)	0.543	0.479	12	12	40	Lower	0.84
Kim et al. (2005)	1.442	0.405	30	20	75	Upper	0.93
Lee et al. (2010)	3.356	0.789	12	30	55	Mixed	0.93
Lim (2013)	0.841	0.494	12	12	60	Lower	0.84
Park (2005)	1.124	0.503	13	14	120	Mixed	0.88
Park et al. (2010)	0.147	0.272	50	10	30	Mixed	0.84
Park et al. (2011)	0.687	0.373	26	10	60	Lower	0.78
Seo (2004)	0.655	0.413	20	10	60	Upper	0.78
Seo (2010)	0.993	0.452	17	12	60	Upper	0.82
Son et al. (2011)	1.506	0.564	10	20	90	Upper	0.92
Song (2002)	1.221	0.446	20	18	50	Upper	0.9

출처: 박완주, 박신정, 황성동, 2015에서 재구성.

먼저, 데이터를 불러와서 다음과 같이 기본적인 분석을 하면 [그림 11-5]와 같은 결과를 얻게 된다.

```
> adhd21 <- read.csv("C:/R/ADHD21.csv")
> meta9 <- metagen(g, se, sm="SMD", study, data=adhd21)
> summary(meta9)
```

```
> summary(meta9)
Number of studies combined: k = 21

                        SMD            95%-CI    z  p-value
Fixed effect model   0.9499 [0.7601; 1.1396] 9.81 < 0.0001
Random effects model 1.0832 [0.7790; 1.3875] 6.98 < 0.0001

Quantifying heterogeneity:
 tau^2 = 0.2874 [0.1764; 1.1967]; tau = 0.5361 [0.4200; 1.0939];
 I^2 = 59.1% [33.8%; 74.7%]; H = 1.56 [1.23; 1.99]

Test of heterogeneity:
     Q d.f. p-value
 48.90   20  0.0003

Details on meta-analytical method:
- Inverse variance method
- DerSimonian-Laird estimator for tau^2
- Jackson method for confidence interval of tau^2 and tau
```

[그림 11-5] 효과크기에 대한 분석결과

이제 앞 데이터에서 forest plot을 만들어 보면 [그림 11-6]과 같다. 여기서 고정효과모형으로 제시한 것은 민감성분석의 디폴트가 고정효과모형이기 때문이다.

```
> forest(meta9, random=F)
```

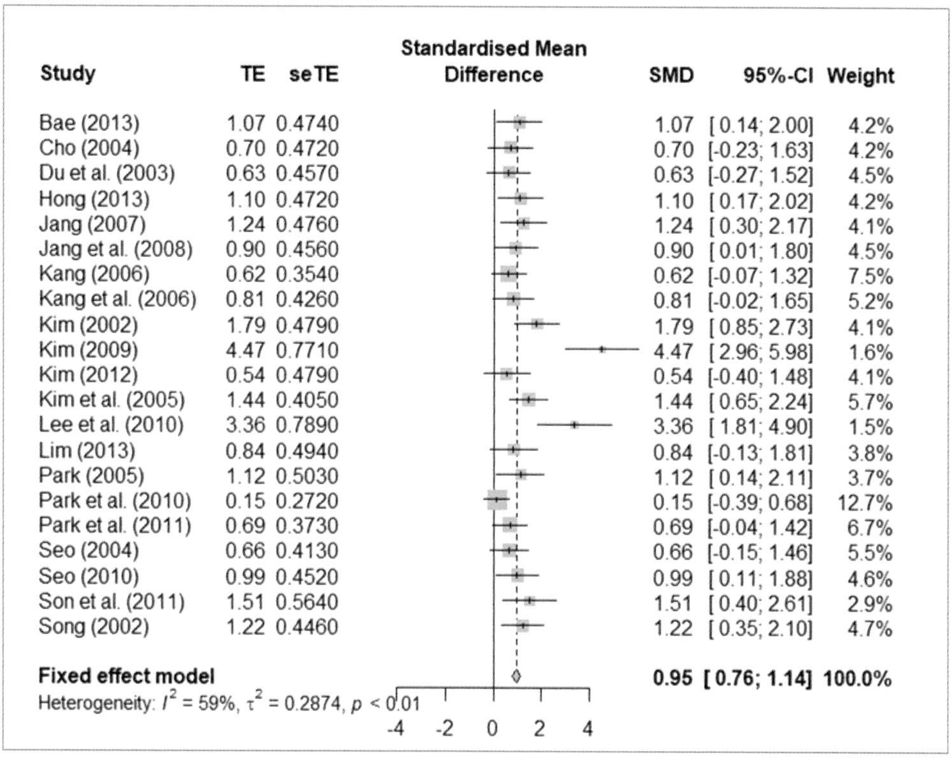

[그림 11-6] 고정효과모형으로 제시한 forest plot

이제 각 연구를 하나씩 제외하였을 때 전체 평균효과크기가 어떻게 달라지는지 민감성 분석을 다음과 같이 실시해 보자.

> metainf(meta9)

```
> metainf(meta9)

Influential analysis (Fixed effect model)

                                SMD             95%-CI  p-value  tau^2    tau    I^2
Omitting Bae (2013)          0.9445 [0.7507; 1.1383] < 0.0001 0.3107 0.5574  61.1%
Omitting Cho (2004)          0.9608 [0.7670; 1.1547] < 0.0001 0.3085 0.5554  60.9%
Omitting Du et al. (2003)    0.9650 [0.7709; 1.1592] < 0.0001 0.3070 0.5541  60.7%
Omitting Hong (2013)         0.9434 [0.7495; 1.1372] < 0.0001 0.3105 0.5572  61.1%
Omitting Jang (2007)         0.9376 [0.7438; 1.1313] < 0.0001 0.3074 0.5544  60.8%
Omitting Jang et al. (2008)  0.9520 [0.7578; 1.1461] < 0.0001 0.3124 0.5590  61.1%
Omitting Kang (2006)         0.9761 [0.7789; 1.1734] < 0.0001 0.3127 0.5592  60.4%
Omitting Kang et al. (2006)  0.9573 [0.7625; 1.1521] < 0.0001 0.3136 0.5600  61.1%
Omitting Kim (2002)          0.9142 [0.7205; 1.1079] < 0.0001 0.2780 0.5272  58.4%
Omitting Kim (2009)          0.8935 [0.7022; 1.0847] < 0.0001 0.0882 0.2971  31.4%
Omitting Kim (2012)          0.9672 [0.7735; 1.1609] < 0.0001 0.3033 0.5507  60.5%
Omitting Kim et al. (2005)   0.9200 [0.7246; 1.1154] < 0.0001 0.3000 0.5477  59.9%
Omitting Lee et al. (2010)   0.9131 [0.7219; 1.1043] < 0.0001 0.2069 0.4549  51.8%
Omitting Lim (2013)          0.9542 [0.7607; 1.1477] < 0.0001 0.3098 0.5566  61.1%
Omitting Park (2005)         0.9432 [0.7498; 1.1365] < 0.0001 0.3086 0.5555  61.0%
Omitting Park et al. (2010)  1.0663 [0.8633; 1.2693] < 0.0001 0.2262 0.4756  51.2%
Omitting Park et al. (2011)  0.9688 [0.7724; 1.1653] < 0.0001 0.3143 0.5607  60.7%
Omitting Seo (2004)          0.9670 [0.7718; 1.1622] < 0.0001 0.3102 0.5569  60.7%
Omitting Seo (2010)          0.9478 [0.7535; 1.1420] < 0.0001 0.3127 0.5592  61.1%
Omitting Son et al. (2011)   0.9330 [0.7404; 1.1256] < 0.0001 0.2970 0.5450  60.3%
Omitting Song (2002)         0.9364 [0.7421; 1.1308] < 0.0001 0.3092 0.5560  60.8%

Pooled estimate              0.9499 [0.7601; 1.1396] < 0.0001 0.2874 0.5361  59.1%

Details on meta-analytical method:
- Inverse variance method
- DerSimonian-Laird estimator for tau^2
```

[그림 11-7] 민감성분석을 실시한 결과

[그림 11-7]에서 보는 것처럼 Kim(2009)을 제외하면 평균효과크기가 0.8935로 변화되며 이질성을 나타내는 I^2는 31.4%가 되어 모든 연구를 포함하였을 경우 이질성이 59.1%와 상당한 차이가 있음을 알 수 있다. 그리고 Park 등(2010)을 제외하면 효과크기는 1.0663으로 변화된다. 하지만 다른 연구들을 제외하였을 경우에는 전체 효과크기 0.9499와 크게 다르지 않으며, 이질성에서도 큰 차이가 없음을 알 수 있다. 이제 이 결과를 forest plot을 통해 나타내면 [그림 11-8]과 같다.

> forest(metainf(meta9), digits=3)

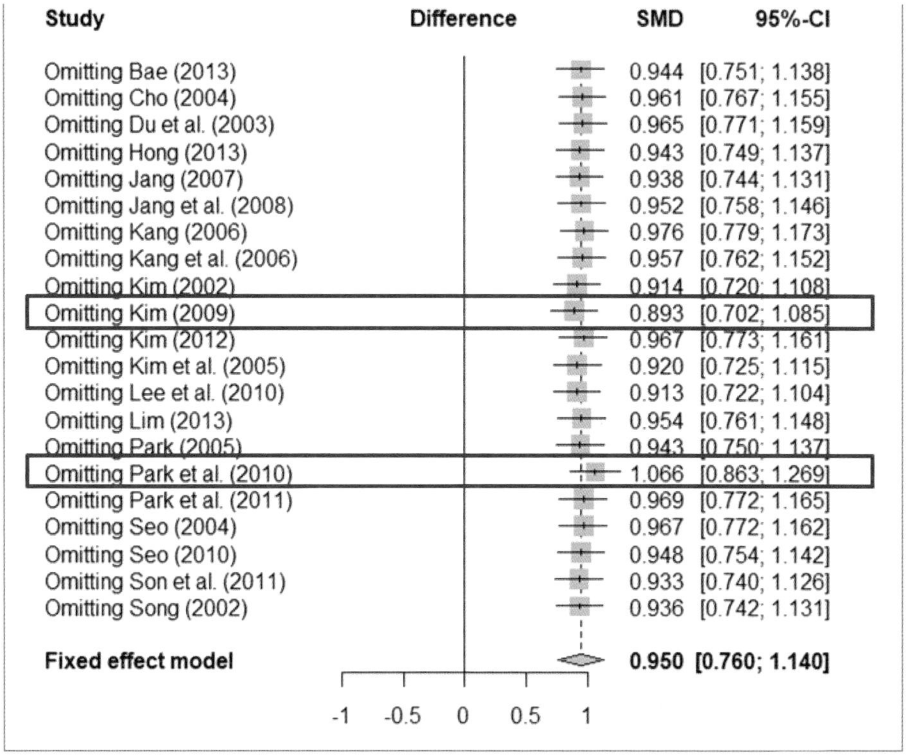

[그림 11-8] 민감성분석을 실시한 후 forest plot

[그림 11-8]에 나타난 결과는 각 연구를 제외하였을 때의 평균효과크기를 보여 준다. 앞서 살펴본 바와 같이 Kim(2009) 및 Park 등(2010)을 제외하였을 경우 효과크기는 각각 0.893, 1.066으로 나타나 모든 연구를 포함한 결과인 0.950과 다소 차이가 있음을 알 수 있다. 다른 연구들은 각각 제외하였을 때 모든 연구를 포함한 평균효과크기 0.950과 크게 다르지 않았음을 알 수 있다. 즉, 어떤 특정한 연구를 제외 또는 포함시켰을 때 전체 평균효과크기가 어떻게 달라져서 연구결과에 얼마나 변화가 있는지를 검증하는 것이 바로 민감성분석의 목적이다.

이번에는 baujat plot을 활용하여 민감성분석의 결과를 살펴보자. baujat plot은 가로축에는 전체 이질성에 영향을 주는 정도를, 세로축에는 전체 효과크기에 영향을 미치는 정도를 제시하는 플롯이다. [그림 11-9]에서 보는 바와 같이 Park 등(2010)이 전체 효과크기에 가장 큰 영향력을 미치는 연구(the most influential study)이며, Kim(2009)은 전체 이질성에 가장 큰 영향을 주고 있음을 알 수 있다. 하지만 이 영향력은 절대적인 영향력이 아닌 상대적인 영향력이라는 사실에 유의해야 할 것이다.

```
> baujat(meta9, xmin=10, ymin=0.6)
```

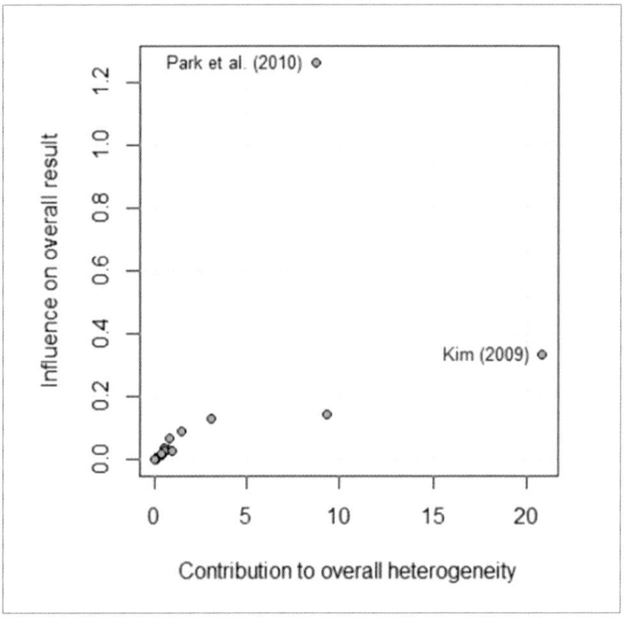

[그림 11-9] 민감성분석결과에 대한 baujat plot

이번에는 metafor 패키지를 이용해서 민감성분석을 실시해 보자. 먼저 다음과 같이 패키지를 불러온 후 기본적인 메타분석을 실행하면 [그림 11-10]과 같은 결과가 나타난다.

```
> install.packages("metafor")
> library(metafor)
> res1 <- rma(g, se^2, measure="SMD", method="FE", slab=paste(study),
data=adhd21)
> res1
```

```
> res1 <- rma(g, se^2, measure="SMD", method="FE", slab=paste(study), data=adhd21)
> res1

Fixed-Effects Model (k = 21)

Test for Heterogeneity:
Q(df = 20) = 48.8955, p-val = 0.0003

Model Results:

estimate      se    zval    pval   ci.lb   ci.ub
  0.9499  0.0968  9.8122  <.0001  0.7601  1.1396  ***

---
Signif. codes:  0 '***' 0.001 '**' 0.01 '*' 0.05 '.' 0.1 ' ' 1
```

[그림 11-10] metafor로 분석한 결과

이어서 민감성분석을 실시하면 [그림 11-11]과 같은 결과가 나타나는데 여기서는 Park 등(2010)이 가장 큰 영향력을 행사하는 것으로 나타났다(* 표시). 이 결정의 근거에는 잔차(rstudent), 예측치의 변화량(dffits), 가중치(weight) 등에 기초한 판단이라고 하겠다.

```
> inf <- influence(res1)
> inf
```

```
> inf <- influence(res1)
> inf

                    rstudent  dffits cook.d  cov.r tau2.del  QE.del    hat  weight    dfbs inf
Bae (2013)            0.2654  0.0554 0.0031 1.0435   0.0000 48.8251 0.0417  4.1708  0.0554
Cho (2004)           -0.5409 -0.1133 0.0128 1.0439   0.0000 48.6030 0.0421  4.2063 -0.1133
Du et al. (2003)     -0.7229 -0.1567 0.0245 1.0470   0.0000 48.3730 0.0449  4.4869 -0.1567
Hong (2013)           0.3207  0.0672 0.0045 1.0439   0.0000 48.7927 0.0421  4.2063  0.0672
Jang (2007)           0.6118  0.1271 0.0161 1.0431   0.0000 48.5212 0.0414  4.1359  0.1271
Jang et al. (2008)   -0.1007 -0.0219 0.0005 1.0472   0.0000 48.8854 0.0451  4.5066 -0.0219
Kang (2006)          -0.9540 -0.2712 0.0736 1.0808   0.0000 47.9853 0.0748  7.4778 -0.2712
Kang et al. (2006)   -0.3299 -0.0770 0.0059 1.0544   0.0000 48.7867 0.0516  5.1637 -0.0770
Kim (2002)            1.7845  0.3682 0.1356 1.0426   0.0000 45.7110 0.0408  4.0842  0.3682
Kim (2009)            4.6021  0.5824 0.3392 1.0160   0.0000 27.7161 0.0158  1.5764  0.5824
Kim (2012)           -0.8673 -0.1790 0.0320 1.0426   0.0000 48.1433 0.0408  4.0842 -0.1790
Kim et al. (2005)     1.2514  0.3080 0.0949 1.0606   0.0000 47.3294 0.0571  5.7131  0.3080
Lee et al. (2010)     3.0728  0.3799 0.1443 1.0153   0.0000 39.4532 0.0151  1.5053  0.3799
Lim (2013)           -0.2247 -0.0449 0.0020 1.0399   0.0000 48.8450 0.0384  3.8399 -0.0449
Park (2005)           0.3528  0.0692 0.0048 1.0385   0.0000 48.7710 0.0370  3.7038  0.0692
Park et al. (2010)   -3.1585 -1.2028 1.4468 1.1450   0.0000 38.9196 0.1267 12.6661 -1.2028   *
Park et al. (2011)   -0.7297 -0.1961 0.0385 1.0722   0.0000 48.3630 0.0674  6.7354 -0.1961
Seo (2004)           -0.7344 -0.1771 0.0314 1.0581   0.0000 48.3562 0.0549  5.4939 -0.1771
Seo (2010)            0.0977  0.0214 0.0005 1.0481   0.0000 48.8859 0.0459  4.5867  0.0214
Son et al. (2011)     1.0009  0.1744 0.0304 1.0304   0.0000 47.8936 0.0295  2.9459  0.1744
Song (2002)           0.6228  0.1385 0.0192 1.0494   0.0000 48.5076 0.0471  4.7110  0.1385
```

[그림 11-11] 민감성분석 결과

이제 이 민감성분석의 결과를 그림으로 제시하면 어떤 연구가 큰 영향력을 주는지 더 확실히 이해할 수 있을 것이다([그림 11-12] 참조). 즉, 붉은 색으로 표시된 16번째 연구인 Park 등(2010)의 연구가 다른 연구들에 비해 특별한 영향을 미치고 있음을 확인할 수 있다.

```
> plot(inf)
```

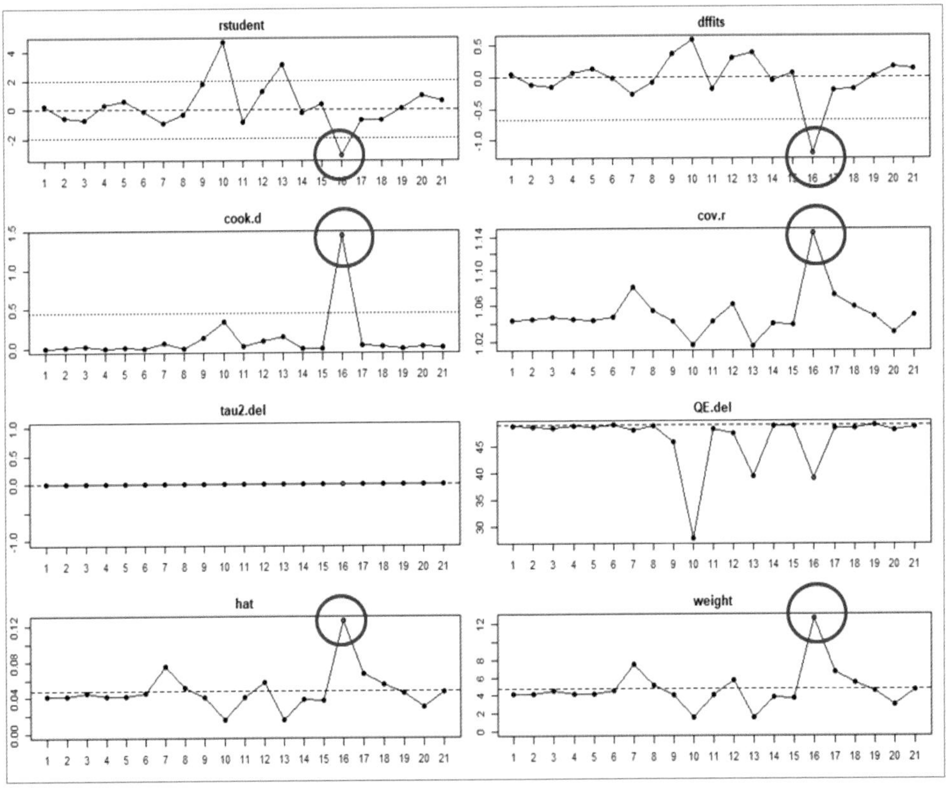

[그림 11-12] 민감성분석 결과 플롯

용어 설명

- rstudent: 잔차(관측값−예측값)를 표준화한 값
- dffits: 해당연구를 제외하였을 때 발생하는 예측 값의 변화량
- cook.d(cook's distance): 해당 연구를 제외한 모형의 예측 값과 전체 연구 모형의 예측 값과

의 거리(차이)

- cov.r: 해당 연구를 제외한 모형과 전체 모형과의 공분산 행렬의 비율(1보다 작을 경우 정밀한 추정치)
- tau2.del: 해당연구를 제외할 때 남은 tau2 추정 값
- QE.del: 해당 연구를 제외할 때 남은 이질성 통계치 Q값
- hat: 전체 효과에 특이한 영향을 주는 레버리지 값
- weight: 해당 연구에 주어진 가중치

출처: 김달호, 장은진, 황진섭, 2014, p. 191.

요약

- 출간오류분석과 더불어 메타분석에서 많이 활용되는 전체 결과의 오류에 대한 분석방법으로 누적메타분석과 민감성분석이 있다.
- 누적메타분석은 각 연구가 하나씩 더해지면서 평균효과크기와 신뢰구간이 어떻게 달라지는지를 보여 준다. 누적메타분석의 한 가지 방법은 시간의 흐름에 따라 연구결과 및 트렌드가 어떻게 달라지는가를 추적하는 분석방법이다. 즉, 출간연도별로 정렬하여 시간이 경과함에 따라 효과크기가 어떻게 변화하는지 분석할 수 있다.
- 또 다른 누적메타분석 방법은 연구의 정밀성, 즉 표본이 큰 연구들부터 차례로 투입하여 효과크기가 어떻게 달라지는지를 분석할 수도 있다. 여기서는 표본크기가 큰 연구들부터 차례로 투입하여 효과크기가 어느 정도 안정화되면, 작은 연구들을 더 투입해도 효과크기에 큰 변화가 나타나지 않게 되는지를 확인한다. 그렇게 되면 작은 연구들이 오류를 일으킨다고 보기 어렵다고 판단할 수 있다.
- 민감성분석은 서로 다른 조건(가정)하에서 도출된 분석결과가 일관성을 보이는지 검증하는 방법이라고 할 수 있다. 즉, 메타분석 과정에서 이루어진 여러 가지 결정(예: 연구 포함기준, 통계적 방법 등)의 영향력을 검증하기 위해 그리고 누락된 데이터의 영향을 탐색하기 위해 사용되기도 한다.
- 민감성분석을 실시하게 되면 포함된 연구 중에서 어떤 연구가 특이한 영향을 미치는지 파악할 수 있는데, 이 연구를 포함한 결과와 제외한 결과를 비교해서 연구결과를 좀 더 신중하게 해석할 수 있게 된다.

명령어 정리

1. 누적메타분석

시간 순서에 따른 누적메타분석

```
> Gilbody <- read.csv("C:/R/Gilbody2.csv")
> meta6 <- metagen(yi, sqrt(vi), sm="SMD", study, data=Gilbody)
> meta6b <- metacum(meta6, sortvar=year)
> meta6b
> forest(meta6b)
```

표본크기에 따른 누적메타분석

```
> smoking <- read.csv("C:/R/smoking.csv")
> meta5 <- metagen(yi, sqrt(vi), sm="RR", study, data=smoking)
> metacum(meta5, sortvar=seTE)
> meta5b <- metacum(meta5)
> forest(meta5b)
```

2. 민감성분석

```
> adhd21 <- read.csv("C:/R/ADHD21.csv")
> meta9 <- metagen(g, se, sm="SMD", study, data=adhd21)
> summary(meta9)
> forest(meta9, random=F)
> metainf(meta9)
> forest(metainf(meta9), digits=3)
> baujat(meta9, xmin=10, ymin=0.6)
```

metafor를 이용한 민감성분석

```
> install.packages("metafor")
> library(metafor)
```

```
> res1 <- rma(g, se^2, measure="SMD", method="FE", slab=paste(study),
data=adhd21)
> res1

> inf <- influence(res1)
> inf
> plot(inf)
```

제 12 장

개별연구의 질 검증

1. 전통적인 개별연구의 질 검증
2. 'robvis'를 이용한 개별연구의 질 검증
3. 'dmetar'을 이용한 개별연구의 질 검증

1. 전통적인 개별연구의 질 검증

메타분석에 포함된 연구들에 대한 질(quality) 검증은 메타분석의 결과가 보다 신빙성 있고 설득력이 있는가 하는 점에 부분적으로 대답할 수 있는 조건이라고 할 수 있다. 왜냐하면 메타분석에 포함된 개별연구들이 양질의 연구가 아니라면 이를 통합한 분석결과는 그다지 신빙성 있는 결과라고 말하기 어려울 것이다(Garbage in, garbage out). 그래서 최근 들어 메타분석 연구에서는 분석에 포함된 연구들의 질을 반드시 검증하도록 요구하고 있다. 이는 보다 높은 질의 연구를 선정하여 메타분석 결과의 과학성을 높이려는 노력이라고 하겠다. 예를 들어, 실험연구의 질 검증 기준으로 삼는 것은 대체로 다음과 같다(Higgins & Green, 2011).

- 실험연구에서 무작위 배정 여부(random sequence generation)
- 실험 참가자 배정에 있어서 비공개 여부(allocation concealment)
- 실험 참가자 및 스태프의 집단 구분에 대한 미인식 여부(blinding of participants and personnel)
- 실험 결과의 측정에 있어 집단 구분 미인식 여부(blinding of outcome assessment)
- 실험 도중 탈락으로 인한 불충분한 결과 데이터 여부(incomplete outcome data)
- 실험 결과에 대한 선별적 결과 보고 여부(selective reporting)
- 기타 오류(other bias)

전통적으로 개별연구의(주로, 실험연구) 질 검증에는 Cochrane의 RevMan 프로그램을 활용하여 왔다. 하지만 RevMan은 각 연구의 질 검증 결과를 일일이 직접 입력해야 하는 번거로움이 있다. 예를 들어, 다음 결과와 같은 그림을 만들려면 RevMan에서 각 연구들의 이름을 입력하고 또 코딩된 질 검증 결과를 항목별로 하나씩 입력해야만 했었다.

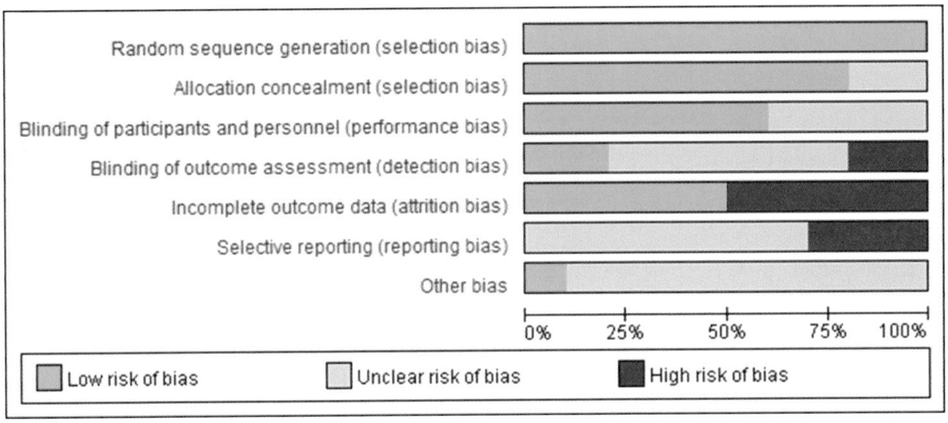

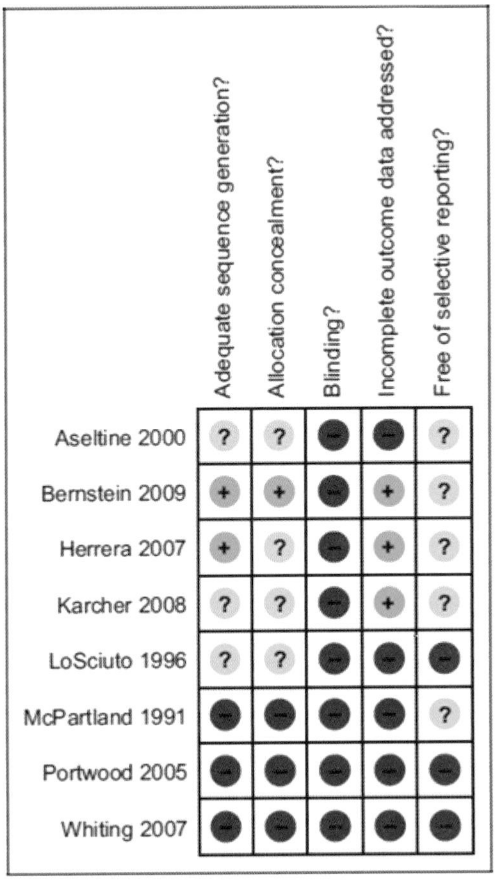

[그림 12-1] Cochrane 개별연구의 질 검증(risk of bias) 결과 graph(상)와 summary(하)

출처(하): Wood & Mayo-Wilson, 2012, p. 260.

하지만 최근 들어 개별연구의 질 검증을 할 수 있는 R 패키지가 개발되면서 메타분석에서 질 검증은 한결 수월해졌다. 즉, RevMan에서처럼 일일이 코딩된 질 검증 데이터를 입력하는 대신 질 검증 데이터를 R로 불러와서 간단한 명령어로 한꺼번에 분석할 수 있는 장점이 있다. 현재 질 검증을 위한 R 패키지로는 'robvis'와 'dmetar'이 개발되어 있다.

2. 'robvis'를 이용한 개별연구의 질 검증

먼저, 'robvis'로 개별연구의 질 검증을 실행해 보자(McGuiness, 2019). 먼저 다음과 같이 최종 선정된 연구들에 대한 질 검증 결과를 코딩한 데이터를 csv 파일로 만들어 둔다.

〈표 12-1〉 개별연구의 질 검증 코딩 결과

study	Random sequence generation	Allocation concealment	Blinding of participants and personnel	Incomplete outcome data	Selective reporting	Overall	Weight
Aseltine 2000	Unclear	Unclear	High	High	Unclear	Unclear	33.3
Bernstein 2009	Low	Low	High	Low	Unclear	Low	33.3
Herrera 2007	Low	Unclear	High	Low	Unclear	Low	0.14
Karcher 2008	Unclear	Unclear	High	Low	Unclear	Unclear	9.09
LoSciuto 1996	Unclear	Unclear	High	High	High	High	12.5
McPartland 1991	High	High	High	High	Unclear	High	25
Portwood 2005	High	High	High	High	High	High	12.5
Whiting 2007	High	High	High	High	High	High	9.09

출처: Wood & Mayo-Wilson, 2012, p. 260에서 재구성.

여기서 RevMan의 질 검증 분석과 다른 점은 Overall 및 Weight 항목이 있다는 점인데, Overall은 각 연구의 질 검증 결과에 대한 전반적인 평가 항목이며 Weight는 각 연구에 부여된 가중치(주로, 표본크기에 따른 가중치로 고정효과모형에서 이 가중치를 가져올 수 있다)를 평가한 항목이다.

먼저 다음과 같이 패키지 'robvis'를 설치한 후 데이터(school_based_mentoring(ROB).csv)를 불러온다. 이 데이터는 비교를 위해 RevMan으로 분석한 [그림 12-1]에 제시한 데이터와 동일한 데이터이다.

```
> install.packages("robvis")
> library(robvis)
> data2 <- read.csv("C:/R/school_based_mentoring(ROB).csv",
header=TRUE)
```

그리고 나서 다음과 같이 rob_summary 기능을 활용하여 분석하면 질 검증 결과를 구할 수 있다.

```
> rob_summary(data2, tool="ROB1", weighted=F)
```

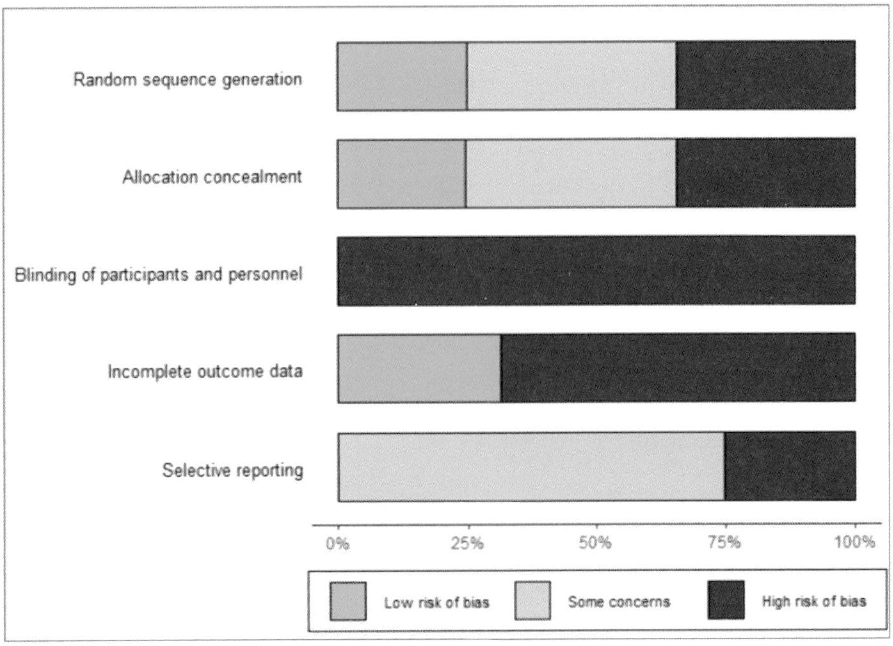

[그림 12-2] robvis를 이용한 개별연구의 질 검증(risk of bias) 결과(graph)

[그림 12-2]는 개별연구의 질 검증을 검증 항목별로 요약한 것으로서 연구 대상자 및 스태프들의 미인지 항목(Blinding of participants and personnel) 결과는 모두 높은 수준의 오류(high risk of bias)를 보여 주고 있음을 알 수 있다. 그 외 다른 항목들의 경우에는 오류 정도가 혼재되어 있음을 알 수 있다.

이제 각 연구별로 오류 위험 항목을 제시하는 분석을 해 보자. 다음과 같이 rob_traffic_light 기능을 활용하면 그 결과를 나타낼 수 있다.

```
> rob_traffic_light(data2, tool="ROB1", psize=10)
```

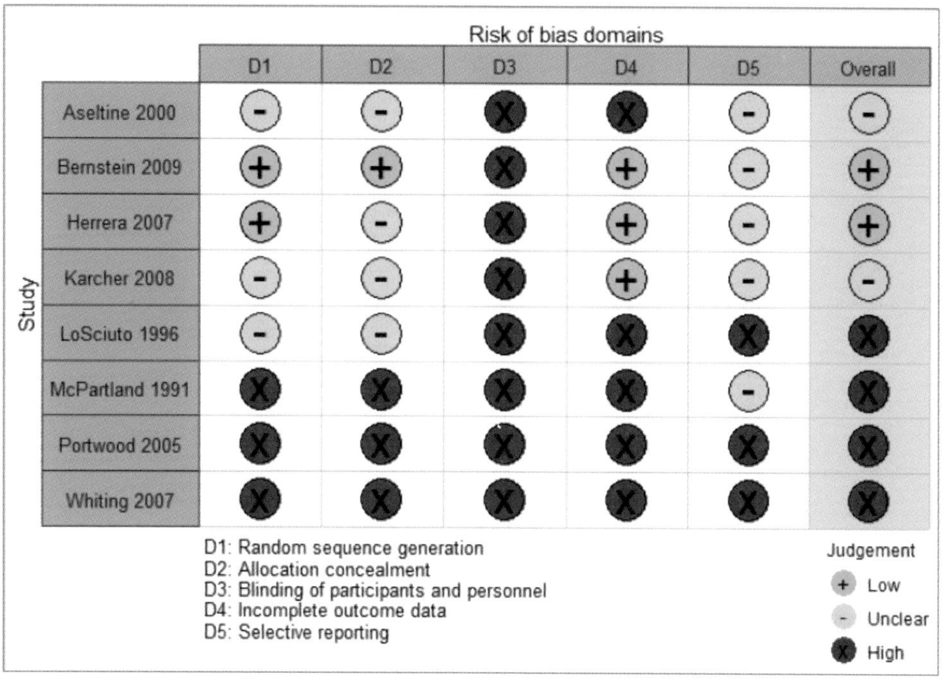

[그림 12-3] robvis를 이용한 개별연구의 질 검증(risk of bias) 결과(summary)

[그림 12-3]은 메타분석에 포함된 각 개별연구들의 질 검증 결과를 연구별로 항목별 평가결과를 제시한 것으로서, 마치 교통 신호등과 같은 모습이라고 해서 rob_traffic_light라는 명령어가 활용되었다. 여기서 특별한 점은 각 연구별로 전체 평가결과(overall)

를 제시한 점인데 이는 연구자가 개별연구의 질에 대한 코딩을 할 때 각 항목별 오류 수준을 종합적으로 판단해서 내린 결정으로 데이터에 미리 입력한 내용이다. 이 결과에서 LoSciuto 1996, McPartland 1991, Portwood 2005, Whiting 2007은 모두 높은 오류 위험(High risk of bias)을 보여 주고 있다. 왜냐하면 이 연구들은 무작위배정 실험연구(RCT)가 아닌 관계로 이러한 평가결과가 나왔다고 하겠다(Wood & Mayo-Wilson, 2012).

이번에는 비무작위 연구(non-randomized studies, observational studies)에 대한 오류 위험 검증을 실시해 보자. 여기서는 우리나라에서 개발한 검증도구인 RoBANS(Risk of Bias Assessment for Non-randomized Studies) 기준에 맞추어 분석을 실시하며 그 평가 기준(영역)은 〈표 12-2〉와 같다(Kim et al., 2013).

〈표 12-2〉 RoBANS 평가 영역

영역	설명	비뚤임 위험	판단 근거(논문에서 그대로 인용함)
대상군 비교 가능성	비교가 부적절한 대상군 선정으로 인해 발생한 선택 비뚤임	○ 낮음 ○ 높음 ○ 불확실	
대상군 선정	부적절한 중재 혹은 노출군 또는 환자군 선정으로 발생한 선택 비뚤임	○ 낮음 ○ 높음 ○ 불확실	selection bias
교란 변수	교란변수 확인과 고려가 부적절하여 발생한 선택 비뚤임	○ 낮음 ○ 높음 ○ 불확실	
노출 측정	부적절한 중재 혹은 노출 측정으로 인해 발생한 실행 비뚤임	○ 낮음 ○ 높음 ○ 불확실	performance bias
평가자 눈가림	부적절한 평가자 눈가림으로 인해 발생한 확인 비뚤임	○ 낮음 ○ 높음 ○ 불확실	detection bias
결과 평가	부적절한 결과 평가 방법으로 인해 발생한 결과 확인 비뚤임	○ 낮음 ○ 높음 ○ 불확실	detection bias

불완전한 결과 자료	불완전한 자료를 부적절하게 다루어 발생한 탈락 비뚤임	○ 낮음 ○ 높음 ○ 불확실	attrition bias
선택적 결과 보고	선택적 결과 보고 때문에 발생한 보고 비뚤임	○ 낮음 ○ 높음 ○ 불확실	reporting bias

출처: 박은정, 2014(http://hineca.kr/63).

질 검증 분석을 위해 우선 〈표 12-3〉과 같이 가상 데이터(data_RoBANS2.csv)를 만들었다고 가정하자.

〈표 12-3〉 RoBANS 질 검증을 위한 데이터

Study	대상군 비교 가능성	대상군 선정	교란 변수	노출 측정	평가자 눈가림	결과 평가	불완전한 결과 자료	선택적 결과 보고	Overall	Weight
Study 1	Low	Low	Low	Low	Low	Low	Low	Unclear	Low	33.33333
Study 2	Low	Unclear	Low	Low	Low	Low	Low	Unclear	Low	33.33333
Study 3	Low	Unclear	Low	Low	Unclear	Low	Low	Low	Low	0.142857
Study 4	Low	Low	Low	Low	High	Low	Unclear	High	Low	9.090909
Study 5	Low	High	High	High	Low	Low	Unclear	Unclear	High	12.5
Study 6	Low	Low	High	High	Unclear	Low	Low	Unclear	Low	25
Study 7	Low	Low	Unclear	Unclear	Unclear	High	Low	Low	Unclear	200
Study 8	Low	Low	Unclear	Unclear	Low	Low	Low	High	Low	11.1111
Study 9	Low	Low	Low	Low	High	Low	Low	Low	Low	1.11111

여기서도 앞선 분석과 마찬가지로 rob_summary 및 rob_traffic_light 기능을 활용하여 다음과 같이 분석한다.

```
> data5 <- read.csv("C:/R/data_RoBANS2.csv", header=TRUE)
> rob_summary(data5, tool="ROB1", weighted=F)
> rob_traffic_light(data5, tool="ROB1", psize=10)
```

그러면 [그림 12-4]와 [그림 12-5]를 제시할 수 있다. 여기서는 평가항목을 한글로 제시할 수 있는 점이 돋보인다고 하겠는데, R의 장점 중 하나는 자연어(natural language)를 인식하기 때문에 한글로 나타낼 수 있다.

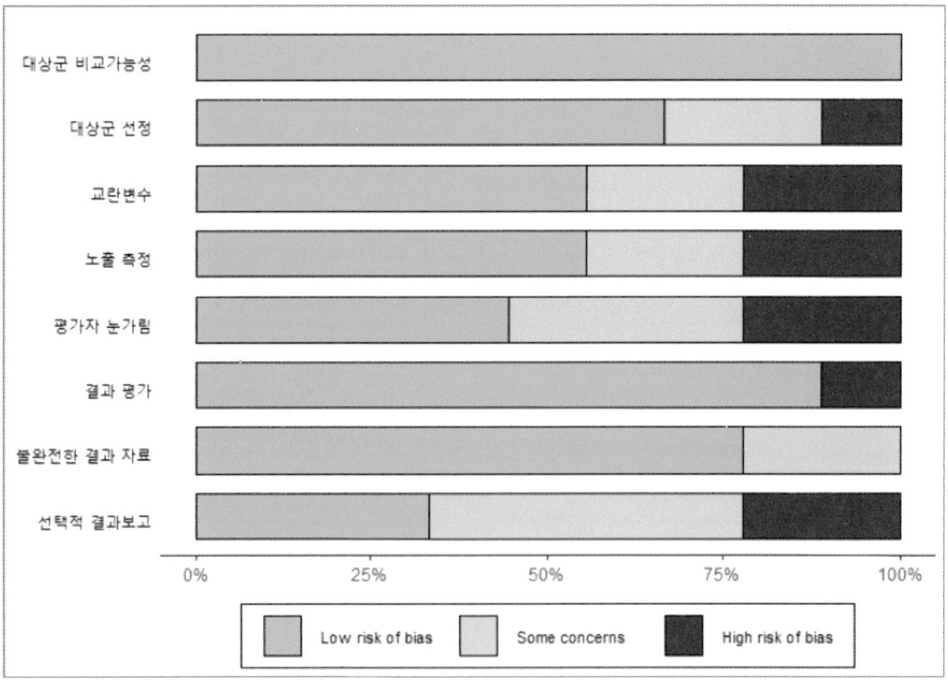

[그림 12-4] robvis를 이용한 개별연구의 질 검증(RoBANS) 결과(graph)

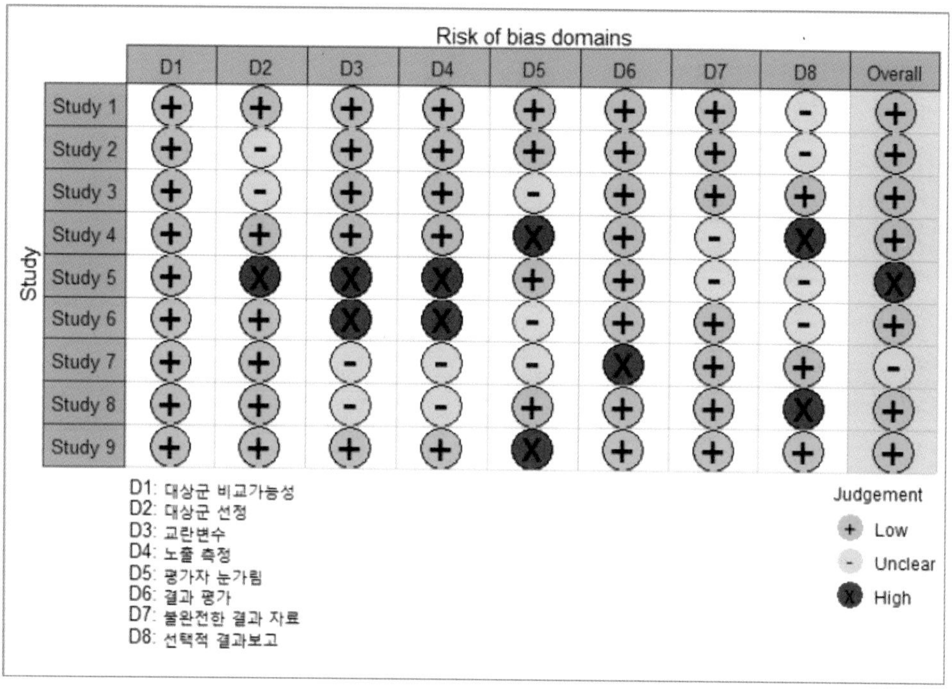

[그림 12-5] robvis를 이용한 개별연구의 질 검증(RoBANS) 결과(summary)

3. 'dmetar'을 이용한 개별연구의 질 검증

이번에는 'dmetar' 패키지를 이용하여 개별연구의 질을 검증해 보자. 먼저 'dmetar' 패키지를 다음과 같이 설치한다(Harrer, Cuijpers, Furukawa, & Ebert, 2019).

```
> install.packages("devtools")
> devtools::install_github("MathiasHarrer/dmetar")
> library(dmetar)
```

여기서 사용할 데이터(sb_mentoring_rob.csv)는 분석의 일관성을 위해 〈표 12-1〉과 동일한 데이터를 사용하고자 한다. 하지만 〈표 12-1〉과 다른 점은 Overall 및 Weight 항목이 필요하지 않다는 점이며 또한 평가 항목의 이름에 있어서 공백(space)이 없이 모두 한 단어로 붙여 쓴다는 점이다. 여기서는 마침표(.)로 단어들을 연결하여 한 단어로 만들었다(〈표 12-4〉 참조).

〈표 12-4〉 개별연구의 질 검증 코딩 결과

Study	Random.sequence.generation	Allocation.concealment	Blinding.of.participants.and.personnel	Incomplete.outcome.data	Selective.reporting
Aseltine 2000	Unclear	Unclear	High	High	Unclear
Bernstein 2009	Low	Low	High	Low	Unclear
Herrera 2007	Low	Unclear	High	Low	Unclear
Karcher 2008	Unclear	Unclear	High	Low	Unclear
LoSciuto 1996	Unclear	Unclear	High	High	High
McPartland 1991	High	High	High	High	Unclear
Portwood 2005	High	High	High	High	High
Whiting 2007	High	High	High	High	High

출처: Wood & Mayo-Wilson, 2012, p. 260에서 재구성.

먼저 다음과 같이 데이터를 불러와서 이상이 없는지 확인한다.

```
> sb <- read.csv("C:/R/sb_mentoring_rob.csv")
> sb
```

```
> sb
          study Random.sequence.generation Allocation.concealment
1   Aseltine 2000                    Unclear                Unclear
2  Bernstein 2009                        Low                    Low
3    Herrera 2007                        Low                Unclear
4    Karcher 2008                    Unclear                Unclear
5   LoSciuto 1996                    Unclear                Unclear
6 McPartland 1991                       High                   High
7   Portwood 2005                       High                   High
8    Whiting 2007                       High                   High
  Blinding.of.participants.and.personnel Incomplete.outcome.data Selective.reporting
1                                   High                    High             Unclear
2                                   High                     Low             Unclear
3                                   High                     Low             Unclear
4                                   High                     Low             Unclear
5                                   High                    High                High
6                                   High                    High             Unclear
7                                   High                    High                High
8                                   High                    High                High
```

그러고 나서 다음과 같이 명령어 rob.summary 기능을 활용하면 2개의 분석결과를 한꺼번에 제시할 수 있다([그림 12-6] 참조). 'robvis'를 활용한 결과와 동일하지만 평가 항목의 순서(알파벳 순)가 다르며, 가로 항목과 세로 항목이 서로 바뀌어 있음을 알 수 있다.

```
> rob.summary(sb, studies=sb$study, table=TRUE)
```

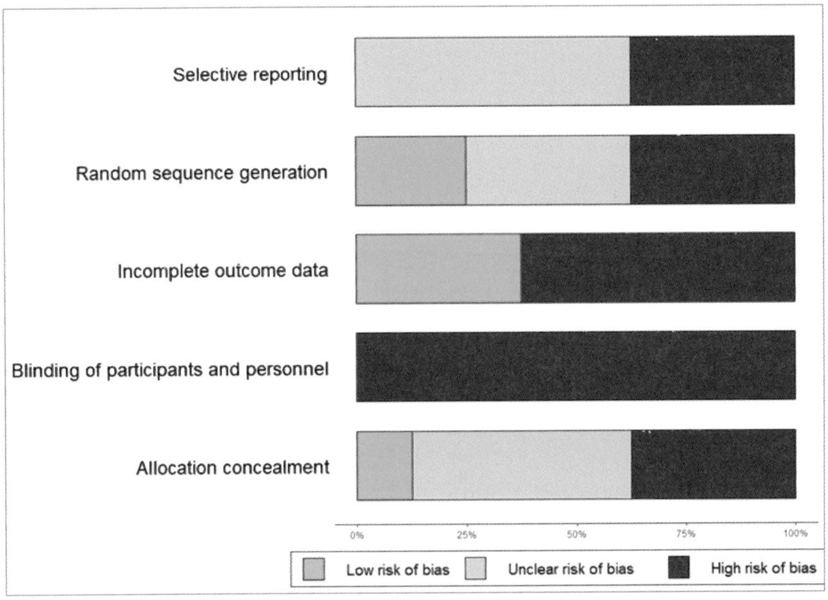

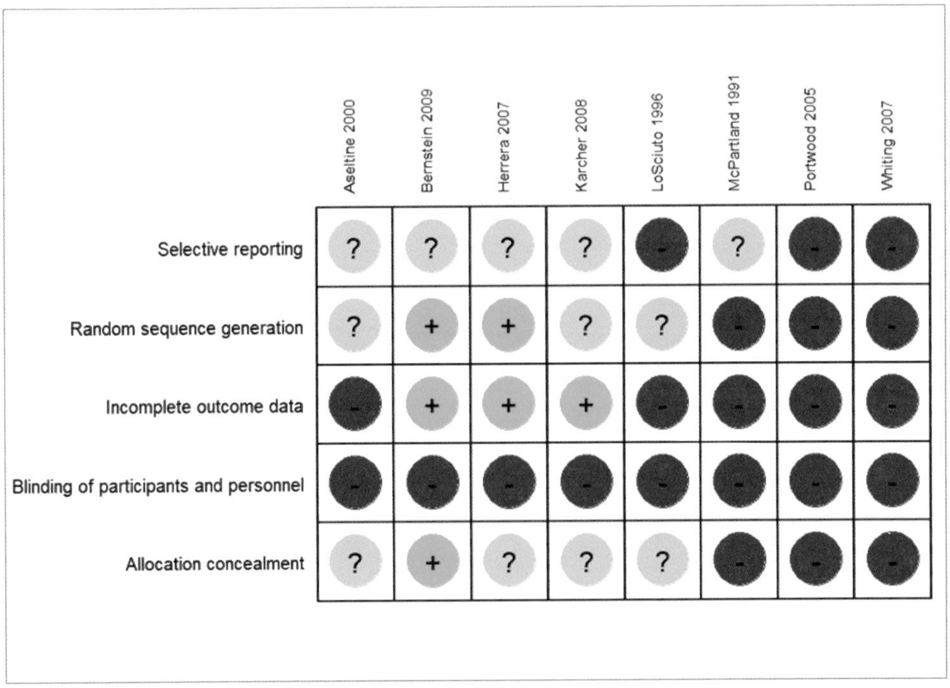

[그림 12-6] dmetar을 이용한 개별연구의 질 검증 결과(graph 및 summary)

요약

- 메타분석에 포함된 연구들에 대한 질(quality) 검증은 메타분석의 결과가 보다 신빙성 있고 설득력이 있는가 하는 점에 부분적으로 대답할 수 있는 조건이라고 할 수 있다. 왜냐하면 메타분석에 포함된 개별연구들이 양질의 연구가 아니라면 이를 통합한 분석결과는 그다지 신빙성 있는 결과라고 말하기 어려울 것이다. 그래서 최근 들어 메타분석 연구에서는 분석에 포함된 개별연구들의 질을 반드시 검증하도록 요구하고 있다.
- 전통적으로 개별연구(주로, 실험연구)의 질 검증에는 Cochrane의 RevMan 프로그램을 활용하여 왔다. 하지만 RevMan은 각 연구의 질 검증 결과를 일일이 직접 입력해야 하는 번거로움이 있다.
- 최근 들어 개별연구의 질 검증을 할 수 있는 R 패키지가 개발되면서 메타분석에서 질 검증은 한결 수월해졌다. 즉, RevMan에서처럼 일일이 질 검증 데이터를 입력하는 대신 질 검증 데이터를 R로 불러와서 간단한 명령어로 한꺼번에 분석할 수 있는 장점이 있다. 현재 질 검증을 위한 R 패키지로는 'robvis'와 'dmetar'이 개발되어 있다.

명령어 정리

2. 'robvis'를 이용한 개별연구의 질 검증

```
> install.packages("robvis")
> library(robvis)
> data2 <- read.csv("C:/R/school_based_mentoring(ROB).csv", header=TRUE)

> rob_summary(data2, tool="ROB1", weighted=F)
> rob_traffic_light(data2, tool="ROB1", psize=10)

> data5 <- read.csv("C:/R/data_RoBANS2.csv", header=TRUE)
> rob_summary(data5, tool="ROB1", weighted=F)
> rob_traffic_light(data5, tool="ROB1", psize=10)
```

3. 'dmetar'을 이용한 개별연구의 질 검증

```
> install.packages("devtools")
> devtools::install_github("MathiasHarrer/dmetar")
> library(dmetar)

> sb <- read.csv("C:/R/sb_mentoring_rob.csv")
> sb
> rob.summary(sb, studies=sb$study, table=TRUE)
```

제 13 장

메타분석의 결과 보고

1. 제목
2. 구조화된 요약
3. 서론
4. 연구방법
5. 분석결과
6. 논의 및 결론
7. 참고문헌
8. 부록

META-ANALYSIS USING R

일반적으로 메타분석의 결과에 대한 보고는 여타 연구결과의 보고와 비슷하다. 하지만 메타분석 연구의 결과 보고는 PRISMA(Preferred Reporting Items for Systematic Reviews and Meta-Analyses) 가이드라인(Mohr et al., 2009)을 준수하는 것이 일반적이다. 따라서 여기서도 PRISMA 가이드라인에 따라 메타분석의 결과 보고 내용을 제시할 것이며 그 내용은 다음과 같이 구성된다.

- 제목(Title)
- 구조화된 요약(Structured abstract)
- 서론(Introduction)
- 연구방법(Method)
- 분석결과(Results)
- 논의 및 결론(Discussion & Conclusion)
- 참고문헌(References)
- 부록(Appendices)

사례 **청소년들에 대한 학교기반 멘토링의 효과: 체계적 리뷰 및 메타분석**
(School-Based Mentoring for Adolescents: A Systematic Review and Meta-Analysis)

1. 요약
2. 서론(문제의 제기, 선행연구, 연구의 필요성 및 목적 ……)
3. 연구방법(포함될 연구의 기준, 연구 선정, 데이터 분석 ……)
4. 연구결과(대상자 특성, 연구의 질, 개입효과 ……)
5. 논의 및 함의
6. 결론
   - 이해관계의 명시(Declaration of Conflicting Interests): 저작권, 저자 역할 표시 등
   - 재정지원(Funding)
   - 참고문헌(References)

출처: Wood & Mayo-Wilson, 2012.

1. 제목

먼저 메타분석 연구의 제목의 경우 체계적 리뷰인지 메타분석인지 아니면 둘 다인지 명확히 밝히는 것이 일반적이다(다음 사례 참조).

Research Article

Research on Social Work Practice
22(3) 257-269
© The Author(s) 2012
Reprints and permission:
sagepub.com/journalsPermissions.nav
DOI: 10.1177/1049731511430836
http://rsw.sagepub.com
SAGE

School-Based Mentoring for Adolescents: A Systematic Review and Meta-Analysis

Sarah Wood[1] and Evan Mayo-Wilson[1]

Abstract
Objectives: To evaluate the impact of school-based mentoring for adolescents (11–18 years) on academic performance, attendance, attitudes, behavior, and self-esteem. Method: A systematic review and meta-analysis. The authors searched 12 databases from 1980 to 2011. Eight studies with 6,072 participants were included, 6 were included in meta-analysis. Studies were assessed using the Cochrane Collaboration Risk of Bias Tool. Results: Across outcomes, effect sizes were very small (random effects), and most were not significant. The magnitude of the largest effect (for self-esteem) was close to zero, $g = 0.09$, [0.03, 0.14]. Conclusions: The mentoring programs included in this review did not reliably improve any of the included outcomes. Well-designed programs implemented over a longer time might achieve positive results.

Keywords
mentoring, adolescents, systematic review

출처: Wood and Mayo-Wilson, 2012, p. 257.

REVIEW ARTICLE

ISSN (Print) 2005-3673
ISSN (Online) 2093-758X
대한간호학회지 제46권 제4호, 2016년 8월
J Korean Acad Nurs Vol.46 No.4, 475-489
http://dx.doi.org/10.4040/jkan.2016.46.4.475

치매 환자의 문제행동을 위한 자극지향적 중재의 효과 연구: 체계적 고찰과 메타분석

김은영[1] · 황성동[2] · 김은주[3]
[1]경일대학교 간호보건대학 심리치료학과, [2]경북대학교 사회과학대학 사회복지학과, [3]대전대학교 보건의료과학대학 간호학과

Stimulation-Oriented Interventions for Behavioral Problems among People with Dementia: A Systematic Review and Meta-Analysis

Kim, Eun Young[1] · Hwang, Sung-Dong[2] · Kim, Eun Joo[3]
[1]Department of Psychotherapy, College of Nursing and Public Health, Kyungil University, Kyungsan
[2]Department of Social Welfare, College of Social Science, Kyungpook National University, Daegu

출처: 김은영, 황성동, 김은주, 2016, p. 475.

2. 구조화된 요약

이 부문은 기본적으로 메타분석의 연구 내용을 축약하는 것으로서 연구의 배경, 목적, 방법, 결과 및 논의 등으로 구성되는 것이 일반적이며 다음 사례를 참조하기 바란다.

대한간호학회지 제45권 제2호, 2015년 4월 http://dx.doi.org/10.4040/jkan.2015.45.2.169

한국 학령기 ADHD 아동을 위한 인지행동중재의 효과 연구: 메타분석

박완주[1] · 박신정[1] · 황성동[2]

[1]경북대학교 간호대학 · 간호과학연구소, [2]경북대학교 사회과학대학

Effects of Cognitive Behavioral Therapy on Attention Deficit Hyperactivity Disorder among School-aged Children in Korea: A Meta-Analysis

Park, Wan-Ju[1] · Park, Shin-Jeong[1] · Hwang, Sung-Dong[2]

[1]College of Nursing · Research Institute of Nursing Science, Kyungpook National University, Daegu
[2]College of Social Sciences, Kyungpook National University, Daegu, Korea

Purpose: This study was a meta-analysis designed to identify effects of Cognitive Behavioral Therapy (CBT) interventions in alleviating main symptoms of Attention Deficit Hyperactivity Disorder (ADHD) among school-aged children in Korea. **Methods:** Examination of several databases including Research Information Sharing Service, Korean Studies Information Service System, Data Base Periodical Information Academic and hand-searched article references, resulted in identification of 1,298 studies done between 2000 and 2013 of which 21 met the inclusion criteria. Comprehensive Meta-Analysis version 2.0 was used to analyze effect sizes, explore possible causes of heterogeneity, and check publication bias with a funnel plot and its trim-and-fill analysis. **Results:** Overall effect size of CBT intervention was large (g=1.08) along with each outcome of self-control (g=1.26), lack of attention (g=1.02), social skills (g=0.92), and hyperactivity (g=0.92). For heterogeneity, moderator analysis was performed, but no significant differences were found between the RCT (Randomized Controlled Trials) group and the NRCT (Non RCT) group. Also, meta-regression was performed using sample size, number of sessions, and length of session as predictors, but no statistically significant moderators were found. Finally, a funnel plot along with trim-and-fill analysis was produced to check for publication bias, but no significant bias was detected. **Conclusion:** Based on these findings, there is clear evidence that CBT intervention has significant positive effects on the main symptoms of school-aged children suffering ADHD. Further research is needed to target diverse age groups with ADHD along with more RCT studies to improve the effectiveness of the CBT intervention.

Key words: Cognitive behavioral therapy, Attention deficit hyperactivity disorder, Meta-analysis

출처: 박완주, 박신정, 황성동, 2015, p. 169.

3. 서론

서론에서는 연구의 필요성 및 중요성, 관련 이론들, 그리고 연구질문 등이 서술되어야 한다. 예를 들면, "기존 연구의 결과들은 ……" 또는 "본 연구에서 분석하고자 하는 조절

변수는 ……" 등과 같이 연구의 필요성과 연구 목적을 연구질문과 함께 분명하게 제시하는 것이 필요하다. 그리고 서론의 구성은 대체로 다음과 같이 이루어진다.

- 연구문제: 문제에 대한 기술, 관련 대상자, 세팅 등
- 개입의 필요성: 문제가 미치는 영향 등을 기술
- 개입방법: 개입이론 및 개입의 내용, 특성, 대상 등의 기술
- 개입에 대한 선행 연구 및 리뷰 논의: 기존 연구에 대한 서술 그리고 연구결과의 갭에 대한 강조
- 본 연구(리뷰)가 기여할 바: 왜 이 리뷰가 필요한지 그리고 정책과 실천에 미치게 될 영향 및 함의
- 연구목적: 명확한 연구질문이 서술과 관련하여 일차적 목적과 이차적 목적의 구분 (다음 사례 참조)

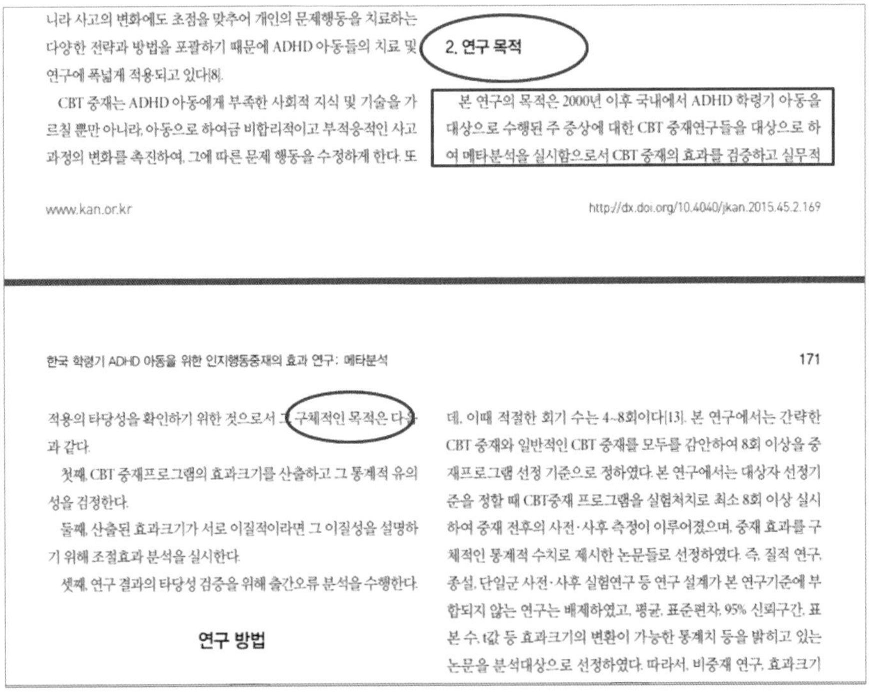

니라 사고의 변화에도 초점을 맞추어 개인의 문제행동을 치료하는 다양한 전략과 방법을 포괄하기 때문에 ADHD 아동들의 치료 및 연구에 폭넓게 적용되고 있다[8].

CBT 중재는 ADHD 아동에게 부족한 사회적 지식 및 기술을 가르칠 뿐만 아니라, 아동으로 하여금 비합리적이고 부적응적인 사고 과정의 변화를 촉진하여, 그에 따른 문제 행동을 수정하게 한다. 또

2. 연구 목적

본 연구의 목적은 2000년 이후 국내에서 ADHD 학령기 아동을 대상으로 수행된 주 증상에 대한 CBT 중재연구들을 대상으로 하여 메타분석을 실시함으로서 CBT 중재의 효과를 검증하고 실무적

www.kan.or.kr

http://dx.doi.org/10.4040/jkan.2015.45.2.169

한국 학령기 ADHD 아동을 위한 인지행동중재의 효과 연구: 메타분석 171

적용의 타당성을 확인하기 위한 것으로서 그 구체적인 목적은 다음과 같다.

첫째, CBT 중재프로그램의 효과크기를 산출하고 그 통계적 유의성을 검정한다.

둘째, 산출된 효과크기가 서로 이질적이라면 그 이질성을 설명하기 위해 조절효과 분석을 실시한다.

셋째, 연구 결과의 타당성 검증을 위해 출간오류 분석을 수행한다.

연구 방법

데. 이때 적절한 회기 수는 4~8회이다[13]. 본 연구에서는 간략한 CBT 중재와 일반적인 CBT 중재를 모두를 감안하여 8회 이상을 중재프로그램 선정 기준으로 정하였다. 본 연구에서는 대상자 선정기준을 정할 때 CBT중재 프로그램을 실험처치로 최소 8회 이상 실시하여 중재 전후의 사전·사후 측정이 이루어졌으며, 중재 효과를 구체적인 통계적 수치로 제시한 논문들로 선정하였다. 즉, 질적 연구, 종설, 단일군 사전·사후 실험연구 등 연구 설계가 본 연구기준에 부합되지 않는 연구는 배제하였고, 평균, 표준편차, 95% 신뢰구간, 표본 수, t값 등 효과크기의 변환이 가능한 통계치 등을 밝히고 있는 논문을 분석대상으로 선정하였다. 따라서, 비중재 연구, 효과크기

출처: 박완주, 박신정, 황성동, 2015, pp. 170-171.

4. 연구방법

보통 메타분석 연구에서 연구방법에 대한 주요 내용은 메타분석에 포함될 연구의 선정 기준 명시, 문헌의 검색, 선정된 문헌에 대한 데이터 추출 및 코딩, 그리고 데이터 분석방법에 대한 내용을 우선적으로 포함하게 된다. 이 외에도 가이드라인 준수 여부 및 메타분석에 포함되지 않은 연구에 대한 처리 등을 논의하게 된다. 이에 대한 내용을 세부내용으로 정리하고 예시를 함께 제시하면 다음과 같다.

1) 연구의 속성 및 가이드라인 준수

- 연구의 속성 또는 연구목적 재서술
- 가이드라인 준수 여부(다음 사례 참조)
- 프로토콜 등록 여부

The Gerontologist, 2019, Vol. XX, No. XX

Methods

We conducted a comprehensive systematic review in accordance with the Preferred Reporting Items for Systematic Reviews and Meta-Analysis (PRISMA) Statement (Moher, Liberati, Tetzlaff, & Altman, 2009) and following an a priori protocol. The protocol is registered with PROSPERO (registration number CRD42018111472).

Systematic Search Strategy

The search strategy was developed in consultation with expert librarians and used free-text terms (Supplementary Table 1). The following search terms were used: "aware-

출처: Sabatini et al., 2019, p. 3.

2) 연구 선정에 대한 기준

- 연구 선정의 핵심적 기준(예: PICOS)(사례 참조)
- 제외된 연구의 기준(예: 나이 등)
- 주요 변수(조작적 정의)

> 상인 주의력결핍, 과잉행동, 자기통제, 사회성에 미치는 영향을 파악하기 위해 국내 CBT 중재논문의 연구 결과들을 대상으로 CBT 중재프로그램의 효과를 체계적이고 종합적으로 규명하기 위한 메타분석 연구이다.
>
> **2. 연구 대상 선정 기준**
>
> 본 연구는 방대해진 문헌의 분량과 상반된 연구 결과의 혼재 속에서 체계적으로 메타분석 대상 문헌을 선정하기 위해 먼저 PICO (population, intervention, comparison, outcome) 기준에 의거하여 연구 논문을 검색하였다. 우선 본 연구의 대상자(P)는 아동복지법 2조 1항 학령기 아동 보호 및 교육지원기본법에 의거해 국내 만 6세 이상 12세 미만의 학령기 ADHD 아동을 연구 대상으로 하며, 연구 대상자 수가 10명 이상인 논문으로 한정하였다. 중재개입 방법(I)은 CBT 중재 프로그램으로서 학령기 ADHD 아동의 주 증상에 대한 모든 유형의 인지행동치료 중재기법을 적용한 논문을 선정 대상으로 하였다.
>
> **3. 자료 검색 및 선정 과정**
>
> 본 연구는 연구계획에 대한 윤리적·과학적 타당성을 부여하고자 K대학교 생명윤리심의위원회(IRB)의 승인(IRB No. KNU 2014-0039)을 받은 후 진행하였다. ADHD 아동의 주 증상 문제를 다루기 위한 CBT 중재를 제공한 논문들을 국내 학술 검색 데이터베이스의 온라인 검색과 참고문헌의 수기 검색을 병행하면서 수집하였다. 그리고 본 연구에 적합한 논문을 선택하기 위하여 문헌선정 작업을 시작하기 전 예비검사(pilot test)를 실시하여 이전의 메타분석 연구들이 밟은 절차를 참고하여 시행착오를 최대한 줄이려고 하였다.
>
> 문헌선정 과정은 4단계를 거쳤으며 1차 단계에서는 2000년부터 2013년 7월까지 국내에서 CBT 중재프로그램을 적용한 석·박사학위 논문 및 학술지 논문의 전수를 검색하였다. 본 연구에서 사용된 검색어는 보다 효율적인 검색을 위하여 검색 전 PubMed에서 MeSH DB를 통해 ADHD 학령기 아동, 인지행동치료 등이 표현되는 MeSH 용어와 유의어(synonyms) 및 관련용어(related terms)를 확인한 후 각 데

출처: 박완주, 박신정, 황성동, 2015, p. 171.

3) 문헌(연구) 검색 및 검색 전략

- 데이터베이스(키워드) 및 저널 검색(다음 사례 참조)
- 주요 연구의 참고문헌을 활용한 검색
- 회색문헌(grey literature) 검색
- 필요 시 연구자와 직접 접촉(전화, 이메일)
- 검색 출처 및 검색 용어 등을 제시

Education Index; British Education Index; Cochrane Central Register of Controlled Trials in the Cochrane Library; Database of Abstracts of Reviews of Effectiveness, Educational Resources Information Center; MEDLINE; PsycINFO; Social Sciences Citation Index. For gray literature, the following were searched: Dissertation Abstracts, GreyNet, and Open Sigle. Reference lists of articles identified through database searches were examined to identify further relevant studies. As school-based mentoring is a relatively recent development, searches were limited to studies reported from 1980.

The following terms were used for MEDLINE (these were modified for other databases; terms are available from the authors on request):

1. exp Mentors/
2. exp Helping Behavior/
3. exp Interpersonal Relations/
4. mentor*.mp
5. coach*.mp
6. (interpersonal or helping) adj relationship*.mp
7. role adj model*.mp
8. 1 or 2 or 3 or 4 or 5 or 6 or 7
9. exp Child Behavior Disorders/

출처: Wood and Mayo-Wilson, 2012, p. 259.

4) 선정된 문헌에 대한 개별연구의 질 검증

- 개별연구의 질, 즉 과학성을 평가(다음 사례 참조)
- 다양한 검증 도구를 활용(예: 실험조사설계인 경우 Cochrane의 Risk of Bias 활용)

4. 분석대상 논문의 질 평가

체계적인 오류로 결과나 추정이 참값으로부터 벗어나거나, 중재 효과를 과소 또는 과다추정하게 할 수 있는 오류(bias)를 최소화하여 연구 결과의 타당성(validity)을 높이기 위해 본 연구의 선정기준에 부합한 최종 21개의 논문을 대상으로 질 평가를 하였다. 선정된 논문에 대한 질 평가는 2012년에 Scottish Intercollegiate Guideline Network (SIGN)[14]에서 개발한 비무작위 실험설계 평가목록을 사용하여 체계적으로 고찰하였다. 코딩과정에서 문헌고찰과 다수의 메타분석의 경험이 있는 간호학 전공교수와 통계학 전공교수 각 1인의 자문을 받아 연구자 3인이 각각 평가하고 일치된 결과를 논의하여 도출하도록 하였다. 의견이 불일치할 경우에는 연구자 3인이 해당 항목과 의견 도출 과정에 대하여 다시 엄격히 검토한 후 차이점에 대해 충분히 논의를 한 다음 3명의 연구자가 모두 동의할 경우 결론을 내렸다. SIGN의 평가도구는 내적타당도 10문항으로 즉, 연구 주제와 개념 정의, 무작위 할당, 은폐법(concealment), 맹검법(blinding) 시행 및 효과, 실험군과 대조군의 처치, 변수의 측정법, 통계적 분석 방법 및 보고, 초기 대상자의 전수 분석의 사용, 중도탈락률, 시행 장소로 구성되었다.

5. 코딩 및 자료 분석

본 연구에 연구 대상으로 선정된 총 21편의 연구가 갖는 특성, 즉 효과크기의 통계적 이질성(heterogeneity)을 평가하기 위해서는 우선 forest plot을 통해 시각적으로 살펴보았다. 그리고 전체 관찰된 분산인 Q값을 산출하여 카이스퀘어 검증을 하였으며, 보다 더 구체적으로 전체 관찰된 분산에 대한 실제 분산, 즉 연구 간 분산의 비율을 나타내는 I^2값을 산출하였다. 일반적으로 Q값에 대한 유의확률이 0.10 이하이고, I^2가 50%를 넘어서게 되면 그 이질성의 정도는 상당하다고 해석할 수 있다[12]. 그리고 각 연구가 제시하고 있는 결과 수치는 하위 결과별로도 제시하지만 전체 결과로 통합(combined effect)하여 제시하였으며 사전·사후점수 간의 상관관계는 r=0.5를 기준으로 분석하였다.

각 연구가 보여주는 효과크기의 이질성에 대한 추가적인 설명을 위해 연구 수준의 특성, 즉 조절변수의 속성에 따라 메타 ANOVA와 메타회귀분석을 활용하여 조절효과분석을 실시하였다. 그리고 최종적으로 전체 연구 결과의 타당성을 위해 출간오류분석(publication bias analysis)을 실시하여 연구 결과의 타당성을 검증하였다.

연구 결과

1. 연구의 선정 과정

앞서 연구 방법에서 설명한대로 연구의 선정과정은 모두 4단계로 이루어졌으며, 1단계에서 각종 데이터베이스를 활용하여 총 1,298편

출처: 박완주, 박신정, 황성동, 2015, p. 172.

5) 데이터 추출 및 코딩

- 연구수준변수의 코딩(예: 표본 특성, 연구 디자인 등)
- 효과크기 코딩(효과크기의 조정 및 계산 등)
- 코딩의 신뢰도(예: 복수의 코딩자 및 상호 검증)

다음 예시는 데이터 추출과 코딩에 있어서 복수의 코딩을 시도하였으며 코딩의 신뢰도를 확보하기 위해 Kappa 검증을 실시하였음을 보여 주고 있다.

ria, we identified 36 studies and 49 effect sizes (see Table 1 for a list of the included studies with selected descriptive statistics).

Table 2 shows the moderator variables that we considered, the coding of the categories, and the respective kappa coefficients. We computed Cohen's kappa to calculate the coding reliability of the variables (Cohen, 1992). Therefore, a second coder additionally categorized 10 of the included studies (i.e., about 34%). Kappas between .61 and .80 were classified as substantial and between .81 and 1.00 as excellent (Landis & Koch, 1977). As can be seen, the coding reliabilities of each item were at least substantial with kappas ranging from .68 to 1.00. With two exceptions regarding the categories school type (κ = .68) and questionnaire (κ = .74), all kappas could be classified as excellent.

출처: Schwinger et al., 2014, p. 750.

6) 데이터 분석방법

- 평균효과크기의 계산(예: 가중치, 고정효과모형 및 랜덤효과모형)(다음 사례 참조)
- 조절효과의 검증(strategy for testing moderation)
- 전체 결과에 미칠 수 있는 오류 위험(예: 출간오류분석)

For all outcomes, we calculated Hedges *g* and 95% confidence intervals (CI), and overall effects were weighted by the inverse of variance using comprehensive meta-analysis. As trials may test different program effects across studies, we used random effects to calculate the average treatment effect (Riley, Higgins, & Deeks, 2011). (Positive values indicate superiority of the intervention, and groups are equivalent when $g = 0$.)

Statistical heterogeneity was assessed by visual inspection of forest plots, by performing the χ^2 test (and assessing the *p* value) and by calculating the I^2 statistic, which describes the percentage of observed heterogeneity that cannot be explained by chance. If the *p* value was less than .10 and I^2 exceeded 50%, we considered heterogeneity to be substantial (Higgins et al., 2009). To assess the possibility of small study bias, random-effects estimates were compared to fixed-effect estimates (Higgins et al., 2009).

출처: Wood and Mayo-Wilson, 2012, p. 260.

7) 메타분석에 포함되지 않은 연구결과에 대한 처리

• 서술적 연구의 결과에 대한 처리 방법

> When a single study provided multiple measures of the same outcome, a combined effect was calculated for the outcome. For outcomes reported as *F* tests, we assumed a pre–post correlation of .5. Data that could not be used to calculate an effect size are reported separately.

출처: Wood and Mayo-Wilson, 2012, p. 260.

5. 분석결과

결과 보고에 있어 분석결과에는 보통 다음과 같은 내용을 포함하게 된다(Littell et al., 2008, pp. 134-136).

- 연구 선정 과정 및 결과
- 선정된 연구의 특성
- 선정된 개별연구의 (오류 위험) 검증
- 데이터 분석결과
  - 포함된 연구(데이터)의 수(k) 그리고 전체 표본 수(N)
  - 효과크기의 시각적 표현(예: forest plot)
  - 효과크기의 집중 경향치(예: 평균효과크기), 평균효과크기의 통계적 유의성 및 신뢰구간
  - 효과크기의 이질성(variability in effect sizes, heterogeneity) (예: 이질성 통계치 Q값 등)
  - 추가 분석(하위집단 분석 및 메타회귀분석) 등
  - 분석결과의 타당성 검정, 즉 전체 결과의 오류 위험(예: 출간오류분석)

메타분석의 목적이 기존 연구결과를 통합분석하는 것임을 기억하고 분석결과에 대한 내용은 다음 주요 사항을 중심으로 구체적으로 서술한다.

1) 연구 선정 과정 및 결과

연구의 검색에서부터 최종 선정에 이르기까지의 과정을 간략하게 서술하는데 보통 여기서는 PRISMA flow chart로 제시하는 것이 보통이다.

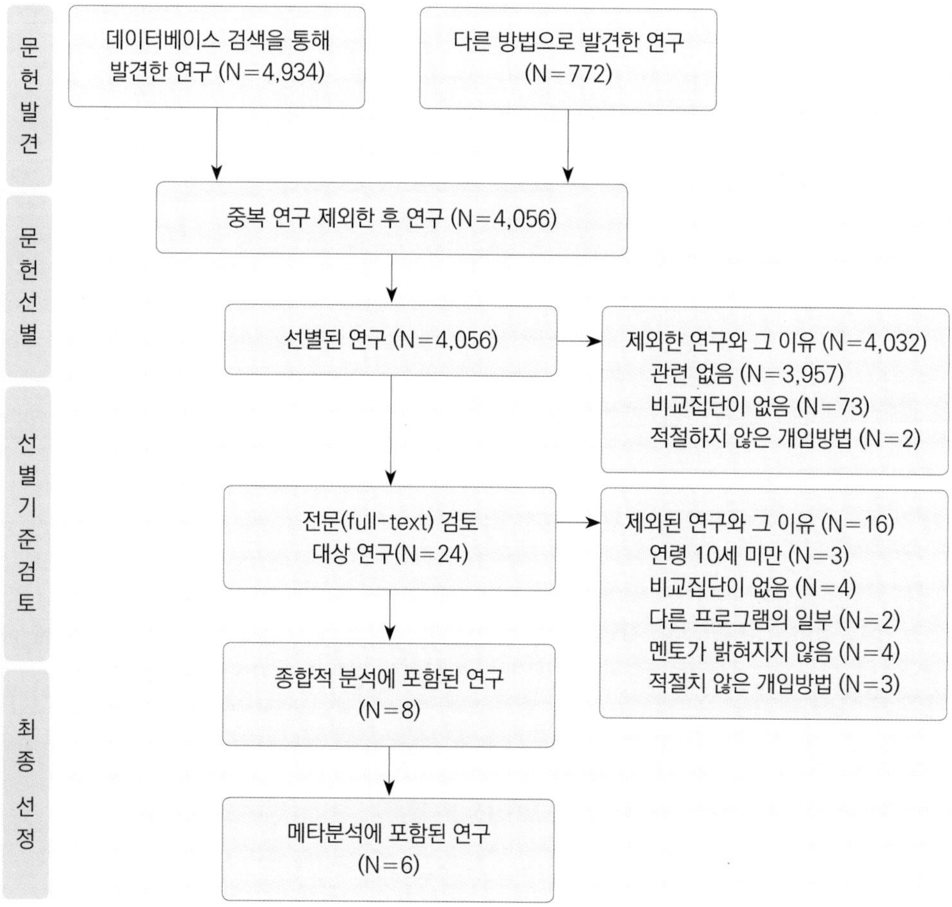

출처: Wood & Mayo-Wilson, 2012, p. 259.

2) 선정된 연구의 특성

최종 선정된 연구의 주요 특성을 기술하며 일반적으로 표로 제시되지만 서술적 요약으로 제시되기도 한다. 하지만 서술적 요약의 경우 체계적이지 못한 경우가 많다.

Table 1. Descriptive Summary of Included Studies

No	Author (year)	Country	Subjects: Age (year) (M±SD)	Subjects: Sample size (n) Exp.	Cont.	Setting	Severity/ stage of dementia	Interventions: Exp. Type	Cont. type	Length (min.)	Sessions	duration (wks.)	Outcome measurements	Quality assess -ment	RCT type
1	Ancoli-Israel et al. (2003)	USA	82.30 ± 7.60	30	31	Nursing home	Mild to severe	Bright light	Red dim light	120	10	1.43	CMAI, ABRS	+	Parallel -group
2	Baker et al. (2001)	UK	78.00	23	25	Hospital	Moderate to severe	Multisensory stimulation	Activity	30	8	4	REHAB scale, BMD, BRS	++	Parallel -group
3	Ballard et al. (2002)	UK	78.50±8.10	35	36	Nursing home	Severe	Aroma	Placebo	2	56	4	CMAI, NPI	++	Parallel -group
4	Burns et al. (2009)	UK	Exp:84.50±1.70 Cont:82.50±1.50	22	26	Nursing home	Mild to severe	Bright light	Usual light	120	14	2	CMAI	++	Parallel -group
5	Camberg et al. (1999)	USA	82.70±7.50	49	49	Nursing home	Severe	Simulated presence	Placebo	30	34	5	SCAMI, SOAPD	++	Factorial
6	Cooke et al. (2010)	Australia	≥65.00	24	23	Care facility	Mild to moderate	Music	Reading	40	24	8	CAMI-SF	++	Crossover
7	Eggermont et al. (2010)	Netherl -ands	84.30	41	38	Nursing home	Mild to moderate	Walking	No intervention	30	30	6	Actiwatch (e.g., Night-time restlessness)	+	Parallel -group
8	Lin et al. (2011)	Taiwan	Exp: 81.46±7.34 Cont: 82.15±6.28	49	51	Nursing facility	Mild to severe	Music	Daily activity	30	12	6	C-CMAI	+	Parallel -group
9	Narme et al. (2014)	France	Exp: 86.70±6.40 Cont: 87.50±6.00	18	19	Hospital	Moderate to severe	Music	Cooking	60	8	4	CMAI, NPI	+	Parallel -group
10	Raglio et al. (2010)	Italy	Exp: 85.40±6.50 Cont: 84.60±6.80	27	26	Nursing home	Moderate to severe	Music	Standard care	30	36	6	NPI	+	Parallel -group
11	Remington (2002)	USA	82.40	17	17	Nursing home	Mild to severe	Music	No intervention	10	1	NR	Modified-CMAI	+	Factorial
12	Ridder et al. (2013)	Denmark, Norway	Exp:82.17±8.84 Cont:80.20±8.67	21	21	Nursing home	Moderate to severe	Music	Standard care	30	12	6	CMAI-fr, CMAI-di	++	Crossover

출처: 김은영, 황성동, 김은주, 2016, p. 480.

3) 선정된 개별연구의 질(오류 위험) 검증

연구자는 메타분석 연구를 보다 과학적이고 합리적으로 수행했음을 밝히기 위해 메타분석에 포함된 개별연구(individual studies)의 질을 검증하여 그 결과를 밝히는 것이 필요하다. 개별연구의 질 검증에 대한 결과는 다음과 같이 두 가지 형태로(그래프 및 요약) 제시하는 것이 일반적이다([그림 13-1], [그림 13-2] 참조).

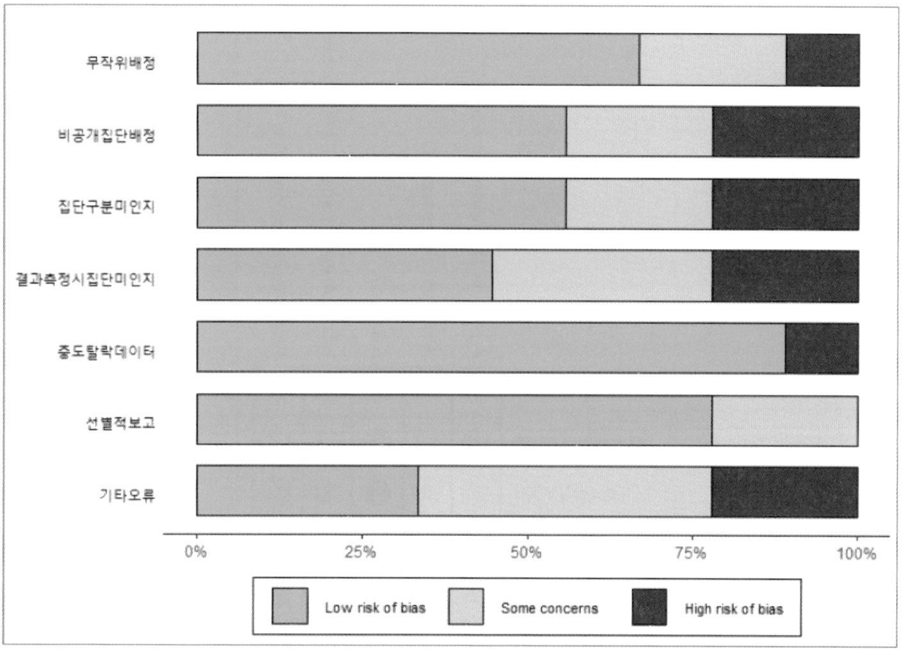

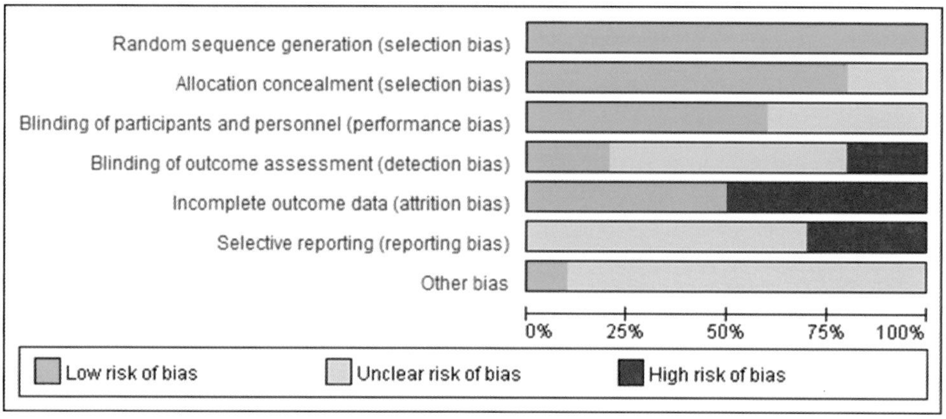

[그림 13-1] 포함된 연구의 질을 검증한 평가 항목별 결과(graph)

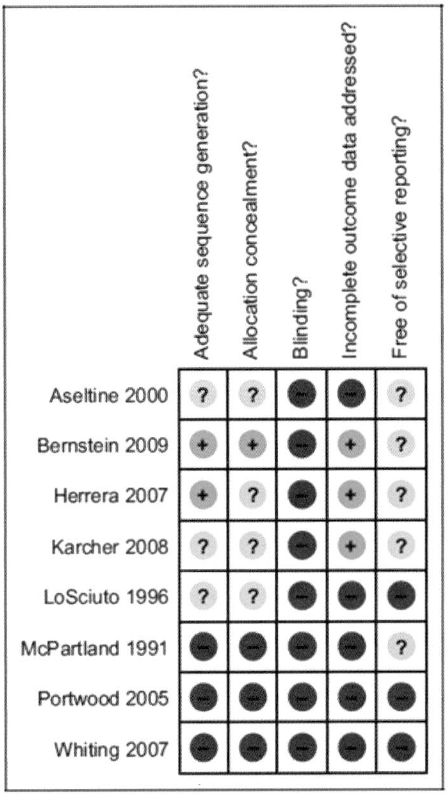

[그림 13-2] 포함된 연구의 질을 연구별로 분석한 결과(summary)

출처: Wood & Mayo-Wilson, 2012, p. 260.

4) 분석결과

메타분석의 데이터 분석결과는 먼저 forest plot을 통해 개별연구의 효과크기와 신뢰구간 그리고 전체 평균효과크기와 신뢰구간 등을 보고한다. 특히 분석결과, 즉 효과크기 통계치를 맥락 차원(in context)에서 이해하는 것이 중요하며 forest plot이 이 맥락을 이해하는 데 도움을 준다. 즉, forest plot을 통해 다음 내용을 구체적으로 제시할 수 있어 나무(예: 개별 효과크기)와 숲(예: 전체 효과크기 및 효과크기의 방향)을 모두 볼 수 있다.

- 개별 효과(individual study effect)
- 평균 효과(the summary effect)
- 정밀성(the confidence interval)
- 효과크기의 일관성(consistency) 여부

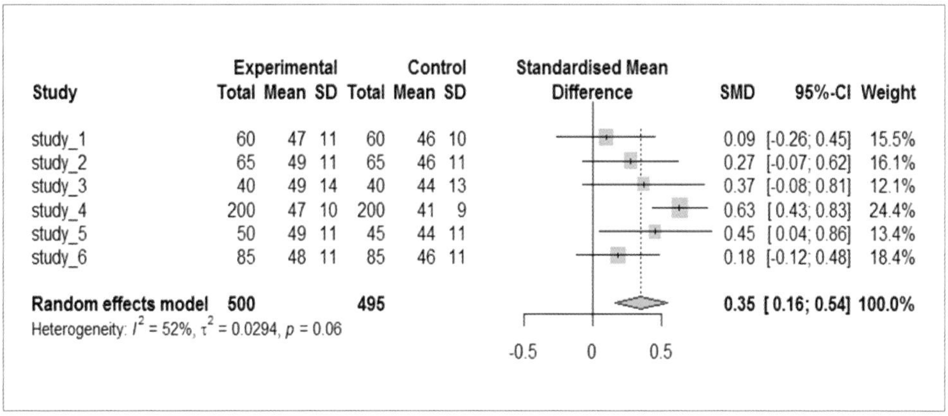

[그림 13-3] 각 연구의 효과크기와 전체 효과크기를 보여 주는 forest plot

이때 연구결과 효과크기에 대한 설명과 서술은 다음 기준에 따르는 것이 일반적이다.

〈표 13-1〉 효과크기에 대한 서술의 일반적 기준

만약	연구자는
효과크기가 일관성이 있다면(consistent)	평균효과크기 제시에 초점을 둔다.
효과크기가 연구 간 다소 차이가 있다면	평균효과크기를 보고하면서도 효과크기의 분포(the dispersion in effects)에 주의를 기울인다.
효과크기가 서로 매우 상이하다면	평균효과크기의 중요성은 상대적으로 덜 강조하고 오히려 효과크기의 이질성에 초점을 둔다(focus on the heterogeneity).

출처: Borenstein et al., 2009.

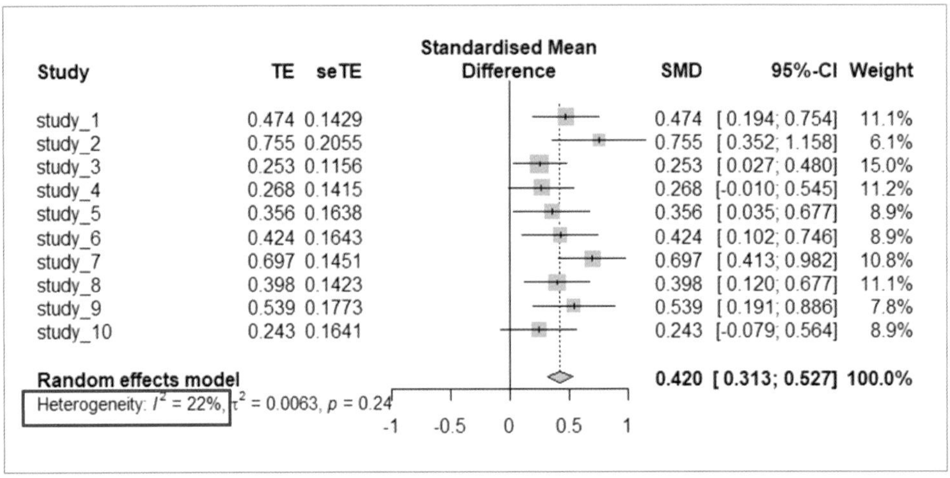

[그림 13-4] 효과크기가 대체로 일관성을 보이는 경우

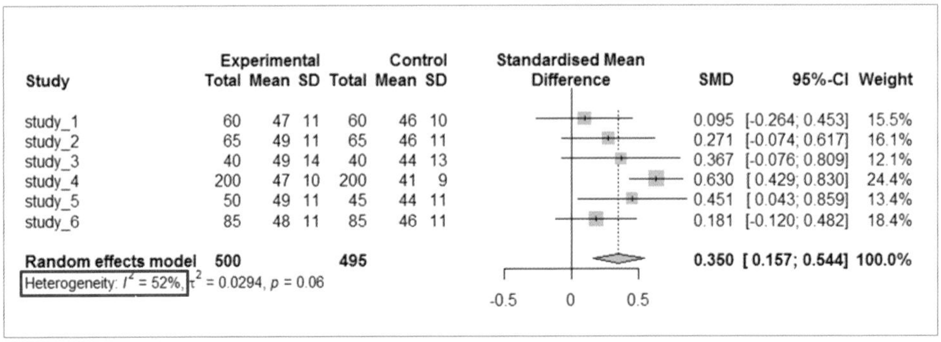

[그림 13-5] 효과크기의 이질성이 상당한 경우

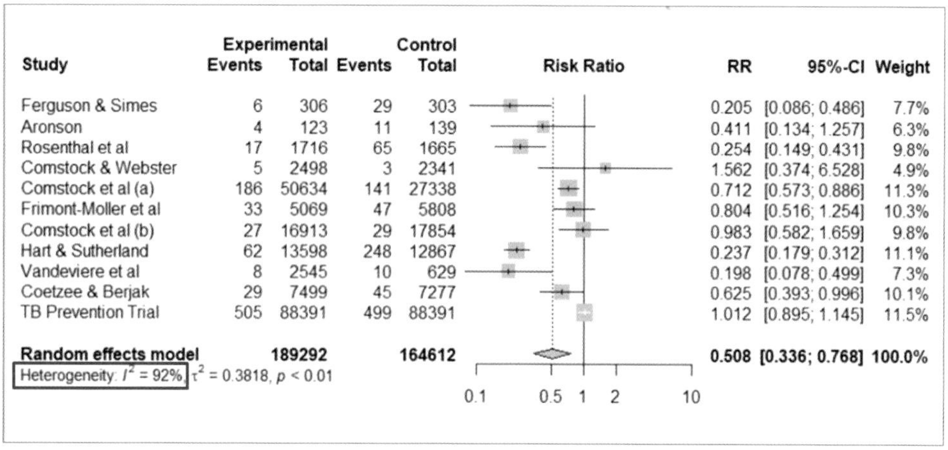

[그림 13-6] 효과크기가 매우 이질적인 경우

■ 평균효과크기의 산출 모형(고정효과모형 및 랜덤효과모형) 및 이질성

연구결과 보고에서는 평균효과크기를 산출하는 데 어떤 모형을 사용했는지 그리고 왜 그 모형을 사용하였는지를 설명해야 한다. 일반적으로 범하는 실수는 동질성 검증 결과, 효과크기의 이질성에 대한 통계치를 기준으로(Q값의 유의확률 및 I^2를 기초로 하여) 산출 모형을 선택하는 점이다. 그러나 산출 모형의 결정은 동질성 검증 결과(the significance of the homogeneity test)에 의한 것이 아니라 각 개별연구들의 속성(the nature of studies)에 대한 개념적 이해에 기초해야 한다.

효과크기의 분산, 즉 이질성(heterogeneity) 수치는 연구들 간의 연구 간 분산(τ^2) 및 전체 분산에 대한 연구 간 분산의 비율(I^2)로 나타낸다. 이 산출과정에 Q값과 df가 사용되지만 Q값과 그에 따른 유의확률값은 표본크기에 영향을 받으며, 그 역할은 영가설을 기각하는 데 사용될 뿐이다.

■ 메타분석에 포함되지 않은 연구의 처리(비계량적 결과의 종합)

체계적 리뷰의 경우 메타분석에 포함되지 않은 연구들이 있을 수 있는데 이 경우에는 메타분석에 필요한 계량적 데이터가 제시되지 않은 연구들을 말한다. 하지만 이런 연구들의 경우 비계량적 결과, 즉 서술적인 결과를 제시하기 때문에 분석결과를 논의할 때 메타분석 결과와 함께 논의하는 것이 필요하다. 다음 예시를 참고하기 바란다.

> ***Academic Achievement***
>
> Measures of academic achievement included promotion, grades, completion of assignments, standardized aptitude test scores, and classroom assessment techniques scores. These were reported in seven studies (88%), contributing 4,769 (89%) participants, though data could be combined for only four studies (50%).
>
> At posttreatment, there was no difference between groups in academic achievement, $g = -0.01$ [−0.11, 0.08], though there was some statistical heterogeneity across studies ($I^2 = 59\%$; $\chi^2 = 9.81$, $p = .04$). Two studies could not be pooled; they reported a decrease in grade levels (Whiting & Mallory, 2007) and no effect (Portwood et al., 2005). There were no consistent differences between the randomized and nonrandomized studies. Taken together, data that could not be analyzed confirm the result of the meta-analysis, that is, these mentoring programs did not affect academic achievement in the short term.

출처: Wood & Mayo-Wilson, 2012, p. 263.

■ 조절효과분석(Moderator analyses)

각 연구의 효과크기가 서로 이질적이라면, 즉 효과크기가 서로 일관성을 보이지 않는다면(inconsistency across studies) 연구 간 효과크기 차이, 즉 효과크기의 이질성에 대한 탐색적 설명이 필요하다. 여기에는 보통 다음과 같은 내용들이 설명되어야 한다.

- 조절변수에 대한 기본적인 설명
- 조절효과의 유의미성
- 조절변수에 따른 효과크기의 차이 등

그리고 앞서 논의한 대로 연구 간 이질성을 설명하기 위한 노력으로 메타 ANOVA 및 메타회귀분석을 활용하는 것이 일반적이다.

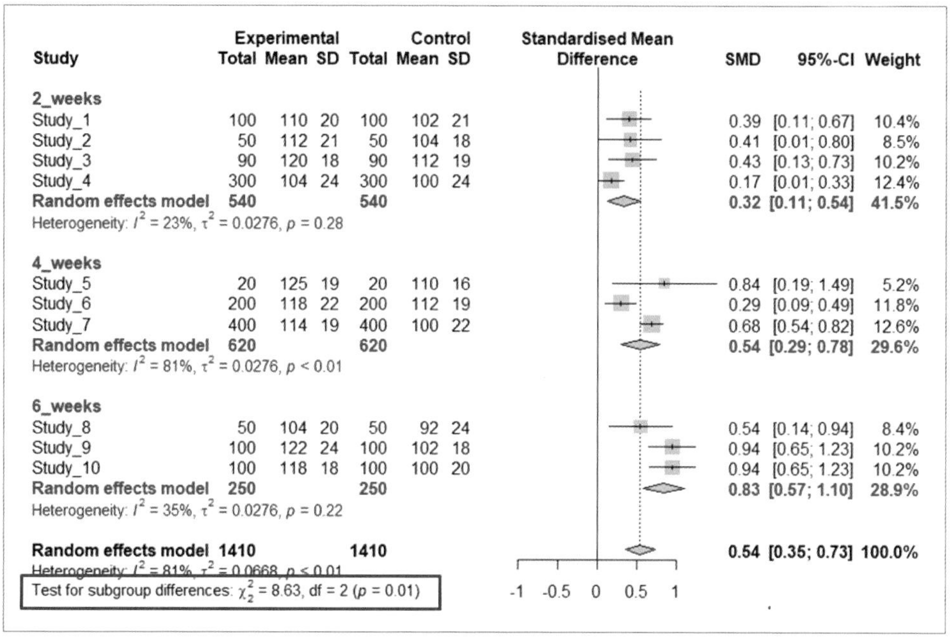

[그림 13-7] 메타 ANOVA를 수행한 결과

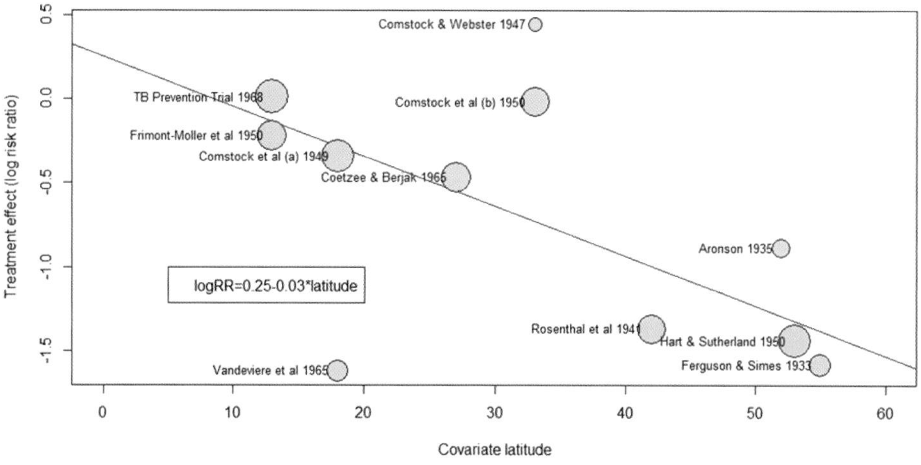

[그림 13-8] 메타회귀분석을 수행한 결과 회귀선 및 회귀식

■ 전체 결과의 타당성 검증

연구결과의 진실성을 위해 전체 연구결과의 오류를 검증하는 것이 반드시 필요하다. 거의 모든 연구에는 나름대로 오류나 왜곡됨이 있기 마련이고, 메타분석에서도 마찬가지이다. 따라서 메타분석에서는 보통 다음 사항을 검토하게 되고, 따라서 연구결과 해석에 있어 보다 신중한 자세를 취하게 된다.

- 왜곡된 표본(biased sample) 또는 누락된 연구(missing data) 여부 검토
- 출간오류(publication bias)에 대한 분석으로 'small study effects' 분석

이를 위해서 보통 funnel plot의 비대칭을 시각적으로, 통계적으로 분석하게 되고 때로는 누적메타분석을 포함한 민감성분석(sensitivity analysis)을 활용한다.

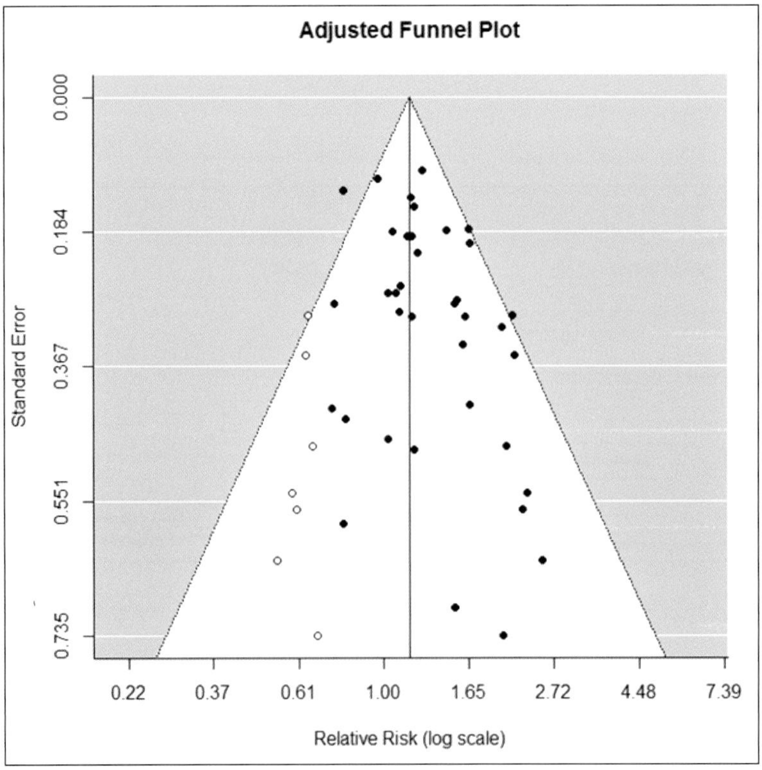

[그림 13-9] 출간오류분석을 위해 trim-and-fill 분석결과

6. 논의 및 결론

메타분석 연구에 있어 마지막 단계라고 할 수 있는 논의 및 결론 부분에서는 보통 다음과 같이 보고하게 된다(다음 사례 참조).

- 주요 연구결과에 대한 요약 및 해석(예: 효과크기의 규모, 실용적인 의미 등)
- 연구결과를 선행 연구 및 리뷰와 비교하여 유사점과 차이점을 제시
- 서론에서 제시한 이론적 관점에 대해 연구결과가 제시하는 의미를 검토(예: 약물치료 대 비약물치료, 전문적 개입 대 비전문적 개입 등)
- 포함된 연구의 질 및 전체 결과의 오류 위험 맥락에서 연구결과를 논의 그리고 데이터의 한계를 논의(예: 누락된 연구, 연구결과의 일반화 검토 등)
- 연구결과로부터 도출할 수 있는 결론에 대한 논의(예: 중재의 효과성 여부 등)
- 연구결과의 실천적, 정책적 함의 그리고 후속 연구의 방향 등을 제시

결 론

본 연구는 2000년에서 2013년까지 국내에서 발표된 학령기 ADHD 아동을 위한 CBT 중재연구 21편을 대상으로 메타분석을 실시하였다. 연구 결과, CBT 중재프로그램을 통해 자기통제가 $g=1.26$로 가장 큰 효과크기가 나타났으며, 주의력결핍 1.02, 사회성 0.92, 과잉행동은 0.92의 순으로 모두 큰 효과크기를 보였다. 그리고 CBT 중재프로그램이 학령기 ADHD의 문제행동을 중재하는 프로그램으로서 전체 효과크기는 $g=1.08$로 역시 큰 것으로 나타났다. 최근 급증하고 있는 국내 ADHD 학령기 아동의 건강 증진 및 삶의 질을 향상시키기 위한 CBT 중재 효과를 종합적으로 분석함으로서 나타난 본 연구 결과는 임상 현장이나 지역사회 내 학교 현장에서의 ADHD 학생 치료를 위한 실천적 표준기준을 제시할 수 있으며, 나아가 보건교육의 기초자료로 활용되기를 기대할 수 있다. 또한, ADHD 학령기 아동의 표준화된 CBT 중재 프로토콜의 학문적 근거자료를 제시하는데 의의를 찾을 수 있을 것이다. 그러나 RCT에 대한 구체적인 방법이 설명되지 않거나, CBT의 중재방법이나 진행과정이 분명하게 제시되지 않은 경우가 있어 CBT 중재효과를 무비판적으로 일반화하는 데에는 유의해야 할 것이다. 따라서, 추후 연구에서는 CBT 프로그램의 중재내용과 진행 과정이 구체적으로 제시되고, 충분한 규모의 RCT 연구들이 축적된다면 CBT의 효과를 재차 확증할 수 있을 것이라 본다. 그리고 향후 청소년 ADHD, 성인 ADHD의 CBT 중재프로그램과 비교연구뿐만 아니라, 다양한 병행중재방법과 단일중재방법과의 비교 연구를 위해서도 추가적인 메타분석 연구가 필요하다.

출처: 박완주, 박신정, 황성동, 2015, p. 180.

7. 참고문헌

보통 연구논문과 같이 참고문헌 리스트를 제시하며, 이 중 메타분석에 포함된 문헌을 별도로 표기한다. 특히 미국 심리학회(APA)의 출간 매뉴얼에서는 다음과 같이 서술할 것을 권장하고 있다(Cooper, 2017).

> "별표로 구분된 연구는 메타분석에 포함되었음"(Meta-analyzed studies are marked with an asterisk)

특히 최근 들어서는 논문 또는 보고서의 말미에 재정을 지원한 기관이나 단체가 있으면 이를 밝히도록 한다. 그리고 연구를 수행함에 있어서 이해관계가 충돌되는 사항이 있으면(예: 저작권, 저자들의 역할, 연구자 자신이 수행한 연구결과를 메타분석에 포함시키는 경우 등) 이러한 내용도 반드시 명기하도록 요구하고 있다. 이는 보다 윤리적이고 객관적인 연구결과를 담보하기 위한 과정이라고 볼 수 있다(다음 사례 참조).

Declaration of Conflicting Interests

The authors declared no potential conflicts of interest with respect to the research, authorship, and/or publication of this article.

Funding

No external funding was received. IRB approval was not required. The authors were not involved in any of the included or excluded studies.

References

*References marked with an asterisk indicate studies included in the meta-analysis.

Adler, L., Cragin, J., & Searls, P. (1995). The Los Angeles Area Business/Education Partnership. A study of the impact of a community based school to work program for high risk youth. West Covina, CA: United Stated Department of Education.

*Aseltine, R., Dupre, M., & Lamlein, P. (2000). Mentoring as a drug prevention strategy: An evaluation of across ages. *Adolescent and Family Health, 1*, 11–20.

*Bernstein, L., Rappaport, C., Olsho, L., Hunt, D., & Levin, M. (2009). *Impact evaluation of the US Department of Education's student mentoring program* (pp. 295). Jessup, MD: National Center for Education Evaluation and Regional Assistance. National Center for Education Evaluation and Regional Assistance.

출처: Wood & Mayo-Wilson, 2012, p. 267.

8. 부록

일반적으로 부록에는 메타분석에 포함된 연구들로부터 추출되고 코딩된 변수들을 포함한 총괄 표를 제시하기도 하지만 연구 선정과정의 최종 단계에서 배제된 연구 목록

(exluded studies)을 보통 제시한다(예: 연구이름, 연구 유형, 표본크기, 대상자 등). 그리고 검색용어와 전략, 본문의 연구결과에 제시되지 않았던 분석결과를 제시하기도 한다(다음 예시 참조).

〈표 13-2〉 최종 단계에서 배제된 연구 목록

Study ID; Type	Sample size	Participants	Intervention	Outcomes
Berkman 2003 RCT	2481	Not exclusively HF patients (334 with HF), unable to isolate HF patients	CBT plus selective serotonin reuptake inhibitor when indicated (HAM-D > 24)	Composite primary endpoint of death or recurrent myocardial infarction
Carney 2016 Observational	157	Not exclusively HF patients (35 with HF), unable to isolate HF patients	Participants were given CBT, and if not meeting targets were also started on antidepressants	Cardiac risk markers, depression, physical activity
Chung 2014 RCT (abstract)	24 dyads	Patients with HF, along with their caregivers (recruited in dyads)	Combination of CBT and educational self-care	Perceived control, depression, quality of life
Cockayne 2014 RCT	260	Participants did not have to be depressed for inclusion	Individual CBT sessions with nurse	All-cause hospitalisations, quality of life, depression
Cully 2010 Observational	23	Participants had either anxiety or depression, with HF or COPD (unable to isolate HF and depressed)	Individual CBT sessions with psychologist	Depression, anxiety, COPD disease-specific outcomes, quality of life
Moser 2012 RCT (abstract)	280	Participants with HF, but with or without depression	CBT and relaxation therapy by nurse practitioner	Depression, quality of life
Redeker 2013 RCT (abstract)	46	Patients with HF and insomnia (did not have to be depressed for inclusion)	CBT targeting insomnia	Insomnia, fatigue, sleepiness, depression, anxiety
Redeker 2015 RCT	52	Patients with HF and insomnia (did not have to be depressed for inclusion)	CBT targeting insomnia	Feasibility of CBT for insomnia, daytime symptoms, fatigue, depression
Smeulders 2010 RCT	317	Patients with HF but depression/depressive symptoms not an inclusion criteria	CBT session delivered by cardiac nurse	Self-efficacy, perceived control, self-care behaviour, quality of life, depression

출처: Jeyanantham et al., 2017, Supplementary materials 2.

Appendix 1: Search terms and strategies used

1. Happiness OR life satisfaction OR subjective well-being OR quality of life

   AND

2. Income inequalit* OR income disparit* OR income deprivation

We did use three steps in each database :

The 1st step was to look at subjective well-being using these words: Happiness OR life satisfaction OR subjective well-being OR quality of life.

The 2nd step was to look at income inequality using these words: Income inequalit* OR income disparit* OR income deprivation.

We used terms such as: Gini coefficient, pareto principle 80/20, the Atkinson inequality measures, Coefficient of variation and Robin Hood index.

The 3rd step was to look at both using AND between these two.

Note: for web of science, we have used

Subjective NEAR/2 well* being OR life NEAR/2 satisfaction OR quality NEAR/2 life OR happiness

Income NEAR/2 inequalit* OR income NEAR/2 disparit* OR income NEAR/2 deprivation.

출처: Ngamaba et al., 2018, Appendix 1.

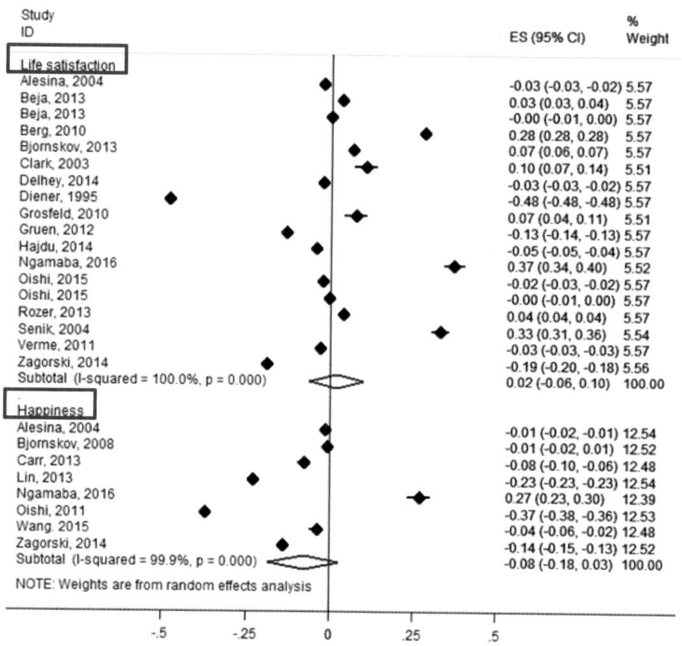

출처: Ngamaba et al., 2018, Appendix 3.

참고로 메타분석 학계 및 연구자들 사이에 폭넓게 인정되고 있는 메타분석 결과 보고 가이드라인 PRISMA를 〈표 13-3〉에서 제시하고자 한다(Moher et al., 2009).

〈표 13-3〉 PRISMA 가이드라인

섹션/주제	번호	체크해야 할 항목	페이지 번호
		제목	
연구 제목	1	체계적 리뷰 또는 메타분석 또는 둘 다인지 밝힌다.	
		요약	
구조화된 요약	2	(가능한대로) 구조화된 요약을 제공한다: 연구의 배경, 목적, 자료출처, 연구 선정 기준, 대상자, 개입방법, 선정된 연구(데이터)에 대한 평가, 통합분석방법, 연구결과, 한계점, 결론 및 주요 결과의 함의, 그리고 체계적 리뷰의 등록 번호	
		서론	
필요성	3	기존에 알려진 연구결과의 맥락에서 체계적 리뷰의 배경을 설명	
연구 목적	4	연구대상자, 개입방법, 비교집단, 연구결과 그리고 연구디자인(PICOS)과 관련하여 명확한 연구질문을 제시한다.	
		연구방법	
프로토콜(연구계획서)과 등록	5	프로토콜이 존재하는지 존재한다면 어떻게 접근 가능한지(예: 웹 주소)를 밝히고 프로토콜 등록번호를 포함한 관련 정보를 제공한다.	
선정 기준	6	연구의 특성(예: PICOS, 추후검사 기간 등)을 밝히고 이를 선정기준으로 삼은 구체적인 이유를 보고한다(예: 연도, 언어, 출간유형 등).	
검색 출처	7	검색을 실시한 모든 정보 출처(예: 데이터베이스, 그 기간, 연구자와 접촉 등)와 최종 검색 일시를 밝힌다.	
검색 용어 및 전략	8	최소 1개의 데이터베이스를 검색함에 있어 이용한 검색 용어 및 검색 전략을 (다른 사람이 반복할 수 있도록) 밝힌다.	
연구 선정	9	검색한 연구를 선정하는 과정을 명시한다(예: 선별과정, 선정기준, 체계적 리뷰에 포함된 연구, 그리고 가능하다면 메타분석에 포함된 연구 등).	

데이터 추출 및 수집 과정	10	선정된 연구로부터 데이터를 추출하는 방법과 (예: 양식, 독립된 양식 아니면 동일한 양식을 사용하였는지) 복수의 연구자들이 데이터를 추출하고 확인하는 과정을 설명한다.	
데이터 변수	11	추출된 데이터로부터 얻은 모든 변수를 목록화하고 구체화한다(예: PICOS, 재정지원 출처). 이때 변수에 대한 가정과 단순화한 것이 있다면 이를 밝힌다.	
개별연구에 대한 오류 위험 검증	12	포함된 개별연구에 대한 오류 위험(risk of bias)에 대한 검증을 실시한 방법을 서술한다(예: 연구 단위별로 아니면 분석결과 단위별로 실시하였는지 여부). 그리고 이 검증 결과를 어떻게 반영하였는지를 밝힌다.	
효과크기	13	분석에 사용한 효과크기의 유형을 서술한다(예: risk ratio 또는 평균차이 등).	
연구결과의 통합	14	데이터 처리 방법과 데이터 통합 방법을 서술하는데 여기에는 메타분석에서 연구결과의 일관성(예: I^2) 등을 포함한다.	
전체 연구에 대한 오류의 위험	15	전체 연구결과에 영향을 미칠 수 있는 오류 위험(risk of bias)에 대한 평가를 구체적으로 제시한다(예: 출간오류, 연구 내 선택적인 결과 보고 등).	
추가적인 분석	16	연구방법 등에서 미리 제시한 추가적인 분석(예: 민감성분석, 하위집단 분석, 메타회귀분석 등)이 있었다면 이에 대한 내용을 서술한다.	
		연구결과	
연구 선정	17	검색된 연구 중 1차적으로 선별된 연구의 수, 그리고 선정기준에 따라 평가된 연구의 수, 그리고 체계적 리뷰 및 메타분석에 포함된 최종 연구 수를 각 단계에서 제외된 이유와 함께 제시한다(이상적으로는 다이어그램(flow diagram)을 포함하여).	
연구의 특성	18	개별연구의 출처와 함께 각 개별연구로부터 추출된 데이터에 대한 특성을 제시한다(예: 연구의 규모, 즉 표본 크기, PICOS, 추후검사 기간 등).	
개별연구의 오류 위험	19	개별연구에 대한 오류 위험 검증에 대한 데이터를 제시한다. 그리고 가능하다면 각 연구결과별로도 제시한다(항목 12번 참고).	
개별연구의 분석 결과	20	분석하고자 했던 모든 연구결과에 대해 개입유형별로 단순 통합된 데이터 그리고 효과크기 신뢰구간 그리고 이상적으로는 forest plot을 제시한다.	

분석결과의 통합	21	체계적 리뷰의 주요 결과를 제시한다. 메타분석이 실시되었다면 신뢰구간과 효과크기의 일관성을 이에 대한 설명과 더불어 제시한다.	
전체 결과에 대한 오류 위험	22	전체 분석결과에 대한 오류 위험(risk of bias)에 대한 분석결과를 제시한다(항목 15번 참고).	
추가적인 분석	23	추가적인 분석이 있었다면(예: 민감성분석, 하위집단분석, 메타회귀분석 등) 이에 대한 결과를 제시한다(항목 16번 참조).	
논의			
결과(근거)의 요약	24	주요 결과를 요약하며 이때 각 하위 결과의 강점에 대한 내용을 포함한다. 그리고 관련 집단(예: 서비스 제공자 및 이용자, 정책 결정자 등)에 대한 연관성을 고려한다.	
제한점	25	개별연구의 한계 및 연구결과 차원의 제한점(예: 오류 위험) 그리고 체계적 리뷰 차원의 한계(예: 충분하지 못한 검색 및 데이터 추출 등)도 제시한다.	
결론	26	기존의 연구결과 맥락에 비추어 본 연구결과의 일반적인 해석 및 평가 그리고 향후 연구를 위한 시사점을 제시한다.	
재정 지원			
재정 지원	27	재정 지원의 출처 및 기타 지원(예: 데이터 공급)에 대한 내용 그리고 재정지원자(기관)의 역할에 대해 밝힌다.	

출처: Moher et al., 2009, p. 1008.

요약

- 메타분석에 대한 결과 보고는 여타 연구결과 보고와 비슷하지만 PRISMA 가이드라인을 준수하는 것이 일반적이다. 따라서 PRISMA 가이드라인에 따라 메타분석의 결과 보고 구성은 제목, 구조화된 요약, 서론, 연구방법, 분석결과, 논의 및 결론, 참고문헌, 부록으로 이루어진다.
- 먼저 메타분석 연구의 제목의 경우 체계적 리뷰인지 메타분석인지 아니면 둘 다인지 명확히 밝히는 것이 일반적이다.
- 구조화된 요약은 기본적으로 메타분석의 연구 내용을 축약하는 것으로서 연구의 배경, 목적, 방법, 결과 및 논의 등으로 구성된다.
- 서론에서는 연구문제, 연구의 필요성 및 중요성, 개입방법, 관련 이론들, 연구 목적 등이 서술되어야 한다.
- 연구방법에서는 메타분석에 포함될 연구의 선정기준, 문헌의 검색, 선정된 문헌에 대한 질 검

증 및 데이터 추출 및 코딩, 그리고 데이터 분석방법에 대한 내용을 우선적으로 제시하게 된다. 이 외에도 가이드라인 준수 여부 및 메타분석에 포함되지 않은 연구에 대한 처리 등을 논의하게 된다.

- 분석결과에 포함될 내용으로는 연구 선정 과정 및 결과, 선정된 연구의 특성, 개별연구의 질 검증, 데이터 분석결과 등이다. 그리고 전체 분석결과에 대한 타당성 검증, 즉 오류 검증 결과를 보통 포함한다.
- 논의 및 결론에서는 주요 연구결과에 대한 요약 및 해석, 연구결과를 선행 연구와 비교 검토, 포함된 연구의 질 및 전체 결과의 오류 위험에 맥락에서 연구결과를 논의한다. 그리고 연구결과로부터 도출할 수 있는 결론에 대한 논의와 아울러 연구의 한계 및 후속 연구의 방향 등을 제시한다.
- 참고문헌에는 메타분석에 포함된 연구를 명시하며, 그 외 포함할 내용으로 재정지원 여부 및 이해관계 충돌에 대한 내용도 포함한다.
- 부록에는 주로 최종 단계에서 배제된 연구 목록, 검색 용어 및 전략, 그리고 본문에 포함시키지 못했던 분석결과 등을 제시한다.

부록

1. 다양한 forest plot 만들기
2. 효과크기 및 이질성 통계치 산출 공식
3. 메타분석 관련 전문 학회
4. 메타분석 소프트웨어(프로그램)

META-ANALYSIS USING R

1. 다양한 forest plot 만들기

여기서는 본문에서 다루지 못한 다양한 forest plot을 만드는 과정을 제시하고자 한다. 사용할 데이터는 비행 위험이 있는 청소년들을 대상으로 청소년 보호시설 입소 경험이 비행 발생 빈도에 어떤 영향을 주는지 기록한 데이터(Straight.csv)이다. 이 연구에서 실험집단은 청소년 보호시설에 입소 경험을 하게 하였으며, 대조집단은 입소 경험이 없는 비행 위험 청소년들로 구성되었다(Petrosino et al., 2013).

study	a	n1	c	n2
Study_1	12	28	5	30
Study_2	16	39	16	41
Study_3	14	39	11	40
Study_4	19	46	4	35
Study_5	43	53	37	55
Study_6	16	94	8	67
Study_7	27	137	17	90

출처: Petrosino et al., 2013.

```
> straight <- read.csv("C:/R/Straight.csv")
> meta1 <- metabin(a, n1, c, n2, sm="OR", method="I", study, data=straight)
> forest(meta1)
```

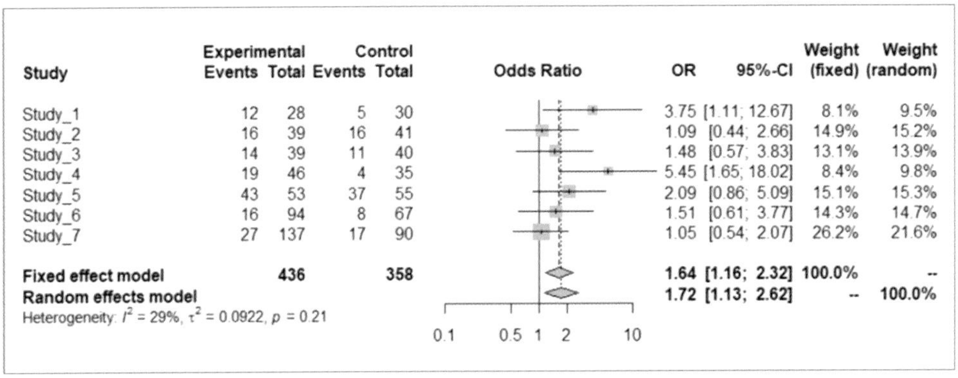


```
> # 소수점 셋째 자리까지 제시
> forest(meta1, digits=3)
```

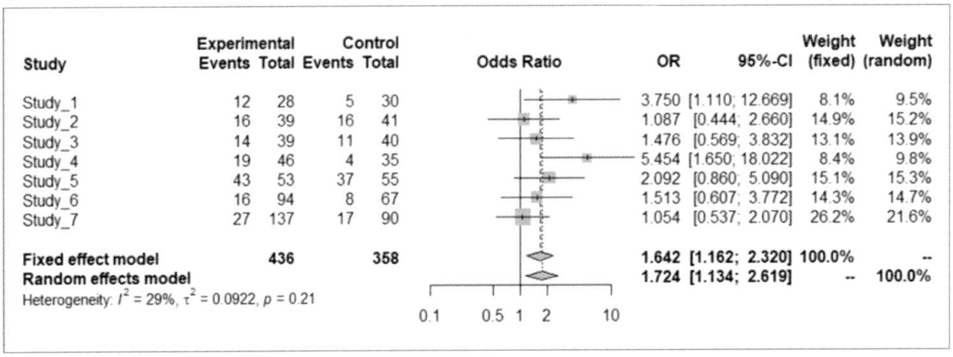

```
> # 고정효과모형으로 제시
> forest(meta1, random=F)
```

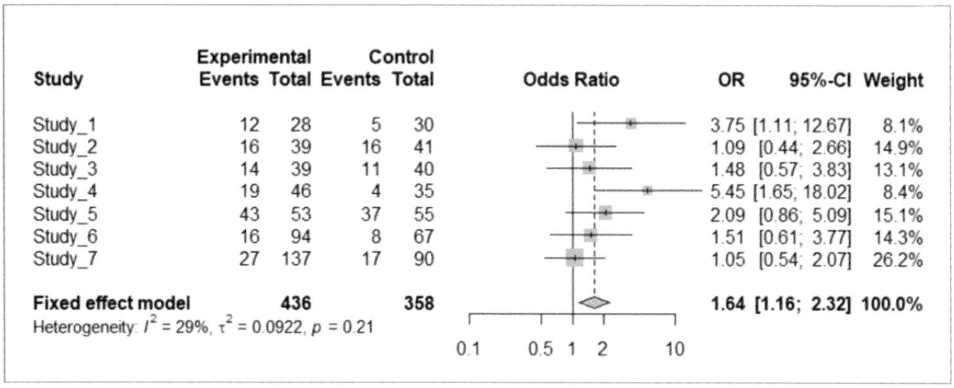


```
> # 랜덤효과모형으로 제시
> forest(meta1, fixed=F)
```

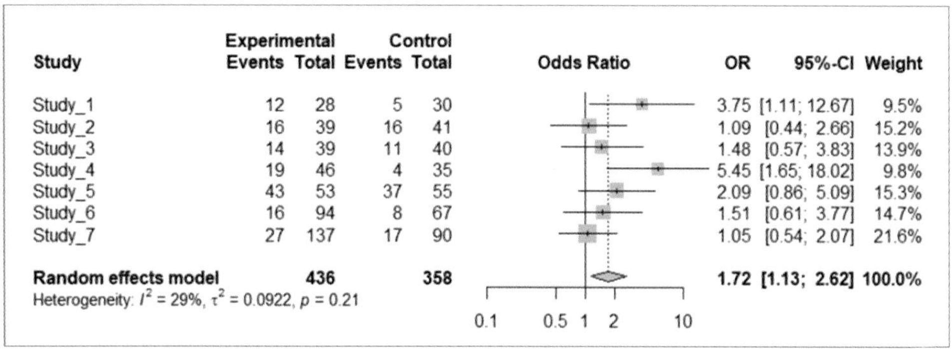

\> # 개별연구의 효과크기 오름차순으로 정렬

\> forest(meta1, fixed=F, sortvar=TE) # TE: 효과크기(theta)

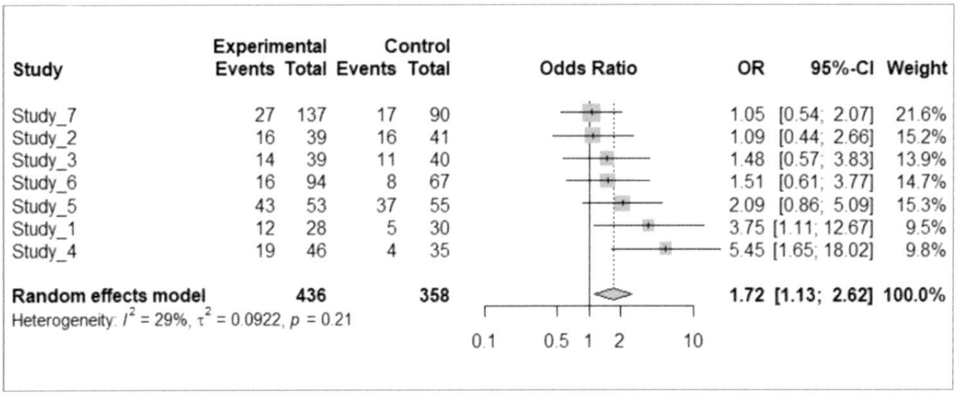

\> # 효과크기 내림차순으로 정렬

\> forest(meta1, fixed=F, sortvar=-TE)

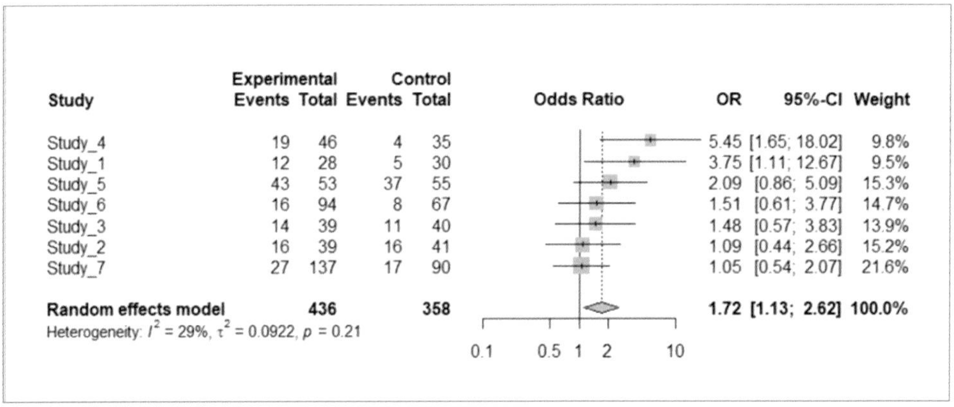

> # 표준오차순으로 정렬

> forest(meta1, fixed=F, sortvar=seTE) # seTE: 효과크기의 표준오차

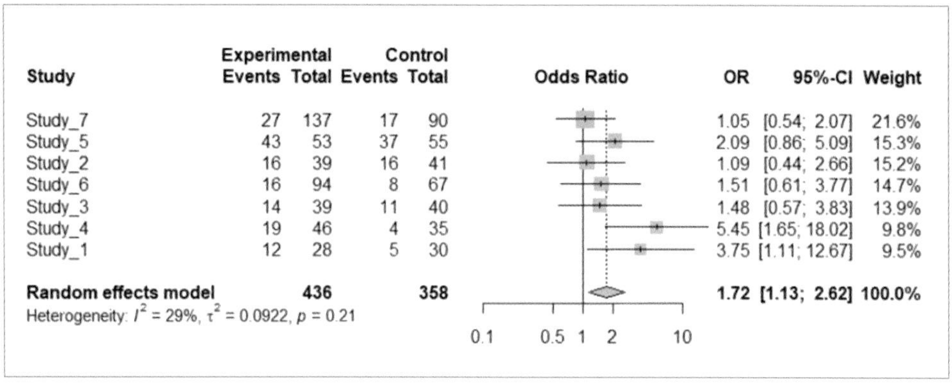

> # 가중치 순서로 정렬

> forest(meta1, fixed=F, sortvar=w.fixed) # w.fixed: 고정효과모형에서의 가중치

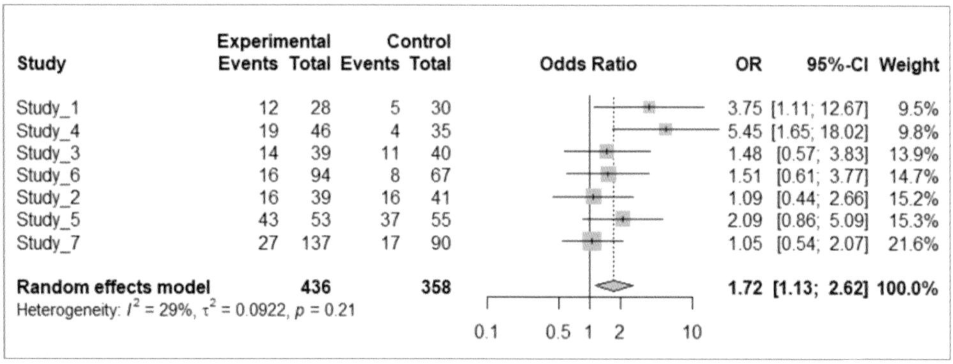

> # 역가중치순서로 정렬

> forest(meta1, fixed=F, sortvar=1/w.fixed)

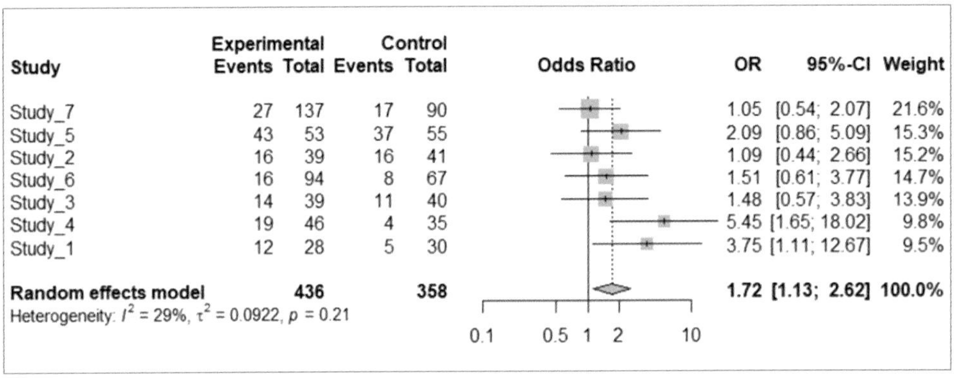

효과크기와 신뢰구간만 제시(가중치 제외)

> forest(meta1, fixed=F, rightcols=c("effect", "ci"))

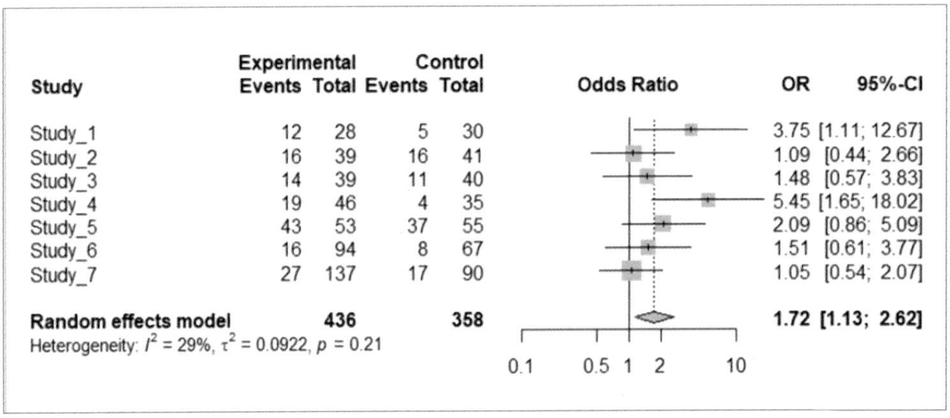

왼쪽에 연구이름, 효과크기, 표준오차, 그리고 오른쪽에는 효과크기와 신뢰구간만 제시

```
> forest(meta1, fixed=F, leftcols=c("studlab", "TE", "seTE"), rightcols=c("effect", "ci"))
```

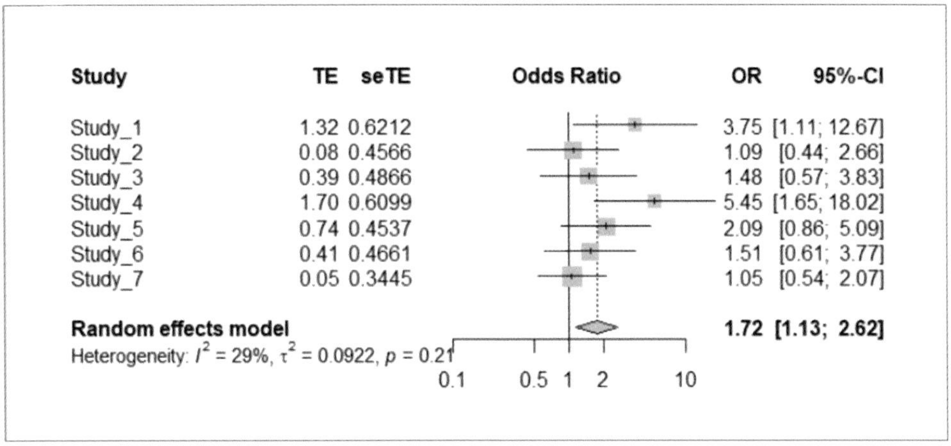

이질성 통계치 제외

```
> forest(meta1, fixed=F, leftcols="studlab", hetstat=F, rightcols=c("effect", "ci"))
```

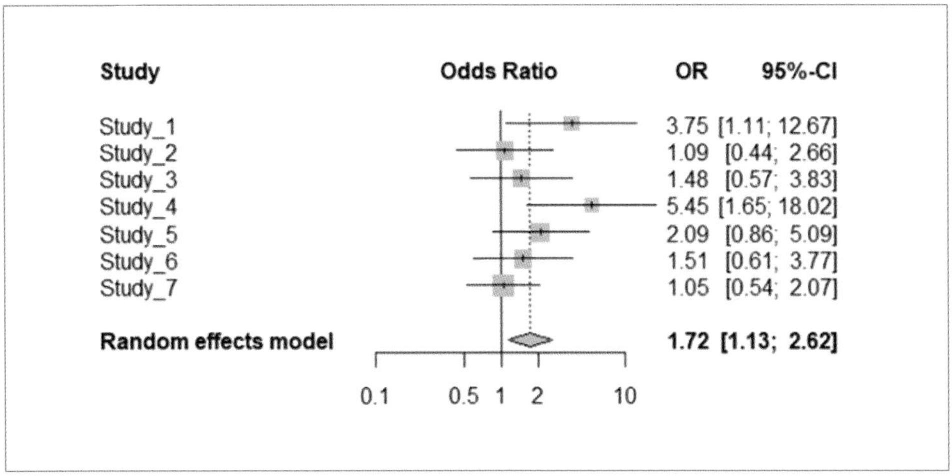

```
> # 개별효과크기와 전체 효과크기에 색상 입히기
> forest(meta1, fixed=F, col.diamond="blue", col.square="orange")
```

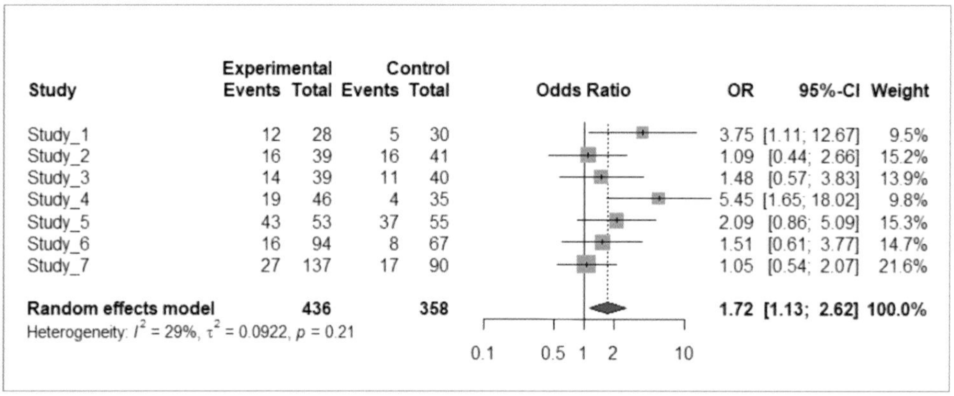


```
> # 개별 효과크기 테두리 색상 입히기
> forest(meta1, fixed=F, col.diamond="green", col.square="pink", col.
square.lines="black")
```

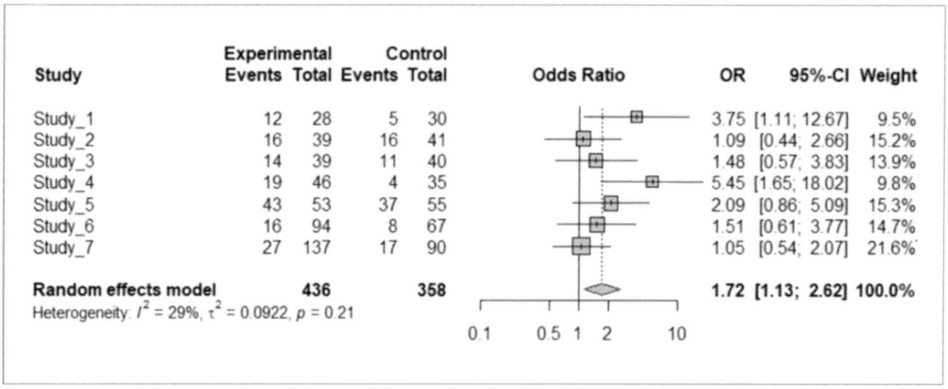

효과크기와 신뢰구간 명확하게 제시

```
> forest(meta1, fixed=F, col.diamond="light blue", col.square="light blue", col.study="red")
```

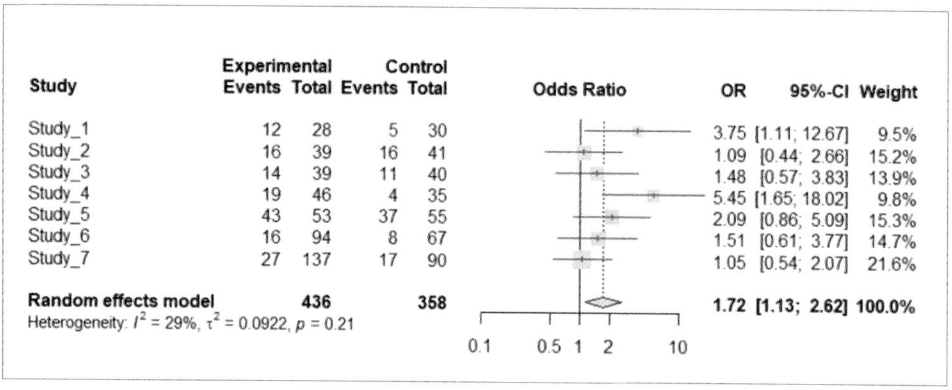

이질성 통계치로 Q값만 제시

```
> forest(meta1, fixed=F, digits=3, print.I2=F, print.tau2=F, print.Q=T)
```

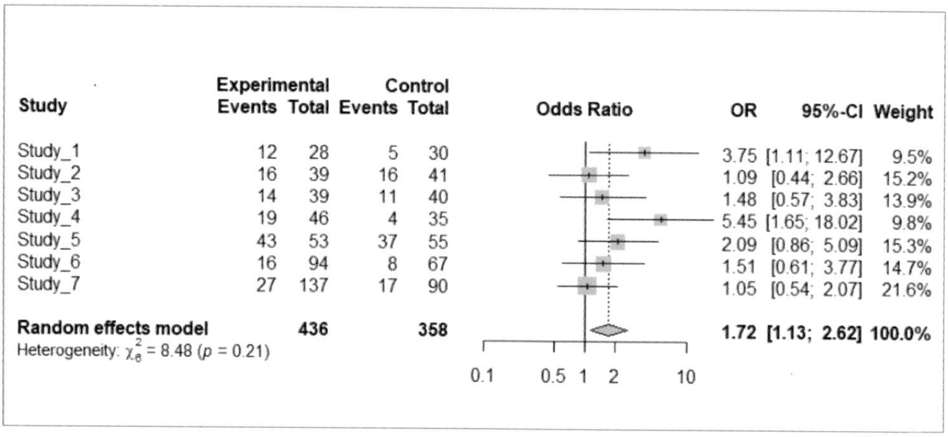

효과크기의 방향 제시

> forest(meta1, fixed=F, digits=3, ff.lr="bold", label.left="Control better", label.right="Treatment better")

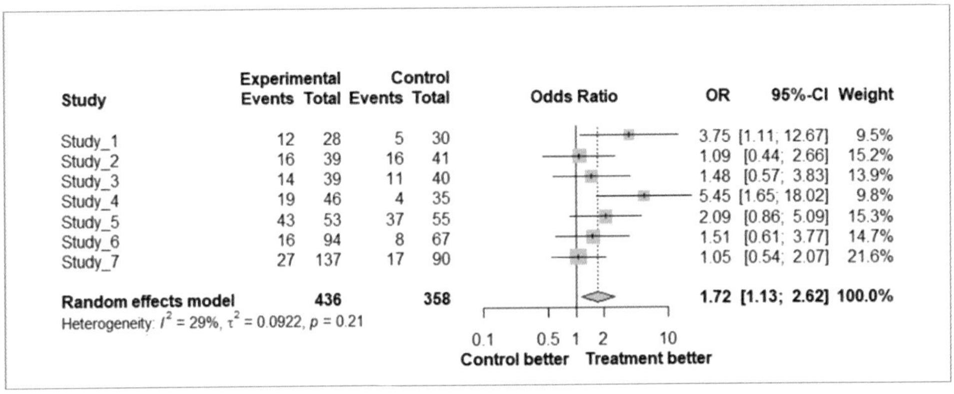

치료집단과 통제집단 이름 구체적으로 제시

> forest(meta1, fixed=F, lab.e="treated group", lab.c="control group")

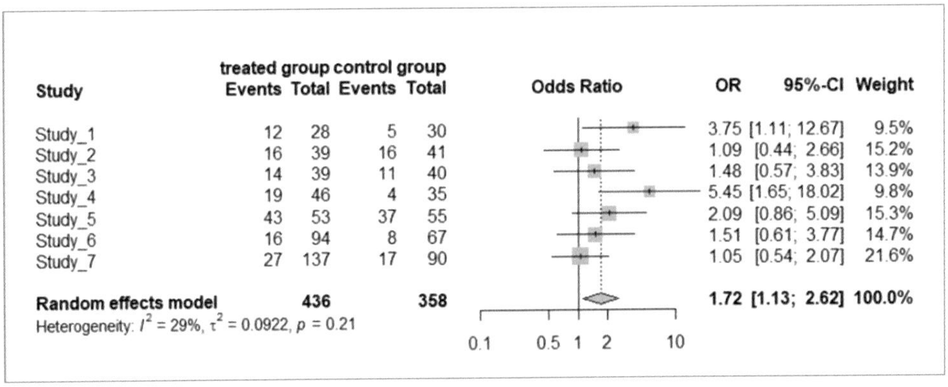

고정효과모형 및 랜덤효과모형의 평균효과크기를 색상으로 구분

```
> forest(meta1, col.fixed="blue", col.random="red")
```

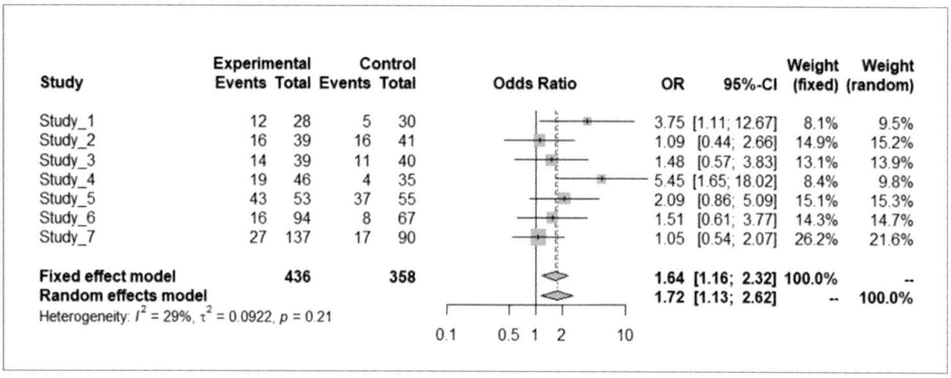

연구별 줄 간격 조정(1.0 기준)

```
> forest(meta1, fixed=F, spacing=1.5)
```

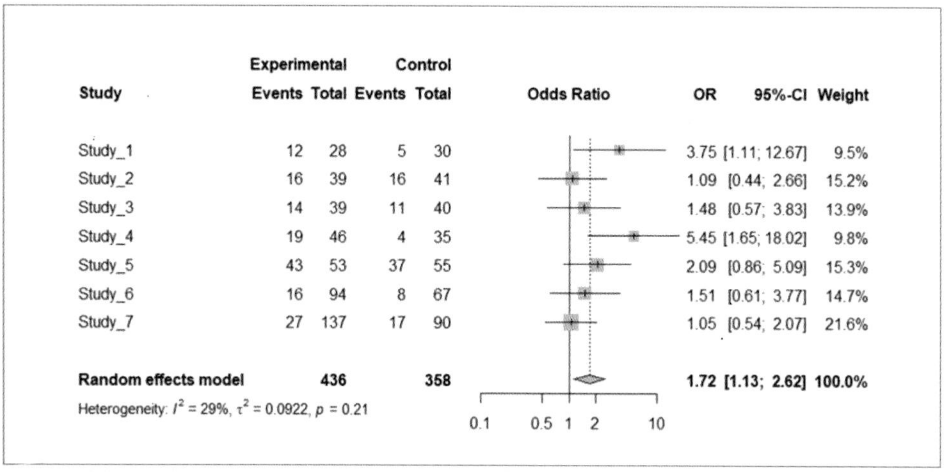

> \# 예측구간(prediction interval) 제시

> forest(meta1, fixed=F, predict=TRUE)

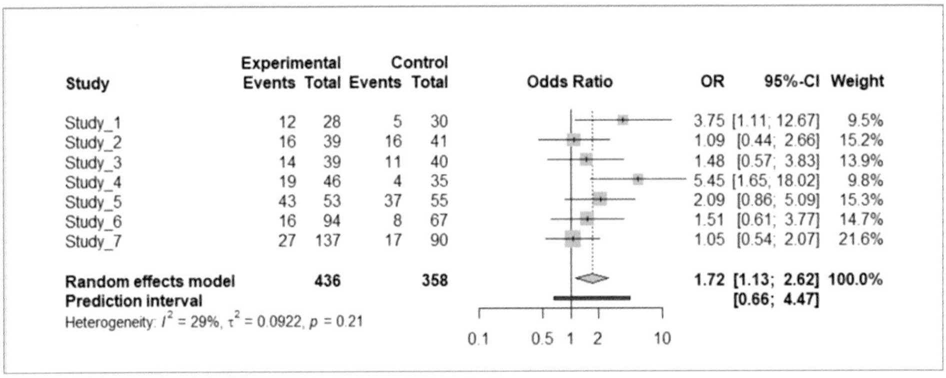

이번에는 하위집단 분석 및 메타 ANOVA에 대한 forest plot을 만들어 보자. 여기서 사용할 데이터는 제9장에서 활용한 ADHD 아동에 대한 CBT 집중치료 효과를 치료기간별로 검증한 데이터이다. 먼저 다음과 같이 데이터를 불러온다.

> cbt <- read.csv("D:/R/cbt.csv")

> cbt

> meta8 <- metacont(n1,m1,s1,n2,m2,s2, sm="SMD", study, data=cbt)

```
> cbt
     study  m1 s1  n1  m2 s2  n2   group
1   Study_1 110 20 100 102 21 100 2_weeks
2   Study_2 112 21  50 104 18  50 2_weeks
3   Study_3 120 18  90 112 19  90 2_weeks
4   Study_4 104 24 300 100 24 300 2_weeks
5   Study_5 125 19  20 110 16  20 4_weeks
6   Study_6 118 22 200 112 19 200 4_weeks
7   Study_7 114 19 400 100 22 400 4_weeks
8   Study_8 104 20  50  92 24  50 6_weeks
9   Study_9 122 24 100 102 18 100 6_weeks
10 Study_10 118 18 100 100 20 100 6_weeks
>
```

> # 기본적인 forest plot

> forest(meta8, fixed=F)

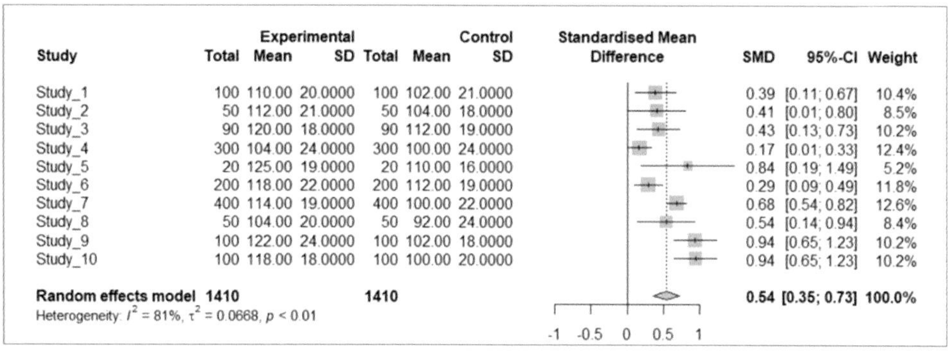

> # 데이터의 평균과 표준편차 소수점 자리수 조정

> forest(meta8, digits.mean=0, digits.sd=0, fixed=F)

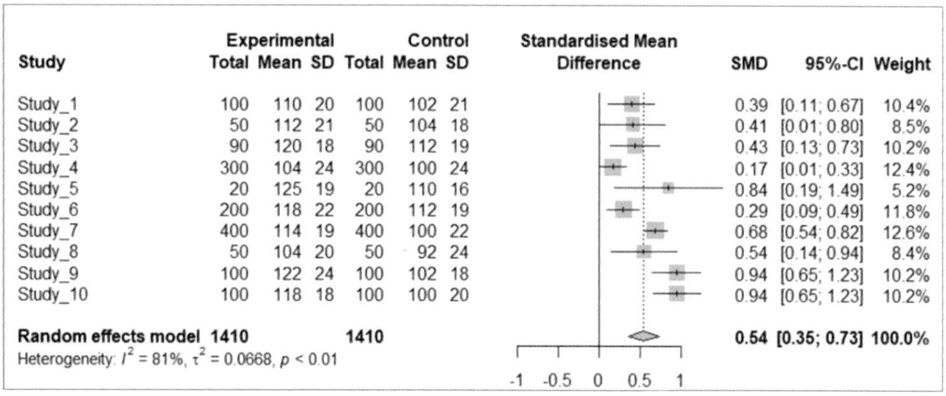

\> # 효과크기 이질성 통계치(Q값) 제시(카이제곱값과 유의확률값 제시)

\> forest(meta8, fixed=F, digits.mean=0, digits.sd=0, print.Q=T)

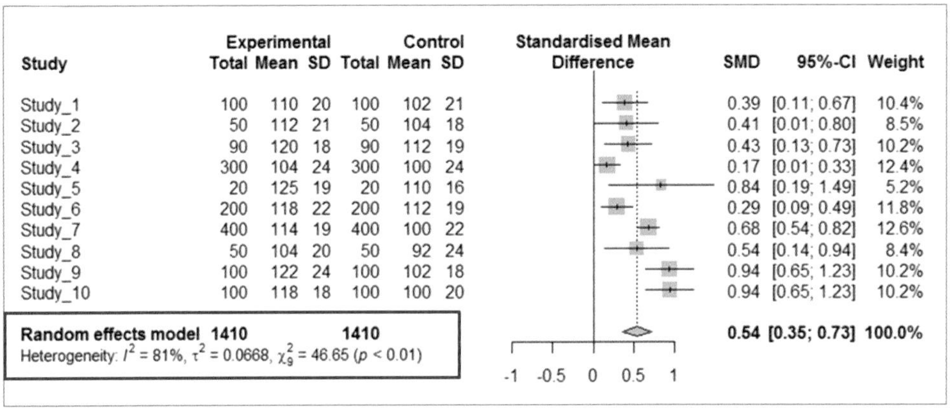

\> # group별 하위집단 분석과 하위집단 간 이질성 통계치(τ^2)를 동일하게 함

\> meta8a <- update(meta8, byvar=group, tau.common=TRUE)

\> # 하위집단을 blue 색깔로 구분

\> forest(meta8a, digits.mean=0, digits.sd=0, fixed=F, col.by="blue")

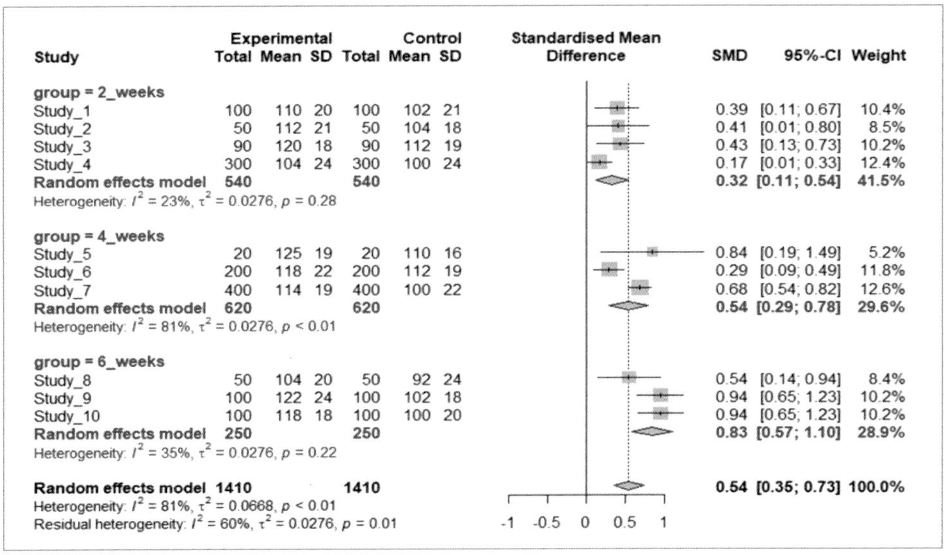

```
> # 집단변수에 위해 설명되지 않은 연구간 분산(residual heterogeneity)을 제시 하지 않음
> forest(meta8a, digits.mean=0, digits.sd=0, fixed=F, col.by="blue", resid.
hetstat=F)
```

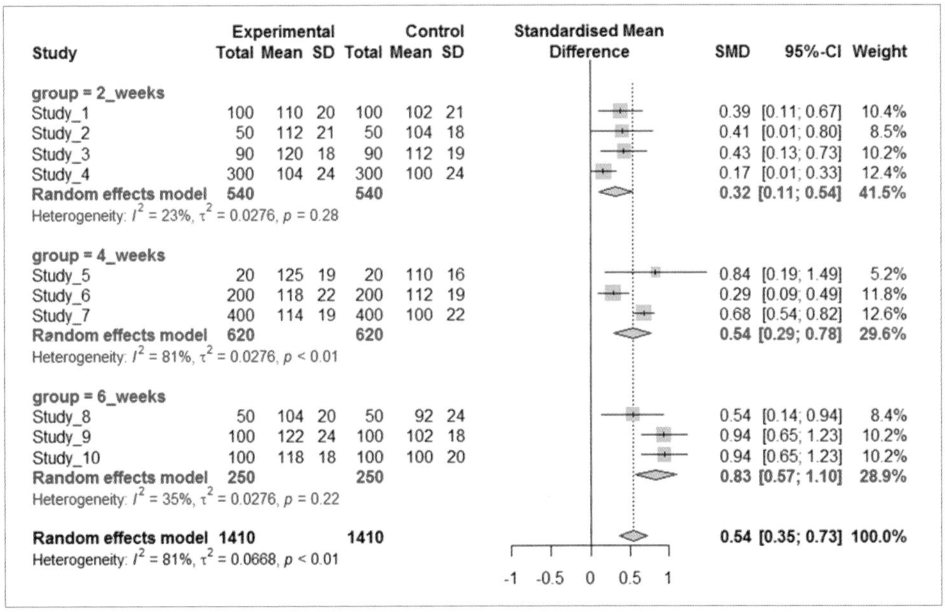

> # 집단(group=) 표시하지 않음

> forest(meta8a, digits.mean=0, digits.sd=0, fixed=F, col.by="blue", resid.hetstat=F, print.subgroup.name=F)

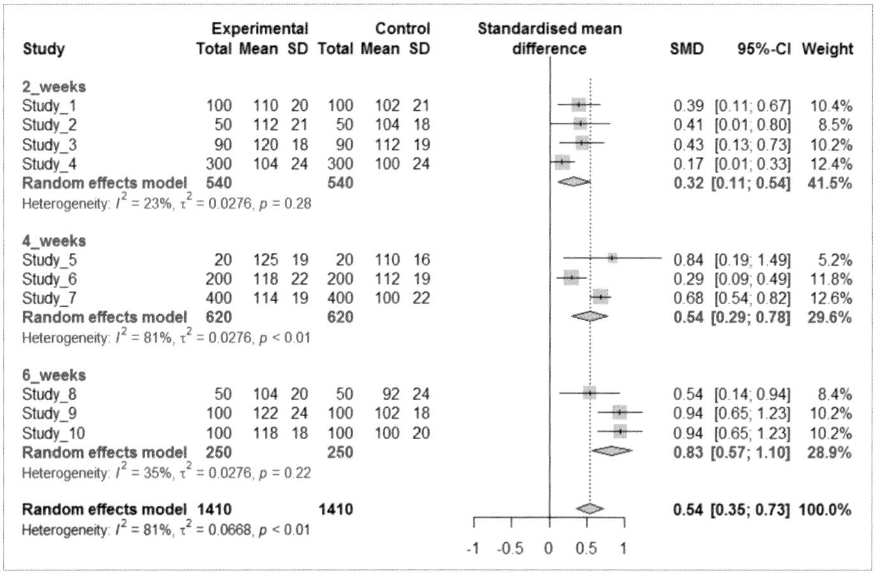

```
> # 하위집단 간 평균효과크기의 동일성 검정, 즉 메타 ANOVA를 실시함
> forest(meta8a, digits.mean=0, digits.sd=0, fixed=F, col.by="blue", resid.
hetstat=F, print.subgroup.name=F, test.subgroup.random=T)
```

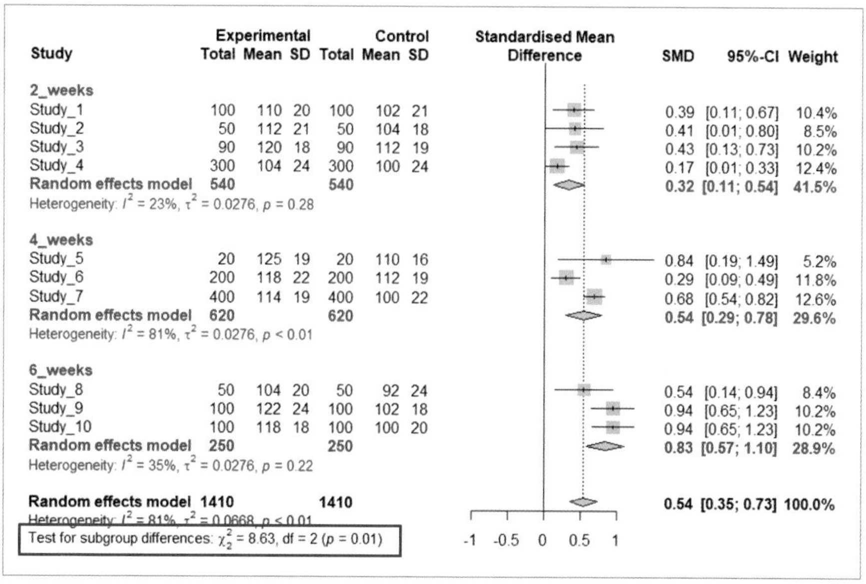

> # 이질성 통계치 Q값 제시(카이제곱값으로 제시)

> forest(meta8a, digits.mean=0, digits.sd=0, fixed=F, col.by="blue", resid.hetstat=F, print.subgroup.name=F, test.subgroup.random=T, print.Q=T)

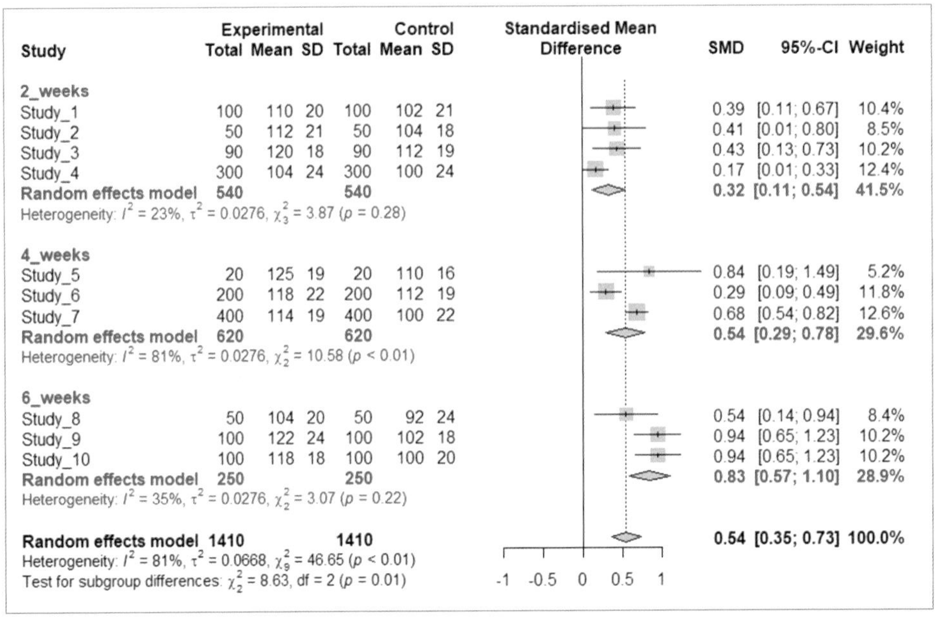

```
> # 개별연구는 제외하고 하위집단별 평균효과크기만 제시
> forest(meta8a, digits.mean=0, digits.sd=0, fixed=F, col.by="blue", resid.hetstat=F,
print.subgroup.name=F, test.subgroup.random=T, print.Q=T, layout="subgroup")
```

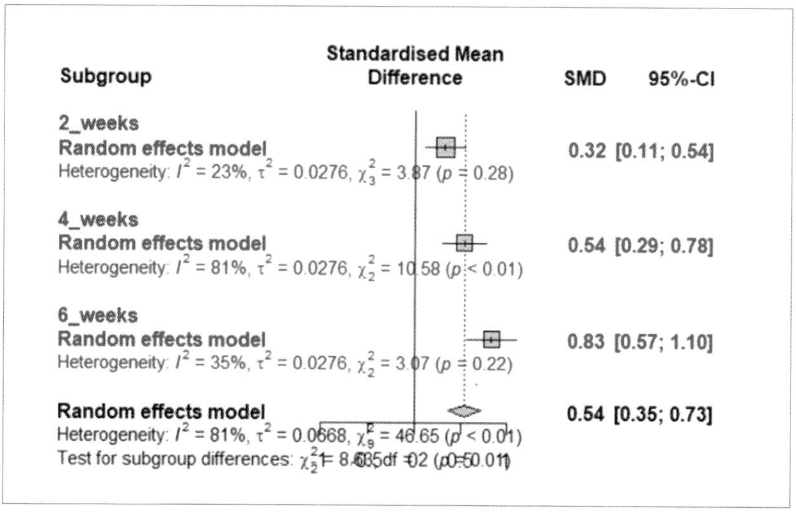

> # 통계치가 명확히 제시되도록 간격을 조정함(집단 간 차이 검정 통계치로 조정)

> forest(meta8a, digits.mean=0, digits.sd=0, fixed=F, col.by="blue", resid.hetstat=F, print.subgroup.name=F, test.subgroup.random=T, print.Q=T, layout="subgroup", calcwidth.tests=T)

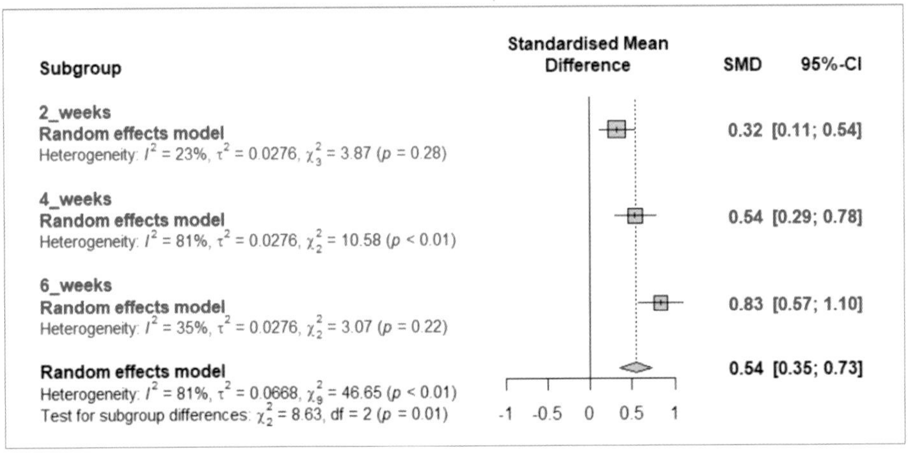

> # 통계치가 명확히 제시되도록 간격을 조정함(이질성 통계치로 조정)

> forest(meta8a, digits.mean=0, digits.sd=0, fixed=F, col.by="blue", resid.hetstat=F, print.subgroup.name=F, test.subgroup.random=T, print.Q=T, layout="subgroup", calcwidth.hetstat=T)

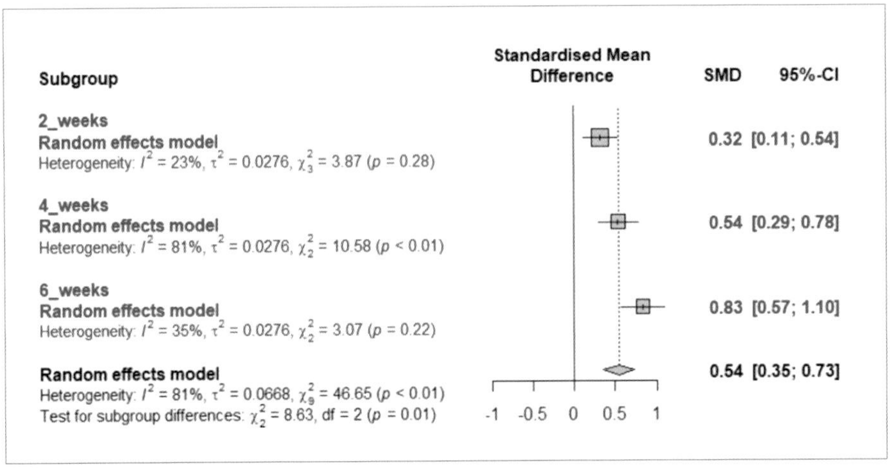

```
> # 효과크기의 방향을 표시함
> forest(meta8a, digits.mean=0, digits.sd=0, fixed=F, col.by="blue", resid.
hetstat=F, print.subgroup.name=F, test.subgroup.random=T, print.Q=T,
layout="subgroup", calcwidth.hetstat=T, label.left="Favours control", label.
right="Favours treatment")
```

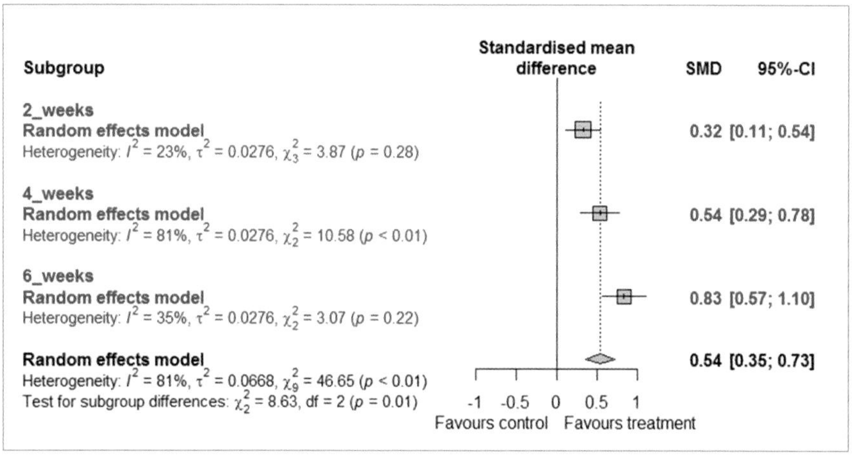

2. 효과크기 및 이질성 통계치 산출 공식

ES_1	1. 연속형 데이터: 두 집단(사후)	비고
Effect Size(ES) (Cohen's d) standardized mean difference	$D = \overline{X}_1 - \overline{X}_2$ $d = \frac{\overline{X}_1 - \overline{X}_2}{S_p}$ $S_p = \sqrt{\frac{(n_1 - 1)S_1^2 + (n_2 - 1)S_2^2}{(n_1 + n_2 - 2)}}$	$d = t\sqrt{\frac{n_1 + n_2}{n_1 n_2}}$ $d = \sqrt{\frac{F(n_1 + n_2)}{n_1 n_2}}$
V_d	$\frac{1}{n_1} + \frac{1}{n_2} + \frac{d^2}{2(n_1 + n_2)}$	$\frac{(n_1 + n_2)}{n_1 n_2} + \frac{d^2}{2(n_1 + n_2)}$
g (교정된 ES) (Hedges' g)	$g = J \times d \ (J : correction \ \ factor)$ $J = \left[1 - \frac{3}{4(n_1 + n_2) - 9}\right] \ or \ \left(1 - \frac{3}{4df - 1}\right)$ $df = (n_1 + n_2 - 2)$	Cohen's d는 샘플이 작을 때 과대평가되는 경향이 있다. N=60, g is 99% of d N=20, g is 96% of d N=10, g is 90% of d
V_g	$V_g = J^2 \times V_d$	
SE_g (g의 표준오차)	$SE_g = \sqrt{V_g}$	표본이 작으면 표준오차는 커지고 표본이 크면 표준오차는 작아진다. $SE = \frac{SD}{\sqrt{n}}$
95% CI	$CI = g \pm (1.96 \times SE_g)$	표본이 클수록 신뢰구간이 작아진다(more precise).
W_i 가중치 (weight)	inverse variance $W_i = \frac{1}{V}$ $W_i = \frac{1}{(SE)^2}$	표본이 클수록 가중치가 크다(proportional to the sample size).

평균효과 크기 $(M, \overline{g}, \overline{d})$	$M = \frac{\sum w_i d_i}{\sum w_i}$ weighted mean effect size summary effect overall effect	$V_M = \frac{1}{\sum W}$ $SE_M = \sqrt{V_M}$ $LL_M = M - 1.96 \times SE_M$ $UL_M = M + 1.96 \times SE_M$ $Z = \frac{M}{SE_M}$ $p = (1 - NORMSDIST(ABS(z))) * 2$

ES_1	1. 연속형 데이터: 두 집단(사전-사후)	비고

사례)

실험집단 사전평균	실험집단 사전표준편차	실험집단 사후평균	실험집단 사후표준편차	실험집단 표본크기	통제집단 사전평균	통제집단 사전표준편차	통제집단 사후평균	통제집단 사후표준편차	통제집단 표본크기	사전사후 상관관계
61.47	5.87	68.24	5.91	17	64.60	8.68	64.80	9.09	5	0.50

평균차이	평균차이1$(\overline{X}_{d1})$=실험집단사후−사전차이 평균차이2$(\overline{X}_{d2})$=통제집단사후−사전차이 평균차이=평균차이1−평균차이2=$\overline{X}_{d1}-\overline{X}_{d2}$	평균차이1=68.24−61.47 =6.77 평균차이2=64.80−64.60 =0.20 평균차이$(\overline{X}_{d1}-\overline{X}_{d2})$ =6.77−0.20=6.57
(A) 표준편차 차이에 의한 표준화된 평균차이 (SMD standardized by Change SD)	실험집단 표준편차 차이 $S1_{diff} = \sqrt{S1_{pre}^2 + S1_{post}^2 - (2 \times Corr \times S1_{pre} \times S1_{post})}$ $= \sqrt{5.87^2 + 5.91^2 - 2 * 0.50 * 5.87 * 5.91} = 5.890$ 통제집단 표준편차 차이 $S2_{diff} = \sqrt{S2_{pre}^2 + S2_{post}^2 - (2 \times Corr \times S2_{pre} \times S2_{post})}$ $= \sqrt{8.68^2 + 9.09^2 - 2 * 0.50 * 8.68 * 9.09} = 8.892$ 표준편차 차이에 의한 통합표준편차 $S_{diff-p} = \sqrt{\frac{(n_1-1)S1_{diff}^2 + (n_2-1)S2_{diff}^2}{(n_1+n_2-2)}}$ $= \sqrt{\frac{(17-1) * 5.890^2 + (5-1) * 8.892^2}{(17+5-2)}} = 6.601$	표준화된 평균차이(SMD): $\frac{\overline{X}_{d1} - \overline{X}_{d2}}{S_{diff-p}} = \frac{6.57}{6.601} = 0.995$ 표준화된 평균차이의 표준오차: $\sqrt{\left(\frac{1}{n_1}\right) + \left(\frac{1}{n_2}\right) + \frac{SMD^2}{2(n_1+n_2)}}$ $= \sqrt{\left(\frac{1}{17}\right) + \left(\frac{1}{5}\right) + \frac{0.995^2}{2(17+5)}}$ $= 0.530$

(B) 사후표준편차에 의해 표준화된 평균차이 (SMD standardized by Post SD)	실험집단사후표준편차 $= S1_{Post} = 5.91$ 통제집단사후표준편차 $= S2_{Post} = 9.09$ $n1 = 17,\ n2 = 5$ 사후표준편차에 의한 통합표준편차 $S_{post-p} = \sqrt{\dfrac{(n_1-1)S1^2_{post} + (n_2-1)S2^2_{post}}{(n_1+n_2-2)}}$ $= \sqrt{\dfrac{(17-1)5.91^2 + (5-1)9.09^2}{(17+5-2)}} = 6.668$	표준화된 평균차이(SMD): $\dfrac{\overline{X}_{d1} - \overline{X}_{d2}}{S_{post-p}} = \dfrac{6.57}{6.668} = 0.985$ 표준화된 평균차이의 표준오차: $\sqrt{\left(\dfrac{1}{n_1}\right) + \left(\dfrac{1}{n_2}\right) + \dfrac{SMD^2}{2(n_1+n_2)}}$ $= \sqrt{\left(\dfrac{1}{17}\right) + \left(\dfrac{1}{5}\right) + \dfrac{0.985^2}{2(17+5)}}$ $= 0.530$

ES_1	연속형 데이터: 단일 집단(사전-사후)	비고
Std mean gain score	$d = \dfrac{\overline{X}_1 - \overline{X}_2}{S_p}$ $S_p = \dfrac{S_{diff}}{\sqrt{2(1-r)}}$	$V_d = \left(\dfrac{1}{n} + \dfrac{d^2}{2n}\right) \times 2(1-r)$ $SE_d = \sqrt{V_d}$
paired difference SD	$S_{diff} = \sqrt{S_1^2 + S_2^2 - (2 \times r \times S_1 \times S_2)}$	$SE_{diff} = \dfrac{S_{diff}}{\sqrt{n}}$ $J = 1 - \left(\dfrac{3}{4df - 1}\right) \quad df = n - 1$

ES_2	2. 이분형 데이터(OR, RR, RD)	비고
	<table><tr><td></td><td>Events</td><td>Non-Events</td><td>N</td></tr><tr><td>Treated</td><td>A</td><td>B</td><td>n_1</td></tr><tr><td>Control</td><td>C</td><td>D</td><td>n_2</td></tr></table>	
Risk ratio	$\dfrac{A/n_1}{C/n_2}$ LogRiskRatio = ln(RiskRatio) RiskRatio = Exp(LogRiskRatio)	$V_{LogRiskRatio} = \dfrac{1}{A} - \dfrac{1}{n_1} + \dfrac{1}{C} - \dfrac{1}{n_2}$
Odds ratio	$\dfrac{A/B}{C/D} = \dfrac{AD}{BC}$ LogOddsRatio = ln(OddsRatio)	$V_{LogOddsRatio} = \dfrac{1}{A} + \dfrac{1}{B} + \dfrac{1}{C} + \dfrac{1}{D}$
Risk difference	$\left(\dfrac{A}{n_1}\right) - \left(\dfrac{C}{n_2}\right)$	$V_{RiskDiff} = \dfrac{AB}{n_1^3} + \dfrac{CD}{n_2^3}$

ES_3	3. 상관관계 데이터(r)	비고
correlation coefficient (r)	Pearson correlation coefficient(r)	$V_r = \frac{(1-r^2)^2}{n-1}$
convert to	Fisher's z $z = 0.5 \times \ln\left(\frac{1+r}{1-r}\right)$	$V_z = \frac{1}{n-3}$, $SE_z = \sqrt{V_z}$
convert back to	$r = \frac{e^{2z}-1}{e^{2z}+1}$	

ES_3	3. Hunter-Schmidt 방법(상관관계 r)	비고
adjusted correlation coefficient	$r_a = r - \left[\frac{2(1-r^2)}{2(n-3)}\right]$	to remove the slight positive bias found from Fisher's Z
mean	$\bar{r} = \frac{\sum n_i r_i}{\sum n_i}$	
variance	1) the variance of sample effect sizes $\hat{\sigma}_r^2 = \frac{\sum n(r-\bar{r})^2}{\sum n}$ 2) the sampling error variance $\hat{\sigma}_e^2 = \frac{(1-\bar{r}^2)^2}{\bar{N}-1}$ ($\bar{N}$: 표본평균) 3) the variance in population effect sizes $\hat{\sigma}_\rho^2 = \sigma_r^2 - \sigma_e^2$	Credibility Intervals** (reflect whether validity can be generalized): $C_r I = \bar{r} \pm 1.96 \times \sqrt{\hat{\sigma}_\rho^2}$ To measure homogeneity of effect sizes: $\chi^2 = \sum \frac{(n-1)(r-\bar{r})^2}{(1-\bar{r}^2)^2}$

* 신뢰구간(Confidence Intervals): 추정치의 정밀성을 나타내는 수치로 95% 신뢰구간의 의미는 표본 추출을 무한히 반복하여 만들어지는 구간들 중 95% 정도는 모수를 포함하게 될 것이라고 기대할 수 있는 구간을 의미한다.

** 신용구간(Credibility Intervals): validity generalization 반영 수치로 사후분포를 이용한 베이지언 추정 구간을 의미. 과거 경험이나 전문가의 견해 등을 사전정보로 이용하여 사전(prior) 정보를 계량화한 사전분포와 주어진 자료의 우도(likelihood)를 결합하여 사후분포를 구하고 이를 이용하여 모수를 추정. 큰 표본을 가정할 필요가 없으므로 표본의 수가 적은 경우에도 정확한 추론 결과를 제시할 수 있음. 베이지언 추론에서 추정하는 구간을 신용구간(credibility interval)이라고 부르며 모수를 포함할 확률로 설명할 수 있는 확률구간을 의미한다.

효과크기의 이질성(heterogeneity)		
Measures of Heterogeneity (heterogeneity: dispersion of effect sizes from study to study)		
Q	관찰된 분산(전체 분산) observed(or total) weighted sum of squares 관찰된 분산=실제분산+표집오차분산	$Q=\sum W_i(d-\bar{d})^2$ $Q=\sum wd^2-\frac{(\sum wd)^2}{\sum w}$
	동질성검증 통계치 (statistical test of homogeneity) 영가설(H_0: true dispersion=0)을 검증하고 초과 분산(excess variance)을 산출하기 위해 필요	예) $Q(4)=2.58$, χ^2분포를 따름 CHIDIST(2.58, 4)=.63 p=.63
	Q-통계치와 p값은 영가설의 진위만을 검증할 뿐, 초과분산의 크기는 알 수 없다. 영가설=포함된 모든 연구의 모집단 효과크기는 동일하다. 즉, 연구 간 분산은 제로(0)이다.	
df	각 연구의 모집단의 효과크기가 동일하다고 가정할 때, 즉 메타분석에 포함된 각 연구의 효과크기의 차이는 표집오차(sampling error within studies or within-study error)에 의한 것이라고 가정할 때의 기대분산(expected WSS)	$df=k-1$ (k: 포함된 연구의 수) ($Q-df$)는 초과분산(excess variation)이며 연구 간 실제 차이(분산)를 의미한다.
$Q-df$	관찰된 총 분산에서 기대분산을 빼준 값, 즉 연구 간 실제 효과 차이에 기초한 분산의 정도(excess variation) 만약 $Q>df$이면 각 연구의 모집단 효과크기는 서로 다르다. 하지만 $Q<df$이면 연구 간 실제분산은 0이다. 즉, 모집단 효과크기는 모두 같다고 하겠다.	
τ^2	실제 서로 다른 모집단 효과크기에 의한 분산, 즉 연구 간 분산(실제분산) (between-studies variance) Tau-squared로 읽으며, 실제분산의 절대값이다.	$\tau^2=\frac{Q-df}{C}$
	C: scaling factor(τ^2를 표준화된 단위로 표시하며 효과크기와 같은 단위로 만든다.) 한편, τ^2는 고정효과모형에서만 계산된다.	$C=\sum W-\frac{\sum W^2}{\sum W}$
τ	연구 간 효과크기의 표준편차(between-studies standard deviation)	실제 효과크기의 분포(the range of true effects)를 추정하기 위해 활용, 즉 prediction interval을 구하기 위해 사용
	Tau(τ)는 1차연구(primary study)에서의 표준오차와 같은 의미로서 추정구간(Prediction Interval: PI) 계산에 사용하며, 모집단의 평균효과크기가 속할 범위를 지정해 준다. 모집단 $PI=\mu\pm Z\cdot\tau$ 표본 $PI=M^*\pm t\cdot\sqrt{T^2+V_M}$	

I^2	실제분산 비율(the proportion of true variance)		$I^2 = \frac{Q - df}{Q} \times 100\%$
	전체 관찰 분산 중 실제(연구 간)분산이 차지하는 비율로서 분산의 크기를 계산하지 않는 상대적 분산을 의미 (relative variance)	I^2=25%	작은 크기 이질성
		I^2=50%	중간 크기 이질성
		I^2=75%	큰 크기의 이질성
Q통계치 p값이 0.10보다 작고 I^2가 50% 이상일 때 상당한 정도의 이질성(substantial heterogeneity)이 있다고 본다(Higgins and Green, 2011).			

3. 메타분석 관련 전문 학회

메타분석과 체계적 리뷰를 전문으로 하는 학회는 두 학회가 있는데 이 중 보건 및 의학 분야의 전문 학회인 Cochrane, 그리고 사회과학 분야 전문 학회인 Campbell Collaboration이 있다. 이 두 학회를 간단히 소개하면 다음과 같다.

1. Cochrane(http://www.cochrane.org)

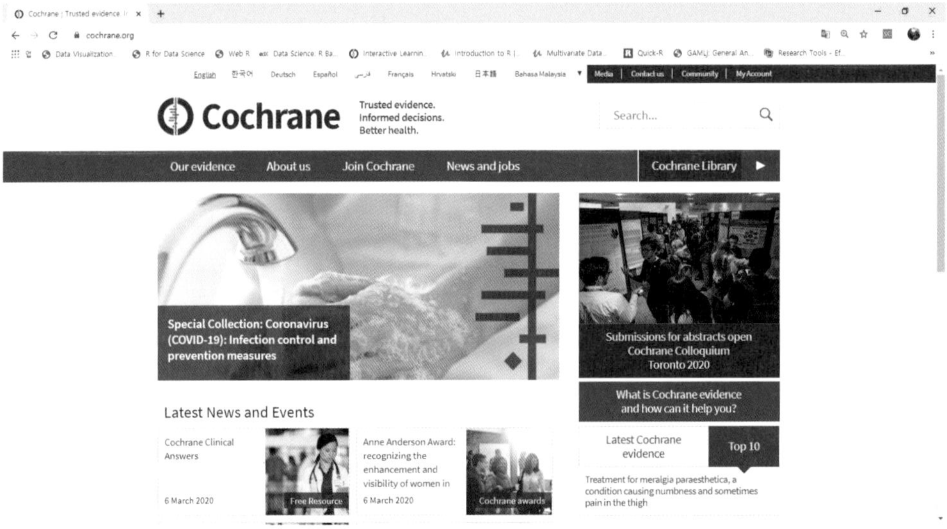

Cochrane 학회는 1979년 영국의 역학연구자인 Archie Cochrane의 주장에 기원을 두고 있으며 1993년에 설립되었다. 현재 100개 이상의 국가에서 28,000명의 연구자들이 있으며, 52개의 체계적 리뷰 그룹이 존재하고 있으며, 세계적으로 13개의 지부(Cochrane Center)를 두고 있다. 그리고 현재까지 약 4,500개 이상의 체계적 리뷰 자료를 축적하고 있다.

2. Campbell Collaboration(http://www.campbellcollaboration.org)

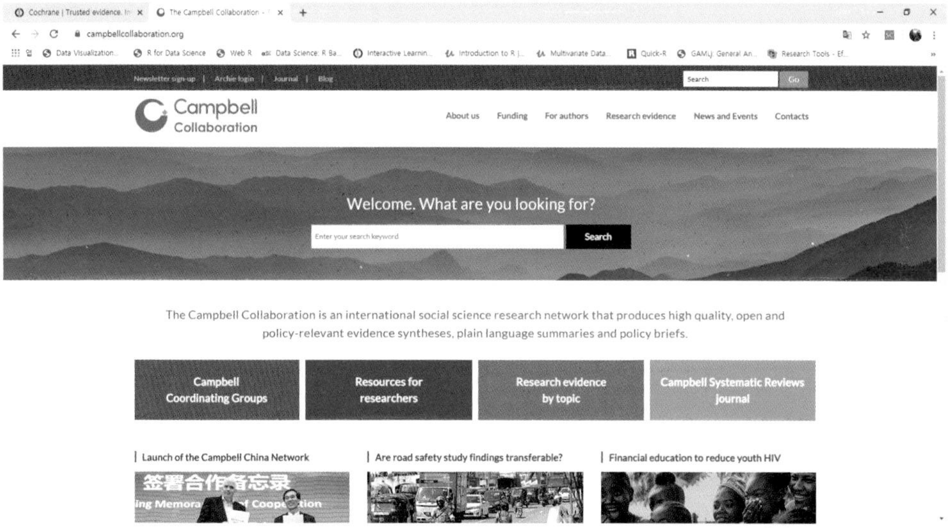

Campbell 학회는 2000년에 설립되었으며, Cochrane 학회가 주로 의료 및 보건 분야를 중심으로 활동하는 반면에 Campbell 학회는 주로 교육학, 사회복지학, 경찰행정학 등에 중점을 두고 체계적 리뷰와 메타분석 연구를 수행하고 이에 대한 연구결과들을 국제적으로 배포하고 있다. 이 학회는 미국 학술원 회원으로서 공공프로그램의 효과를 검증하기 위해서 실험조사 접근이 필요함을 적극 옹호한 Donald Campbell(1916~1996) 박사의 이름을 따서 명명되었다. 그는 과학적 연구결과는 더 나은 정책을 만들고, 더 효과적인 실천을 가능하도록 귀결되어야 하며 이를 통해 인간과 사회의 삶의 질이 개선되는 데 기여해야 한다고 주장하였다.

4. 메타분석 소프트웨어(프로그램)

메타분석을 수행하는 소프트웨어로는 일반적으로 Comprehensive Meta-Analysis (CMA), R, RevMan, Stata가 가장 널리 사용되고 있다. 본서에서는 요즘 데이터과학자들 사이에 인기가 있고 일반 연구자들에게도 호평을 받고 있는 free open source 프로그램인 R을 통한 메타분석 방법을 제시하였다. 그리고 여기서는 CMA, RevMan, Stata를 간략히 소개하고 각 프로그램을 이용한 분석결과를 간단하게 예시로 제시하고자 한다.

1. CMA

이 프로그램은 다른 프로그램과 달리 메타분석 전용 프로그램으로 GUI 구성체제로 이루어져 있어 쉽게 사용할 수 있는 장점이 있다. 그래서 메타분석을 처음 시작하는 사람들에게는 메뉴 중심으로 활용할 수 있기 때문에 편리하게 사용할 수 있다. 하지만 CMA는 상용(commercial) 프로그램으로 가격이 꽤 비싼 편이어서 연구자나 학생들에게 부담이 된다.

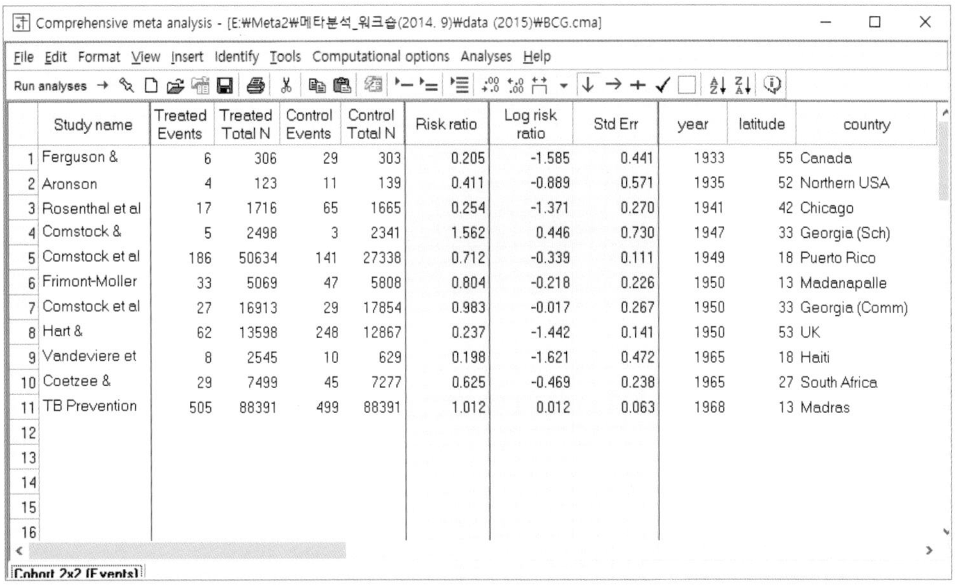

	Study name	Treated Events	Treated Total N	Control Events	Control Total N	Risk ratio	Log risk ratio	Std Err	year	latitude	country
1	Ferguson &	6	306	29	303	0.205	-1.585	0.441	1933	55	Canada
2	Aronson	4	123	11	139	0.411	-0.889	0.571	1935	52	Northern USA
3	Rosenthal et al	17	1716	65	1665	0.254	-1.371	0.270	1941	42	Chicago
4	Comstock &	5	2498	3	2341	1.562	0.446	0.730	1947	33	Georgia (Sch)
5	Comstock et al	186	50634	141	27338	0.712	-0.339	0.111	1949	18	Puerto Rico
6	Frimont-Moller	33	5069	47	5808	0.804	-0.218	0.226	1950	13	Madanapalle
7	Comstock et al	27	16913	29	17854	0.983	-0.017	0.267	1950	33	Georgia (Comm)
8	Hart &	62	13598	248	12867	0.237	-1.442	0.141	1950	53	UK
9	Vandeviere et	8	2545	10	629	0.198	-1.621	0.472	1965	18	Haiti
10	Coetzee &	29	7499	45	7277	0.625	-0.469	0.238	1965	27	South Africa
11	TB Prevention	505	88391	499	88391	1.012	0.012	0.063	1968	13	Madras
12											
13											
14											
15											
16											

Meta Analysis

Study name	Risk ratio	Lower limit	Upper limit	Z-Value	p-Value
	Statistics for each study				
Ferguson & Simes	0.205	0.086	0.486	-3.594	0.000
Aronson	0.411	0.134	1.257	-1.559	0.119
Rosenthal et al	0.254	0.149	0.431	-5.075	0.000
Comstock & Webster	1.562	0.374	6.528	0.611	0.541
Comstock et al (a)	0.712	0.573	0.886	-3.046	0.002
Frimont-Moller et al	0.804	0.516	1.254	-0.961	0.336
Comstock et al (b)	0.983	0.582	1.659	-0.065	0.948
Hart & Sutherland	0.237	0.179	0.312	-10.191	0.000
Vandeviere et al	0.198	0.078	0.499	-3.432	0.001
Coetzee & Berjak	0.625	0.393	0.996	-1.976	0.048
TB Prevention Trial	1.012	0.895	1.145	0.190	0.849
	0.508	0.336	0.768	-3.213	0.001

Risk ratio and 95% CI

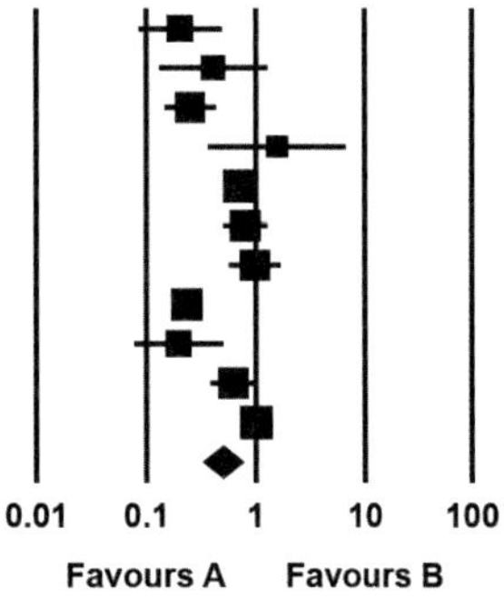

Meta Analysis

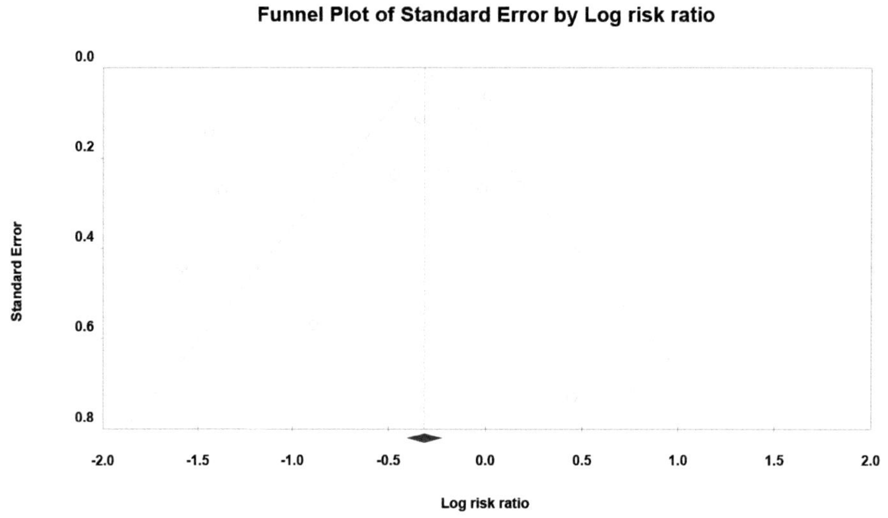

2. RevMan

RevMan은 메타분석과 체계적 리뷰를 전문으로 하는 학술단체인 Cochrane에서 개발한 프로그램으로서 원래 체계적 리뷰를 위해 만든 프로그램이다. 하지만 메타분석을 위해서도 널리 활용되고 있으므로 비록 약간의 한계는 있지만 open program으로서 더 많은 장점을 지니고 있다. 특히 RevMan을 통해 메타분석에 포함된 연구의 질 검증을 할 수 있는 장점이 있어 잘 활용하기만 하면 매우 유용한 프로그램이다.

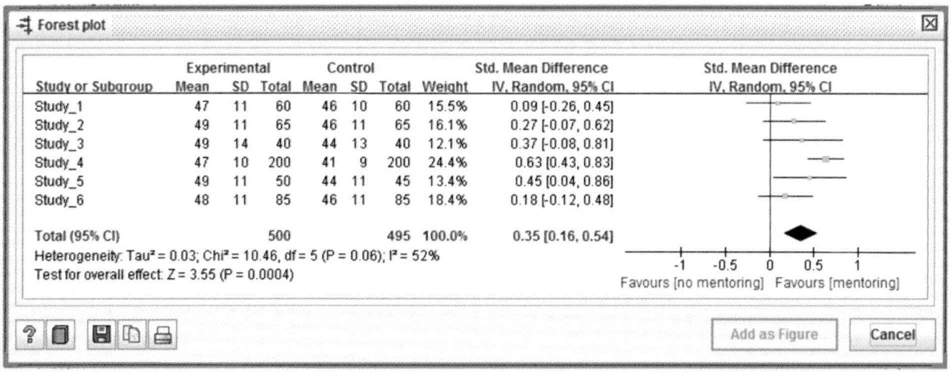
Forest plot

	Experimental			Control				Std. Mean Difference
Study or Subgroup	Mean	SD	Total	Mean	SD	Total	Weight	IV, Random, 95% CI
Study_1	47	11	60	46	10	60	15.5%	0.09 [-0.26, 0.45]
Study_2	49	11	65	46	11	65	16.1%	0.27 [-0.07, 0.62]
Study_3	49	14	40	44	13	40	12.1%	0.37 [-0.08, 0.81]
Study_4	47	10	200	41	9	200	24.4%	0.63 [0.43, 0.83]
Study_5	49	11	50	44	11	45	13.4%	0.45 [0.04, 0.86]
Study_6	48	11	85	46	11	85	18.4%	0.18 [-0.12, 0.48]
Total (95% CI)			500			495	100.0%	0.35 [0.16, 0.54]

Heterogeneity: Tau² = 0.03; Chi² = 10.46, df = 5 (P = 0.06); I² = 52%
Test for overall effect: Z = 3.55 (P = 0.0004)

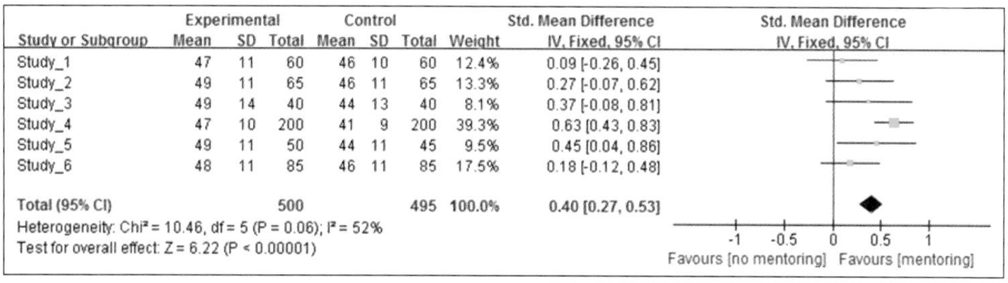

Study or Subgroup	Experimental Mean	SD	Total	Control Mean	SD	Total	Weight	Std. Mean Difference IV, Fixed, 95% CI
Study_1	47	11	60	46	10	60	12.4%	0.09 [-0.26, 0.45]
Study_2	49	11	65	46	11	65	13.3%	0.27 [-0.07, 0.62]
Study_3	49	14	40	44	13	40	8.1%	0.37 [-0.08, 0.81]
Study_4	47	10	200	41	9	200	39.3%	0.63 [0.43, 0.83]
Study_5	49	11	50	44	11	45	9.5%	0.45 [0.04, 0.86]
Study_6	48	11	85	46	11	85	17.5%	0.18 [-0.12, 0.48]
Total (95% CI)			**500**			**495**	**100.0%**	**0.40 [0.27, 0.53]**

Heterogeneity: Chi² = 10.46, df = 5 (P = 0.06); I² = 52%
Test for overall effect: Z = 6.22 (P < 0.00001)

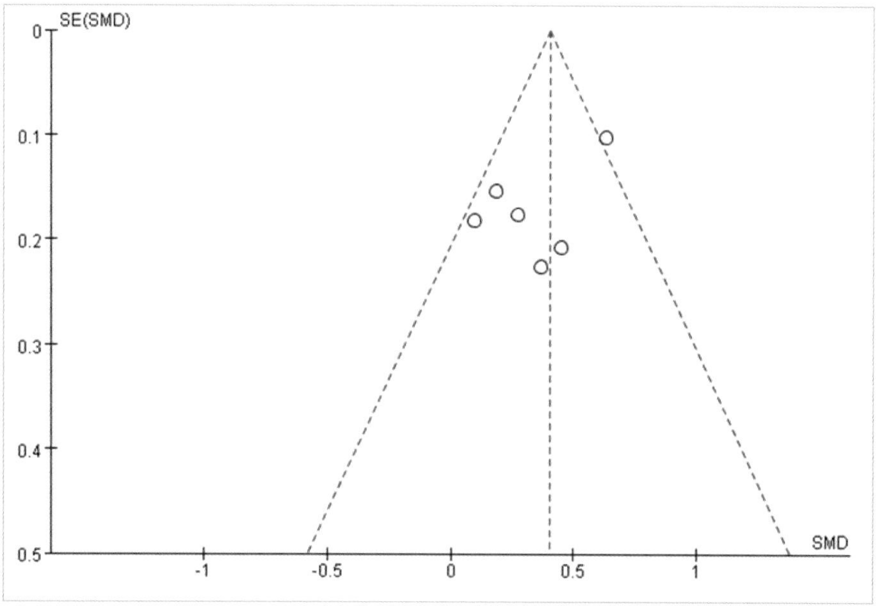

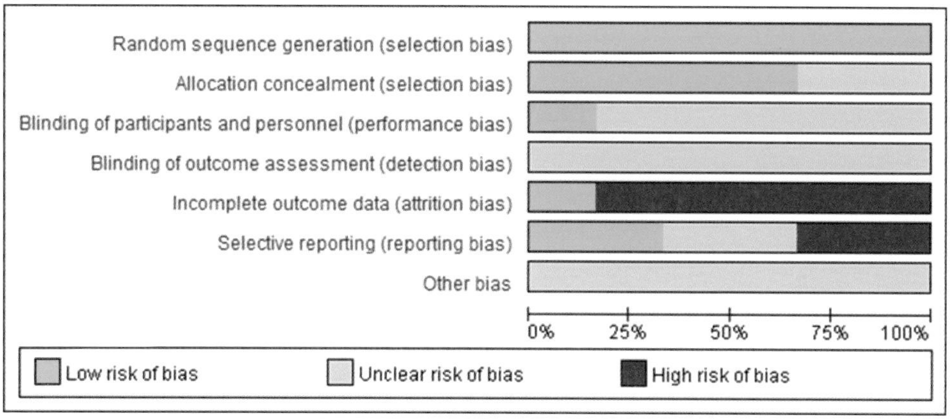

3. Stata

Stata는 그래픽 환경이 아니라 텍스트, 즉 명령문에 기초한 프로그램이라 초보자가 이용하기는 약간 불편하지만 강력한 기능(예: 다변량메타회귀분석, 네트워크메타분석)을 포함하고 있어 메타분석의 고급 이용자들에 의해 널리 사용되고 있다.

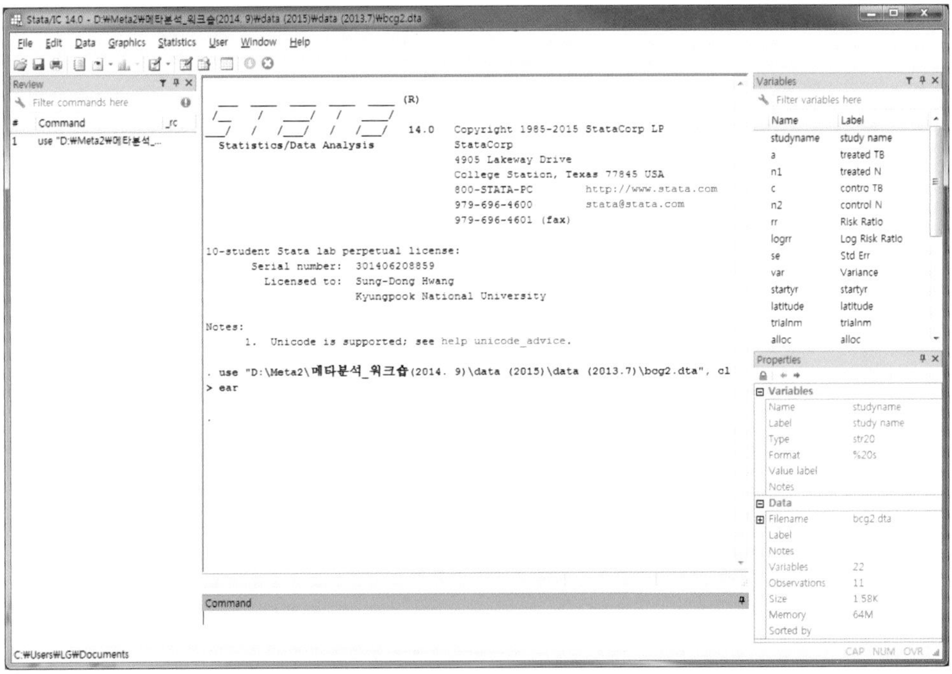

```
. metan logrr se, fixedi second(randomi) eform lcols(studyname)

           Study     |     ES    [95% Conf. Interval]     % Weight
---------------------+---------------------------------------------------
Ferguson & Simes     |  0.205       0.086      0.486          1.11
Aronson              |  0.411       0.134      1.257          0.66
Rosenthal et al      |  0.254       0.149      0.431          2.96
Comstock & Webster   |  1.562       0.374      6.528          0.41
Comstock et al (a)   |  0.712       0.573      0.886         17.42
Frimont-Moller et al |  0.804       0.516      1.254          4.22
Comstock et al (b)   |  0.983       0.582      1.659          3.03
Hart & Sutherland    |  0.237       0.179      0.312         10.81
Vandeviere et al     |  0.198       0.078      0.499          0.97
Coetzee & Berjak     |  0.625       0.393      0.996          3.83
TB Prevention Trial  |  1.012       0.895      1.145         54.58
---------------------+---------------------------------------------------
I-V pooled ES        |  0.730       0.667      0.800        100.00
D+L pooled ES        |  0.508       0.336      0.768        100.00
---------------------+---------------------------------------------------

  Heterogeneity chi-squared = 125.63 (d.f. = 10) p = 0.000
  I-squared (variation in ES attributable to heterogeneity) =  92.0%

  Test of ES=1 : z=   6.75 p = 0.000
```

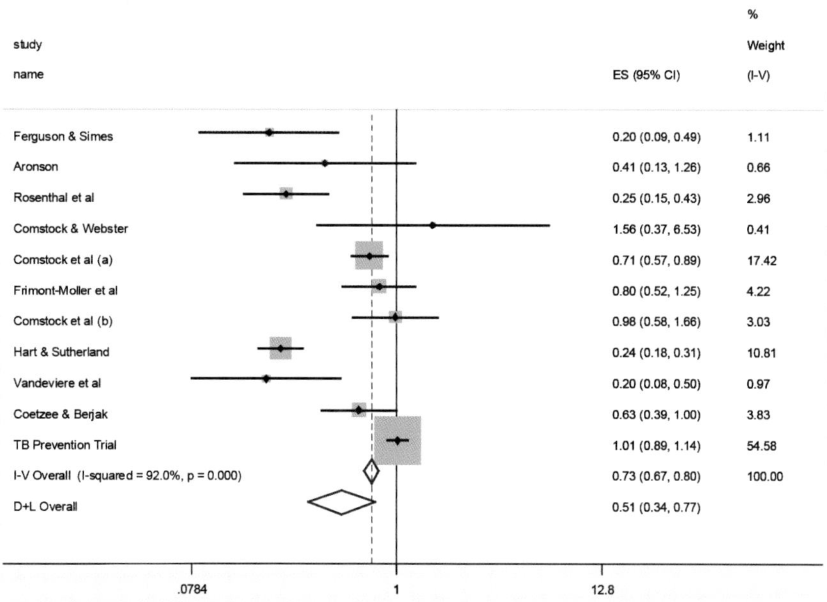

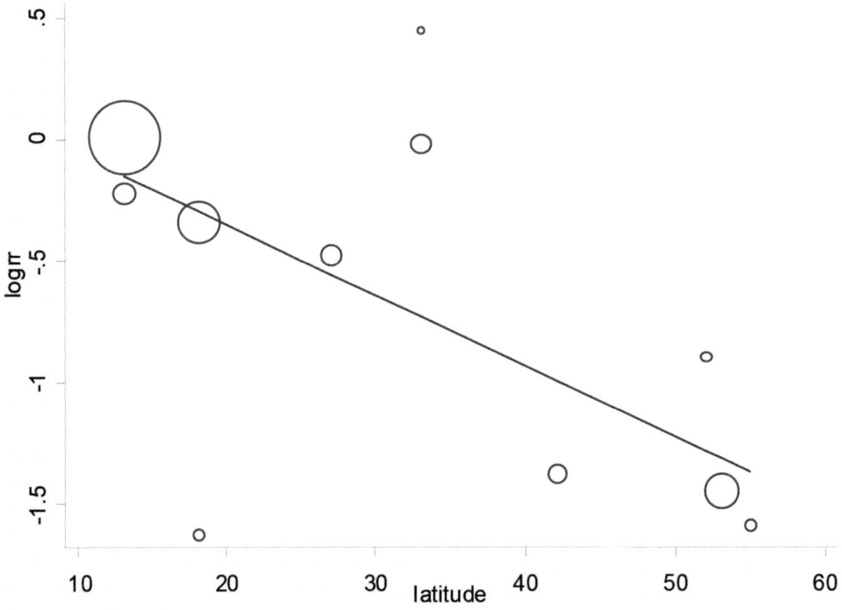
.5
0
-.5
-1
-1.5
logrr
10
20
30
40
50
60
latitude

참고문헌

김달호, 장은진, 황진섭(2014). R과 WiinBUGS를 이용한 메타분석. 서울: 자유아카데미.

김은영, 황성동, 김은주(2016). 치매 환자의 문제행동을 위한 자극지향적 중재의 효과 연구: 체계적 고찰과 메타분석. 대한간호학회지, 46(4), 475-489.

박완주, 박신정, 황성동(2015). 한국 학령기 ADHD 아동을 위한 인지행동중재의 효과 연구: 메타분석. 대한간호학회지, 45(2), 169-182.

박은정(2014). 알기 쉬운 EBM: 비무작위 연구의 비뚤림 위험평가. 보건의료근거연구, 5(9).

진윤아(2011). Meta Analysis. 워크숍 자료. 한국사회과학자료원.

홍세희(2012). 위계적자료 분석을 위한 횡단 다층모형. 에스앤엠 리서치그룹.

황성동(2015). 알기 쉬운 사회복지조사방법론(2판). 서울: 학지사.

황성동(2016). 메타분석에 있어서 출간오류: 의미와 분석. 인간발달연구, 23(1), 1-19.

황성동, 임혁, 윤성호(2012). 다문화교육프로그램의 효과성 검증. 한국사회복지학, 64(1), 125-150.

Aromataris, E., & Pearson, A. (2014). The systematic review: an overview. *American Journal of Nursing, 114*(3), 53-58.

Becker, B. J. (2005). Failsafe N or file-drawer number. In H. R. Rothstein, A. J. Sutton & M. Borenstein (eds), *Publication Bias in Meta-Analysis: Prevention, Assessment and Adjustments*. Chichester, UK: John Wiley & Sons, Ltd.

Beeson, P., & Robey, R. (2006). Evaluating single-subject treatment research: Lessons learned from the aphasia literature. *Neuropsychological Review, 16*, 161-169.

Begg, C. B., & Mazumdar, M. (1994). Operating characteristics of a rank correlation test for publication bias. *Biometrics, 50*, 1088-1101.

Bernard, R., & Borokhovski, E. (2009). Effect Size Calculation for Meta-Analysis. Presented at the 2009 Campbell Colloquium in Oslo, May 12, 2009.

Beyne, J. (2010). Meta-Analysis: An Introductory Overview. Presented at the 2010 Cochrane and Campbell Joint Colloquium in Keystone, CO, Oct. 16, 2010.

Bischoff-Ferrari, H. et al. (2004). Effects of Vitamin D on Falls. *JAMA, 291*(16), 1999-2006.

Borenstein, M., Hedges, L. V., Higgins, J. P., & Rothstein, H. R. (2009). *Introduction to Meta-*

Analysis. Chichester, UK: Wiley.

Campbell Collaboration. (2010). Introduction to Systematic Reviews. C2 Training Workshop August 2010.

Cannon, C. P., Steinberg, B. A., Murphy, S. A., Mega, J. L., & Braunwald, E. (2006). Meta-analysis of cardiovascular outcome trials comparing intensive versus moderate statin therapy. *Journal of the American College Cardiology, 48*, 438−445.

Card, N. (2012). *Applied Meta-Analysis for Social Science Research*. New York: the Guilford Press.

Cheung, M. (2008). A Model for Integrating Fixed−, Random−, and Mixed-Effects Meta-Analyses Into Structural Equation Modeling, *Psychological Methods, 13*(3), 182−202.

Cheung, M. (2009). Meta-analysis: A Brief Introduction. National University of Singapore.

Cicolini, G., Comparcini, D., & Simonetti, V. (2014). Workplace empowerment and nurses' job satisfaction: a systematic literature review, *Journal of Nursing Management*, 22, 855−871.

Coates, J., Taylor, J., & Sayal, K. (2015). Parenting interventions for ADHD: A systematic literature review and meta-analysis. *Journal of Attention Disorders, 19*(10), 831−843. DOI: 10.1177/1087054714535952.

Cohen, J. (1988). *Statistical Power Analysis for the Behavioral Sciences* (2nd ed.) Hillsdale, New Jersey: Lawrence Erlbaum Associates.

Colditz, G. A., Brewer, T. F., Berkey, C. S., Wilson, M. E, Burdick, E., Fineberg, H. V., & Mosteller, F. (1994). Efficacy of BCG vaccine in the prevention of tuberculosis: Meta-analysis of the published literature. *Journal of the American Medical Association, 271*(9), 698−702.

Cooper, H. (2017). *Research Synthesis and Meta-Analysis*(5th ed.). Thousand Oaks, CA: Sage Publications.

Copas, J. B., & Shi, J. Q. (2000). Reanalysis of epidemiological evidence on lung cancer and passive smoking. *BMJ, 320*, 417−418.

Cummings et al. (2008). Factors contributing to nursing leadership: a systematic review. *Journal of Health Services Research & Policy, 13*(4), 240−248.

Denson, N. & Seltzer, M. (2011). Meta-analysis in higher education: An illustrative example using Hierarchical Linear Modeling. *Research in Higher Education, 52*, 215−244.

Dickerson, K. & Mayer, M. (2012). Understanding Evidence-based Healthcare: A Foundation for Action. Johns Hopkins School of Public Health. US Cochrane Center.

Duval, S. J. (2005). The trim and fill method. In H.R. Rothstein, A. J. Sutton & M. Borenstein (eds), *Publication Bias in Meta-Analysis: Prevention, Assessment and Adjustments*, 127–144. Chichester, UK: John Wiley & Sons, Ltd.

Duval, S., & Tweedie, R. (2000). A nonparametric 'trim and fill' method of accounting for publication bias in meta-analysis. *Journal of the American Statistical Association, 95*, 89–98.

Eagly, A., Johannesen-Schmidt, M., & Van Engen, M. (2003). Transformational, transactional and Leissez-Faire leadership styles: A Meta-analysis comparing women and men. *Psychological Bulletin, 129*(4), 569–591.

Egger, M., Smith, G. D., Schneider, M., & Minder, C. (1997). Bias in meta-analysis detected by a simple, graphical text. *BMJ, 315*, 629–634.

Egger, M., Smith, G. W. & Altman, D. G. (2003). *Systematic Reviews in Health Care: Meta-Analysis in Context*(2nd ed.). London, UK: BMJ Books.

Feldstein, D. (2005). Clinician's guide to systematic reviews and meta-analyses. *Wisconsin Medical Journal, 104*(3), 25–29.

Gilbert, R., Salanti, G., Harden, M., & See, S. (2005). Infant sleeping position and the sudden infant death syndrome: systematic review of observational studies and historical review of recommendations from 1940 to 2002. *International Journal of Epidemiology, 34*, 874–887.

Gilbody, S., Bower, P., Fletcher, J, Richard, D., & Sutton, A. (2006). Collaborative care for depression: A cumulative meta-analysis and review of longer-term outcomes. *Archives of Internal Medicine, 166*, 2314–2321.

Glass, G. (1976). Primary, secondary, and meta-analysis of research. *Educational Research*, 3–8.

Hackshaw, A., Law, M., & Wald, N. (1997). The accumulated evidence on lung cancer and environmental tobacco smoke. *BMJ, 315*, 980–988.

Harbour, R., & Miller, J. (2001). A new system for grading recommendations in evidence based guidelines. *BMJ, 323*(11), 334–336.

Hedges, L., & Olkin, I. (1985). *Statistical Methods for Meta-analysis*. San Diego, CA: Academic Press.

Higgins, J., & Green, S. (Eds.) (2011). Cochrane Handbook for Systematic Reviews of Interventions Version 5.1.0, The Cochrane Collaboration. Retrieved from http://www.cochrane-handbook.org.

Hox, J. (2010). *Multilevel Analysis: Techniques and Applications*(2nd ed.). New York. Routledge.

Jenkinson et al. (2013). Is volunteering a public health intervention? A systematic review and meta-analysis of the health and survival of volunteers, *BMC Public Health*, 13:773, doi:10.1186/1471-2458-13-773.

Jeyanantham, K., Kotecha, D., Thanki, D., Dekker, R., & Lane, D. Effects of cognitive behavioural therapy for depression in heart failure patients: A systematic review and meta-analysis, *Heart Failure Review*, Published online: 22 July 2017, dor 10.1007/s10741-017-9640-5.

Kim et al. (2013). Testing a tool for assessing the risk of bias for nonrandomized studies showed moderate reliability and promising validity, *Journal of Clinical Epidemiology, 66*, 408−414. http://dx.doi.org/10.1016/j.jclinepi.2012.09.016.

Knapp, G., & Hartung, J. (2003). Improved tests for a random effects meta-regression with a single covariate. *Statistics in Medicine, 22*, 2693−710, doi:10.1002/sim. 1482

Leichsenring, F., & Rabung, S. (2008). The effectiveness of psychodynamic psychotherapy: A meta-analysis. *JAMA, 300*, 1551−1565.

Lietz, P. (2006). A meta-analysis of gender differences in reading achievement at the secondary school level. *Studies in Educational Evaluation, 32*, 317−344.

Lipsey, M., & Wilson, D. (2001). *Practical Meta-Analysis*. Thousand Oaks: Sage Publications.

Littell, J. (2013). The science and practice of research synthesis. *Journal of the Society for Social Work and Research, 4*(4), 292−299. doi:10.5243/jsswr.2013.19

Littell, J., & Shlonsky, A. (2011). Making sense of meta-analysis: A critique of "effectiveness of psychodynamic psychotherapy. *Clinical Social Work Journal, 39*, 340−346. DOI 10.1007/s10615-010-0308-z.

Littell, J., Corcoran, J., & Pillai, V. (2008). *Systematic Reviews and Meta-Analysis*. New York: Oxford University Press.

Lockwood, C., Aromataris, E., & Munn, Z. (2014). Translating evidence into policy and practice. *Nursing Clinics of North America, 49*, 555−566.

McGuinness LA (2019). "robvis: An R package and web application for visualising risk-of-bias assessments." https://github.com/mcguinlu/robvis.

Moher, D., Liberati, A., Tetzlaff, J., & Altman, D. (2009). Preferred reporting items for systematic reviews and meta-analyses: The PRISMA statement. *Journal of Clinical Epidemiology, 62*, e1−e34.

Moher, D., Shamseer, L., Clarke, M., Ghersi, D., Liberati, A., Petticrew, M. et al. (2015). Preferred reporting items for systematic review and meta-analysis protocols (PRISMA−P) 2015 statement. Systematic Reviews, 4:1, http://www.systematicreviewsjournal.com/content/4/1/1.

Ngamaba, K., Panagioti, M., & Armitage, C. (2018). Income inequality and subjective well-being: A systematic review and meta-analysis. *Quality of Life Research, 27*(3), 577–596. DOI 10.1007/s11136-017-1719-x.

Palmer, T., & Sterne, J. (Eds.) (2016). *Meta-analysis in Stata: An updated collection from the Stata journal* (2nd ed.). College Station, Texas: Stata Press.

Petrosino, A., Turpin-Petrosino, C., Hollis-Peel, M., & Lavenberg, J. (2013). Scared Straight and other juvenile awareness programs for preventing juvenile delinquency: A systematic review. In the Campbell Collaboration Library. Retrieved February 3, 2014, from http://www.campbellcollaboration.org/docpdf/Campbell Review_Scared_Stright_Update.pdf.

Polanin, J., & Tanner–Smith, E. (2014). Introduction to Systematic Reviewing and Meta-Analysis Methods. presented at the University of Limerick, Ireland. Campbell Collaboration.

R Core Team (2019). *R: A Language and Environment for Statistical Computing*. R Foundation for Statistical Computing, Vienna, Austria. URL http://www.r-project.org/.

Rhodes, T., & Treloar, C. (2008). Social production of hepatitis C risk among injecting drug users: A qualitative synthesis. *Addiction, 103*(10), 1593–1603. DOI: 10.1111/j.1360-0443.2008.02306.x

Richardson, K., & Rothstein, H. (2008). Effects of occupational stress management intervention programs: A meta-analysis. *Journal of Occupational Health Psychology, 13*, 69–93.

Rosenthal, R. (1979). The File drawer problem and tolerance for null results. *Psychological Bulletin*, 86, 638–641.

Rosenthal, R., & Rubin, D. (1982). A simple, general purpose display of magnitude of experimental effect. *Journal of Educational Psychology, 74*(2), 166–169.

Rubin, A. (2008). *Practitioner's Guide to Using Research for Evidence-Based Practice*. Hoboken, NJ: John Wiley & Sons.

Sackett, D, Strauss, S., Richardson, W, Rosenberg, W., & Haynes, R. (2000). *Evidence-Based Medicine: How to Practice and Teach EBM* (2nd ed.). New York: Churchhill-Livingstone.

Salanti, G., & Chaimani, A. (2011). Heterogeneity: Random and Fixed Effects. Presented at the 2011 Cochrane Colloquium.

Schwarzer, G. (2019). *meta: General Package for Meta-Analysis. R package version 4.9–0*. http://CRAN.r-project.org/package=meta.

Schwarzer, G., Carpenter, J., & Rücker, G. (2015). *Meta-analysis with R*. Switzerland, Springer International Publications.

Schwarzer, G., Carpenter, J., & Rücker, G. (2016). metasens: Advanced Statistical Methods to Model and Adjust for Bias in Meta-Analysis. R package version 0.3–0. https://CRAN.R-project.org/package=metasens

Schwinger, M., Wirthwein, L., Lemmer, G., & Steinmayr, R. (2014). Academic self-handicapping and achievement: A meta-analysis. *Journal of Educational Psychology, 106*(3), 744–761.

Shea, B., Hamel, C., Wells, G, Bouter, L., Kristjansson, E., Grimshaw, J., & Boers, M. (2009). AMSTAR is a reliable and valid measurement tool to assess the methodological quality of systematic reviews. *Journal of Clinical Epidemiology, 62*, 1013–1020.

Shim, S., Kim, J., Choi, H., Lee, W, Kim, H, Bae, M. et al. (2015). General effect of low-dose tamsulosin (0.2mg) as a first-line treatment for lower urinary tract symptoms associated with benign prostatic hyperplasia: a systematic review and meta-analysis. *Current Medical Research and Opinion, 31*(2), 353–365.

Smedslund, G., Hagen, K. B., Steiro, A., Johme, T., Dalsbo, T. K., & Rud, M. G. (2006). Work programmes for welfare recipients. In the Campbell Collaboration Library. Retrieved July 10, 2013, from http://www.campbellcollaboration.org/doc-pdf/Smedslund_Workprog_Review.pdf.

Smith, M., & Glass, G. (1977). Meta-analysis of psychotherapy outcome studies. *American Psychologist*, 752–760.

Sterne J., Higgins, J., Reeves, B. on behalf of the development group for ACROBATNRSI. (2015). A Cochrane Risk Of Bias Assessment Tool: for Non-Randomized Studies of Interventions (ACROBATNRSI), Version 1.0.0, 24 September 2014. Available from http://www.riskofbias.info [accessed {June 20, 2015 }]

Sterne, J. (2009). *Meta-Analysis in Stata: An Updated Collection from the Stata Journal*. College Station, TX: Stata Press.

Sterne, J., Becker, J. B., & Egger, M. (2005). The funnel plot. In H. R. Rothstein, A. J. Sutton, and M. Borenstein (Eds.). *Publication Bias in Meta-Analysis: Prevention, Assessment and Adjustments*. Chichister, UK: John Wiley & Sons, Ltd.

Sterne, J., Egger, M., & Moher, D. (Eds.) (2010). Chapter 10: Addressing reporting biases. In Higgins, J., & Green, S. (Eds.). *Cochrane Handbook for Systematic Reviews of Interventions*. Chichester (UK): John Wiley & Sons.

Sterne, J., Gavaghan, D., & Egger, M. (2000). Publication and related bias in meta-analysis: Power of statistical tests and prevalence in the literature. Journal of Clinical Epidemiology, 53, 1119–1129.

Ttofi, M., Farrington, D., & Losel, F. (2012). School bullying as a predictor of violence later in life: A systematic review and meta-analysis of prospective longitudinal studies. *Aggression and Violent Behavior*, doi: 10.1016/j.avb.2012.05.002.

Veroniki, A., & Mavridis, D. (2011). Effect Measures for Dichotomous Outcomes. Presented at the 2011 Cochrane Colloquium.

Viechtbauer, W. (2010). Conducting meta-analyses in R with the metafor package. *Journal of Statistical Software, 36*(3), 1–48.

Wallace et al. (2012). Closing the gap between methodologists and end-users: R as a computational back-end. *Journal of Statistical Software, 49*(5).

Wells GA, Shea B, O'Connell D, Peterson J, Welch V, Losos M, Tugwell P: The Newcastle-Ottawa Scale (NOS) for assessing the quality of nonrandomised studies in meta-analyses; 2012. http://www.ohri.ca/programs/clinical_epidemiology/oxford.asp.

Wood, S., & Mayo–Wilson, E. (2012). School-based mentoring program for adolescents: A systematic review and meta-analysis. *Research on Social Work Practice, 22*(2), 257–269.

Zwi, M., Jones, H., Thorgaard, C., York, A., Dennis, J. (2012). Parent training interventions for Attention Deficit Hyperactivity Disorder (ADHD) in children aged 5 to 18 years. Campbell Systematic Reviews 2012:2 DOI: 10.4073/csr.2012.2. Retrieved from http://www.campbellcollaboration.org/lib/project/143/

찾아보기

저자 소개

황성동(Hwang, Sung-Dong)

〈학력 및 주요 경력〉

부산대학교 사회복지학과 (학사)

미국 West Virginia University (석사)

미국 University of California, Berkeley (박사)

행정고시, 입법고시, 사회복지사(1급) 출제위원 역임

건국대학교 교수, LG 연암재단 해외 연구교수, UC DATA 연구원 역임

현 경북대학교 사회복지학부 교수 및 사회과학연구원 데이터분석센터장

〈주요 저서 및 논문〉

『알기 쉬운 사회복지조사방법론』(2판, 학지사, 2015)

『메타분석: forest plot에서 네트워크 메타분석까지』(공저, 한나래아카데미, 2018)

『R과 jamovi로 하는 통계분석』(학지사, 2019)

『누구나 할 수 있는 jamovi 통계분석』(학지사, 2019)

「Licensure of Sheltered-Care Facilities: Does It Assure Quality?」(Social Work)

「한국 학령기 ADHD 아동을 위한 인지행동중재의 효과 연구: 메타분석」(대한간호학회지)

sungdong@knu.ac.kr

R을 이용한 메타분석 2판

Meta-Analysis Using R (2nd ed.)

2015년 7월 10일 1판 1쇄 발행
2020년 3월 10일 1판 3쇄 발행
2020년 7월 15일 2판 1쇄 발행
2024년 1월 25일 2판 3쇄 발행

지은이 • 황 성 동
펴낸이 • 김 진 환
펴낸곳 • (주) 학지사
04031 서울특별시 마포구 양화로 15길 20 마인드월드빌딩 5층
대표전화 • 02) 330-5114 팩스 • 02) 324-2345
등록번호 • 제313-2006-000265호
홈페이지 • http://www.hakjisa.co.kr
인스타그램 • https://www.instagram.com/hakjisabook

ISBN 978-89-997-2132-8 93310

정가 25,000원